科学人文名著译丛

From the Closed World to the Infinite Universe

Alexandre Koyré

从封闭世界到无限宇宙

〔法〕亚历山大·柯瓦雷 著

张卜天 译

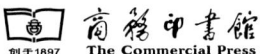

Alexandre Koyré
FROM THE CLOSED WORLD TO THE INFINITE UNIVERSE
Copyright © 1957 by The Johns Hopkins Press
根据约翰·霍普金斯大学出版社1957年版译出

亚历山大·柯瓦雷(Alexandre Koyré,1892—1964)

科学人文名著译丛
出版说明

当今时代，科学对人类生活的影响日增，它在极大丰富认识和实践领域的同时，也给人类自身的存在带来了前所未有的挑战。科学是人类文明的重要组成部分，有其深刻的哲学、宗教和文化背景。我馆自20世纪初开始，就致力于引介优秀的科学人文著作，至今已蔚为大观。为了系统展现科学文化经典的全貌，便于广大读者理解科学原著的旨趣、追寻科学发展的历史、探讨关于科学理论与实践的哲学，从而真正理解科学，我馆推出《科学人文名著译丛》，遴选对于人类文明产生过巨大推动作用、革新人类对于世界认知的科学与人文经典，既包括作为科学发展里程碑的科学原典，也收入了从不同维度研究科学的经典，包括科学史、科学哲学和科学与文化等领域的名著。欢迎海内外读书界、学术界不吝赐教，帮助我们不断充实和完善这套丛书。

野口英世*讲席

1929年，纽约的伊曼努尔·利伯曼博士向约翰·霍普金斯大学捐赠了一万美元，用于建立医学史讲席。根据利伯曼博士的心愿，该讲席被命名为野口英世讲席，以纪念这位著名的日本科学家。

本书即源于此讲席的第十一次讲演，由亚历山大·柯瓦雷教授1953年12月15日讲授于约翰·霍普金斯大学医学史研究所。

---

* 野口英世（Hideyo Noguchi，1876—1928），日本著名细菌学家。1904年起在纽约的洛克菲勒医学研究所工作。【*后为译者注，下同】

目 录

前言 / I

导言 / 1

第一章 天空和天国
　　　——库萨的尼古拉和帕林吉尼乌斯 / 5

第二章 新天文学和新形而上学
　　　——哥白尼、迪格斯、布鲁诺和吉尔伯特 / 29

第三章 新天文学与新形而上学的对立
　　　——开普勒对无限的拒斥 / 63

第四章 从未见过的事物和从未有过的想法：宇宙空间中新星的发现和空间的物质化
　　　——伽利略和笛卡儿 / 95

第五章 无定限的广延抑或无限的空间
　　　——笛卡儿和摩尔 / 118

第六章 上帝与空间、精神与物质
　　　——摩尔 / 135

第七章 绝对空间、绝对时间及其与上帝的关系
　　　——马勒伯朗士、牛顿和本特利 / 167

第八章　空间的神圣化
　　　　——拉弗森 / 205
第九章　上帝与世界:空间、物质、以太和精神
　　　　——牛顿 / 222
第十章　绝对空间与绝对时间:上帝的行动框架
　　　　——贝克莱和牛顿 / 238
第十一章　工作日的上帝和安息日的上帝
　　　　——牛顿和莱布尼茨 / 254
第十二章　结语:神圣的技师和无所事事的上帝 / 296

人名译名对照表 / 300

索引 / 304

附录:柯瓦雷的生平与著作(C.C.吉利斯皮) / 317

译后记 / 345

插图目录

图 1　哥白尼之前典型的宇宙图景 / 9

图 2　迪格斯的哥白尼无限宇宙图 / 38

图 3　开普勒的 M 图 / 85

图 4　伽利略的猎户座剑盾星图 / 101

前　言

当我研究 16、17 世纪科学和哲学思想的历史时,我总是一再感到,它们联系得如此紧密,以至于撇开其中任何一方,另一方都将变得无法理解。和许多前人一样,我经常不得不承认,在此期间,整个人类,或者至少是欧洲人的心灵经历了一场深刻的革命,这场革命改变了我们的思维框架和模式,近代科学和哲学既是其根源又是其成果。

这场革命,或者这场"欧洲意识的危机",已经以多种方式得到描述和解释。人们普遍认为,新宇宙论的发展在这一过程中起着极为重要的作用。希腊和中世纪天文学的地心宇宙甚或以人类为中心的宇宙,被近代天文学的日心宇宙以及后来的无中心宇宙所取代。不过,主要对精神变迁的社会涵义感兴趣的一些历史学家强调,这一过程是人的心灵从理论(*theoria*)转到实践(*praxis*),从静观的知识(*scientia contemplativa*)转到行动和操作的知识(*scientia activa et operativa*),它把人从自然的沉思者变成了自然的拥有者和主宰;另一些人则强调,目的论和有机论的思维模式被机械论和因果的思维模式所取代,后者最终导致了近代尤其是 18 世纪所盛行的"世界图景的机械化";还有些人则径直描述了"新哲学"给世界带来的绝望和混乱:一切条理都已经荡然无存，天空已不再彰显上帝的荣耀。

至于我本人，则已经在《伽利略研究》(*Galilean Studies*)中尝试对新旧世界观的结构样式进行定义，并确定17世纪革命所带来的变化。在我看来，它们可以归结为两项基本而又密切相关的活动，我称之为和谐整体宇宙(cosmos)的解体和空间的几何化：和谐整体宇宙的解体是指，一个作为有序的有限整体、空间结构体现着完美等级与价值等级的世界，被一个无定限的(indefinite)甚或无限的(infinite)宇宙所取代，将这个宇宙统一在一起的不再是自然的从属关系，而仅仅是其最终的基本组分和定律的同一性；空间的几何化是指，亚里士多德的空间观(世界内部的一系列处处有别的处所)被欧几里得几何的空间观(本质上无限的同质广延)所取代，从那时起，后者被等同于宇宙的真实空间。我所描述的这一精神变迁当然不是一蹴而就的，革命需要时间来完成，革命也有其历史。包围这个世界并将其结合在一起的各个天球不是在一场剧烈的爆炸中刹那间灰飞烟灭的，世界之泡在爆裂并与周围空间融合之前还要生长和膨胀。

事实上，从古人的封闭世界走向近代的开放宇宙，这一过程并非十分漫长：从哥白尼的《天球运行论》(*De revolutionibus orbium coelestium*，1543年)到笛卡儿的《哲学原理》(*Principia philosophiae*，1644年)仅仅用了100年；从《哲学原理》到牛顿的《自然哲学的数学原理》(*Philosophiae naturalis principia mathematica*，1687年)也不过40年。而另一方面，这条道路却又障碍重重、险象环生。概而言之，宇宙的无限化过程中所涉及的问题过于深刻，解决方案的内涵又太过深远和重要，以致这一过程不可能畅通无阻。科学、哲学甚至神学都在以正当的方式关注着空间的本性、物质的结构、行动的模式，以及关于人类思维和人类科学的本质、结构和价值等诸多问题。于是，这场发端于布鲁诺和开普勒、暂时终结于牛顿和莱布尼茨的伟大争论的参与者正是科学、哲学和神学，其代表往往是同一些人——开普勒、牛顿、笛卡儿和莱布尼茨。

在《伽利略研究》中，我并没有讨论这些问题。在那本书中，我不得不局限于描述这场伟大革命的前奏，亦即它的前史。而在约翰·霍普金斯大学的演讲——"近代科学的起源"（1951年）和"牛顿时代的科学和哲学"（1952年）中，我研究了这场革命本身的历史，探讨了在这场革命的主要参与者们心中至关重要的问题。1953年，我有幸在野口英世讲席上以"从封闭世界到无限宇宙"为题做了讲演，力图讲述这段历史。在本书中，我所重述的正是同一段历史，并把宇宙论史当作走出科学革命迷宫的阿里阿德涅之线。本书实为我那次讲演的扩充。

在此，我对野口委员会惠允我将我的演讲作如此扩充深表谢意，同时还要感谢 Jean Jacquot 夫人、Janet Koudelka 夫人以及 Willard King 夫人协助我准备手稿。

我还要感谢 Abelard-Schuman 出版社允许我引用 Dorothea Waley Singer 夫人英译的布鲁诺《论无限宇宙和多重世界》（*De l'infinito universo et mondi*, New York, 1950）一书。

亚历山大·柯瓦雷

普林斯顿

1957年1月

导　言

人们普遍承认,17 世纪经历并完成了一场非常彻底的精神革命,近代科学既是其根源又是其成果。① 这场革命可以(并且已经)用种种不同方式加以描述。例如,有些历史学家认为它最典型的特征在于意识的世俗化,即追求的目标由超验转向内在,关注的对象由来生来世转向今生今世;另一些人则认为它最典型的特征在于人的意识发现了自己本质上的主体性,因此在于中世纪和古代的人的客体主义被现代人的主体主义所取代;还有一些人认为,这场革命的典型特征在于理论($\theta\epsilon\omega\rho\iota\alpha$)和实践($\pi\rho\alpha\zeta\iota s$)之间关系的转变,在于静观的生活(*vita contemplativa*)这一旧有理想让位于行动的生活(*vita activa*)的理想。中世纪和古代的人旨在对自然和存在进行纯粹的静观,而现代人则渴望支配和主宰自然。

这些刻画不能说不对,它们的确指出了这场 17 世纪的精神

---

① 参见 A.N. Whitehead, *Science and the Modern World*, New York, 1925; E. A. Burtt, *The Metaphysical Foundations of Modern Physical Science*, New York, 1926; J. H. Randall, *The Making of the Modern Mind*, Boston, 1926; Arthur Lovejoy 的经典著作:*The Great Chain of Being*, Cambridge, Mass., 1936 以及我本人的 *Études Galiléennes*, Paris, 1939。

革命(或危机)的某些非常重要的方面。对此,蒙田、培根、笛卡儿以及怀疑论和自由思想在17世纪的广泛传播已经为我们做了例证和揭示。

然而在我看来,这些方面只是一个更为深刻和基本的过程的伴随物和表现,正如有时所说的那样,这一过程的结果是人在宇宙中失去了他的位置,或者更确切地说,人失去了那个他生活于其中、并对其进行思考的世界,人要转变和更迭的不仅是他的基本概念和属性,甚至是他的思维框架本身。

粗略地说,这场科学和哲学的革命(事实上,根本不可能将这一过程的哲学方面和纯粹科学的方面分离开来:它们相互依存,密切相关)可以描述为和谐整体宇宙(cosmos)的解体,从在哲学和科学上有效的概念来看,也就是一个有限封闭的、秩序井然的整体的消失(在这一整体中,价值等级决定了存在的等级和结构,从黑暗沉重的不完美的地球一直到位置更高也更完美的星辰和天球),①取而代之的则是一个无定限甚至无限的宇宙,该宇宙被保持同一的基本组分和定律维系在一起,所有这些组分都被置于同一存在层次。这就意味着,科学思想摈弃了所有诸如完美、和谐、意义和目的等基于价值观念的考虑,存在最终变得完全与价值无涉,价值世界同事实世界完全分离开来。

在此我要试图说明的正是17世纪革命的这个方面,即和谐整体宇宙的解体和宇宙的无限化,至少就其发展的主线而言是

---

① 实际上,和谐整体宇宙(cosmos)的观念只是从事实或历史上讲才和地心世界观联系在一起。然而,它亦可以与后者完全分离开来,比如在开普勒那里。

如此。①

事实上，关于这一过程的完整历史千头万绪、错综复杂：它涉及新天文学如何从地心说转变为日心说，从哥白尼到牛顿的技术发展，以自然的数学化为一贯倾向的新物理学以及随之出现的实验和理论并重的历史；它还涉及旧哲学的复兴和新哲学的诞生，这些哲学学说时而与新的科学和宇宙论相联合，时而又与之对抗；它将不得不叙述"微粒哲学"这一德谟克利特与柏拉图的奇特结盟，讨论"充实论者"(plenists)与"虚空论者"(vacuists)，以及严格机械论和引力的拥护者和反对者之间的争论；它还不得不讨论培根和霍布斯、帕斯卡和伽桑狄、第谷和惠更斯、波义耳和盖里克(Otto von Guericke)以及其他许多人的观点和工作。

然而，虽然各种要素、发现、理论和争论千头万绪（它们彼此之间内在关联，共同构成了这场伟大革命错综复杂、不断变动的背景和结果），但是这一伟大争论的主线以及从封闭世界迈向无

---

① 空间观念从中世纪向近代转变的全部过程应当包括：从佛罗伦萨学园到剑桥柏拉图学派的柏拉图主义和新柏拉图主义的复兴，物质原子论观念的复兴，以及根据伽利略、托里拆利和帕斯卡等人的实验所进行的关于真空的讨论。但是，如果将这些问题都展开，不仅会大大增加本书的篇幅，还会有些偏离我们这里的明确主线。对于有些问题，推荐读者们参阅 Kurd Lasswitz 的经典著作 *Geschichte des Atomistik*，2 vols.，Hamburg und Berlin，1890；Ernst Cassirer，*Das Erkenntnisproblem in der Philosophie und Wissenschaft der neuen Zeit*，2 vols.，Berlin，1911；Cornelis de Waard 新近的著作：*L'expérience barométrique, ses antécédents et ses explications*，Thouars，1936；Miss Marie Boas，"Establishment of the mechanical philosophy," *Osiris*，vol. X，1952。关于帕特里齐和康帕内拉的空间观念，可参见 Max Jammer，*Concepts of Space*，Harvard Univ. Press，Cambridge，Mass.，1954；Markus Fierz 的"Ueber den Ursprung und Bedeutung von Newtons Lehre vom absoluten Raum," *Gesnerus*，vol. XI，fasc. 3/4，1954。

限宇宙的主要步伐却清晰体现在一些大思想家的著作中。他们深知这一争论的重要性,全神贯注于宇宙结构这一基本问题。我们这里所要关注的正是这些大思想家及其著作,接下来我们将以环环相扣的形式对其进行讨论。

第一章 天空和天国

——库萨的尼古拉和帕林吉尼乌斯

和其他几乎所有东西一样,无限宇宙的观念当然也是源于希腊人。毋庸置疑,希腊思想家关于无限空间和多重世界的思辨在我们即将探讨的历史中起着非常重要的作用。① 然而在我看来,尽管新发现的卢克莱修(Lucretius)②的著作或者新翻译的第欧根尼(Diogenes)③的著作使希腊原子论者的世界观更加广为人知,却不能把宇宙无限化的历史归结为希腊原子论者世界观被重新发现。我们不要忘了,希腊原子论者的无限主义观念不为希腊哲

---

① 关于希腊的宇宙观念,参见 Pierre Duhem, *Le système du monde*, vol. I and II, Paris, 1913, 1914; R. Mondolfo 的 *L'infinito nel pensiero dei Greci*, Firenze, 1934 和 Charles Mugler, *Devenir cyclique et la pluralité des mondes*, Paris, 1953。

② *De rerum natura*(《物性论》)的手稿于 1417 年被发现。关于它的接受和影响,参见: J. H. Sandys, *History of classical scholarship*, Cambridge, 1908; G. Hadzitz, *Lucretius and his influence*, New York, 1935。

③ 第欧根尼的《哲人言行录》(*De vita et moribus philosophorum*)的第一个拉丁文译本(Ambrosius Civenius 翻译)于 1475 年在威尼斯出版,1476 年和 1479 年在纽伦堡再版。

学和科学思想的主流所容(伊壁鸠鲁主义传统并不是一个科学传统),①正因如此,这些观念虽然从未被忘却,却不可能为中世纪的人所接受。

我们同样不要忘了,"影响"并不是一种简单的关系,而是极为复杂的双向关系。并不是我们读过或学过的一切东西都在影响我们。从某种意义上(也许在最深层的意义上),正是我们自己决定了我们所受的影响。我们的思想先驱绝非直接给定,而是由我们自由选择的,至少在很大程度上是这样。

若非如此,像第欧根尼和卢克莱修这样在一个多世纪里享有盛名的人,竟然对 15 世纪的宇宙论思想没有产生任何影响,又当作何解释呢？第一个认真对待卢克莱修宇宙论的人是布鲁诺,库萨的尼古拉(Nicholas of Cusa)对这种宇宙论似乎并未予以过多关注。(诚然,我们并不清楚库萨的尼古拉在写作《论有学识的无知》[Learned Ignorance,1440 年]时是否知道《物性论》[De rerum natura]。)然而,正是中世纪晚期的最后一位大哲学家库萨的尼古拉首先摈弃了中世纪的和谐整体宇宙观念,我们往往把宣

---

① 古人的原子论,至少是伊壁鸠鲁和卢克莱修所呈现的原子论——可能不同于德谟克利特,不过关于德谟克利特我们所知甚少——并不是一种科学理论,尽管它的某些规则,比如说规定我们根据地界现象的模式去解释天界现象,似乎导向了由近代科学所实现的宇宙统一,但它绝不可能为一种物理学的发展提供基础,即使在近代也不行;事实上,由伽桑狄所复兴的原子论依然毫无结果。在我看来,这一理论毫无收获的原因在于伊壁鸠鲁传统的极端感觉主义。只有当这种感觉主义被近代科学的奠基者们抛弃,并用一种对待自然的数学进路取而代之以后——体现在伽利略、波义耳、牛顿等人的著作中——原子论才成为一种在科学上有效的构想,卢克莱修和伊壁鸠鲁才能以近代科学的先驱出现。当然,有可能,甚至很有可能,在把数学主义与原子论联系起来的过程中,近代科学恢复了德谟克利特最深的直觉和意图。

称宇宙无限这一伟大功绩或罪过归于他。

实际上，布鲁诺、开普勒以及后来的笛卡儿也是这样来理解库萨的尼古拉的。笛卡儿的朋友沙尼(Chanut)告诉笛卡儿，瑞典女王克里斯蒂娜(Christina)怀疑，在笛卡儿无定限延伸的宇宙中，人是否还能占据中心位置，而根据教义，这一中心位置是上帝在创世时赋予人的。笛卡儿在给沙尼的著名回信中说，毕竟"库萨的主教和其他一些教士都认为世界是无限的，但他们并没有受到教会的谴责，恰恰相反，使上帝的作品显得伟大被认为是在荣耀上帝"。[①] 笛卡儿对库萨的尼古拉学说的阐释似乎非常合理，因为库萨的尼古拉的确否认过世界的有限性，还否认世界由天球包裹着。但他并没有正面断言世界的无限性。事实上，库萨的尼古拉同笛卡儿本人一样，一直谨慎地避免把"无限"这个限制条件归于宇宙，而是将它留给了上帝，只有上帝才能称得上无限。库萨的尼古拉的宇宙不是无限的($infinitum$)，而是"无终止的"($interminatum$)。这不仅意味着宇宙没有边界，不会被一个外部的球壳所终止，而且也意味着宇宙没有终止于它的组分，也就是说，宇宙完全缺乏精确性和严格的确定性。它从未达到过"界限"(limit)，是完全无限定的($indetermined$)。因此，它不可能是整体精确认识的对象，而只能是部分推测认识的

[①] 参见笛卡儿的"Lettre a Chanut," June 6, 1647, *Oeuvres*, ed. Adam Tannery, vol. Ⅴ, p. 50 sq., Paris, 1903。

对象。①我们的知识必然是部分的(和相对的),我们不可能对宇宙做出一种意义明确的客观描述,正是对这种部分性和不可能性的认识构成了"有学识的无知"(*docta ignorantia*)的一个方面,库萨的尼古拉主张凭借这种"有学识的无知"来超越我们理性思想的界限。

库萨的尼古拉的世界观念并非基于对当时天文学和宇宙论的批判,至少在他本人看来,这种构想不会导致科学中的革命。库萨的尼古拉并非哥白尼的先驱,尽管这种说法时有耳闻。不过,他的构想极为有趣,他所提出的一些大胆断言或否定说法走得如此之远,哥白尼甚至连想都不敢想。②库萨的尼古拉的宇宙是上帝的一种表现或展开(*explicatio*),当然,这必定是不完美和不充分的表现或展开,因为它是在杂多和分离的领域中展现出来的,而在上帝那里则展现为一个不可分割、紧密相连的折卷起来

---

① 库萨的尼古拉(Nicholas Krebs 或 Chrypffs)1401 年生于摩泽尔(Moselle)的库萨(Cues 或 Cusa)。他在帕多瓦学习法律和数学,然后又在科隆学习神学。作为列日(Liège)的执事,他是巴塞尔会议(1437 年)的成员,被派往君士坦丁堡实现东西教会的统一,1440 年作为教皇使节被派往德国。1448 年,他被罗马教皇尼古拉五世提拔为枢机主教,1450 年又被任命为布里顿(Britten)的主教。库萨的尼古拉死于 1464 年 8 月 11 日。关于库萨的尼古拉,参见 Edmond Vansteenberghe, *Le Cardinal Nicolas de Cues*, Paris, 1920; Henry Bett, *Nicolas of Cusa*, London, 1932 以及 Maurice de Gandillac, *La philosophie de Nicolas de Cues*, Paris, 1941.

② 参见 Ernst Hoffmann, *Das Universum von Nikolas von Cues*,特别是 Raymond Klibansky 编订的《文本附录》(Textbeilage), pp. 41 sq.,这里给出了库萨的尼古拉著作的校勘版,同时给出了这个问题的参考书目。E. Hoffmann 写的小册子名为"Cusanus Studien, I",载于 *Sitzungsberichte der Heidelberger Akademie der Wissenschaften, Philosophisch-Historische Klasse*, Jahrgang 1929/1930, 3. Abhandlung, Heidelberg, 1930.

图 1 哥白尼之前典型的宇宙图景

出自 Peter Apian 的 *Cosmographia*，1539 年

的东西（*complicatio*），它包含着存在物不同的甚至对立的性质或规定性。反过来，宇宙中每一个事物也以自己特殊的方式展现了宇宙，从而也展现了上帝。每一个事物的展现方式都是独特的，都在根据自身独特的个体性来"收缩"（*contractio*）宇宙的丰富性。

库萨的尼古拉的形而上学和认识论观念，对立面在超越的绝对中的一致,以及将有学识的无知看成一种能够把握这种关系(超越了推理的理性思维)的理智活动,所有这些都遵循和发展了适用于有限对象的某些关系的无限化过程中所涉及的数学悖论样式。举例来说,在几何学中再没有什么比"直"和"曲"更为对立的了。然而,在无限大的圆中,圆周却与圆的切线重合,在无限小的圆中,圆周与圆的直径重合。而且,在这两种情况下,圆心都失去了其唯一而确定的位置:它与圆周相重合。它既可以说处处不在,又可以说无处不在。而"大"与"小"这对相对概念只有在有限量和相对的领域中才是有效和有意义的,在此领域中没有"大"和"小",只有"更大"和"更小",因此也就没有了"最大"和"最小"。与无限相比,没有什么东西比其他任何东西更大或更小些。绝对的、无限的极大和绝对的、无限的极小一样,都不属于大和小之列。它们在大和小之外。因此,正如库萨的尼古拉大胆断言的那样,它们是一致的。

关于这一点,运动学可以提供另一个例子。的确,没有什么东西能比运动和静止更加对立了。运动物体永远不可能处于同一位置,静止物体则永远不可能超出自己的位置。然而,一个沿着圆周以无限大的速度运动的物体将永远处于起始位置,同时它也始终位于别处。这很好地证明了运动是一个相对概念,它包含了"快"和"慢"的对立。因此,就像在纯几何量的领域中一样,运动的极小和极大、最慢和最快不存在,速度的绝对极大(无限快)和绝对极小(无限慢或静止)都在运动之外,正如我们已经看到的那样,它们也是一致的。

库萨的尼古拉很清楚自己思想的原创性,甚至也清楚地认识

到他根据"有学识的无知"所得到的一些结论的悖谬和奇特之处:①

> [他说,]如果人们以前没有听说过"有学识的无知"所得出的结论,那么现在读到时,可能会对它们感到震惊。

库萨的尼古拉对此爱莫能助:事实上,根据"有学识的无知":②

> ……宇宙是三位一体的,没有一样事物不是由潜能、现实以及连接它们的运动所组成的统一体,而且这三者中的任何一个都不能离开其他两者而绝对自存,这三者以不同程度存在于所有[事物]之中。其程度是如此不同,以至于在宇宙中不可能找到两个完全一样的[事物]。因此,考虑到诸天体种种不同的运动,[我们就会发现,]这个世界机器不可能有一个固定不动的中心,无论这个中心是这个可感觉的地球,还是气、火或任何其他东西。因为在运动中没有绝对的极小,也就是说没有固定的中心,因为极小必定和极大一致。

因此,世界的中心和它的圆周是一致的,而且正如我们将会看到

---

① 参见 De docta ignorantia, 1. II, cap. ii, p. 99。我这里引用的是由 E. Hoffmann 和 R. Klibansky 共同编辑的库萨的尼古拉著作的最新校勘版(Opera omnia, Jussu et auctoritate Academiae litterarum Heidelbergensii ad codicum fidem edita, vol. I, Lipsiae, 1932)。De docta ignorantia 的英译本有 Fr. Germain Heron, Of learned ignorance, London, 1954。不过,我倾向于引用我自己的译文。

② De docta ignorantia, 1. II, cap. ii, p. 99 sq.

的,这里的中心并非物理的中心,而是一个形而上学的"中心",它并不属于这个世界。这个"中心"等同于那个既是开端又是结束、既是基础又是界限的圆周。这个"包含"它自身的"处所",就是那个绝对存在或上帝。

继而,库萨的尼古拉以一种奇特的方式推翻了亚里士多德主张世界有限的一个著名论证:①

> 世界没有圆周,因为它若有一个中心和一个圆周,其自身便会有一个开端和结束,世界将会相对于他物而有界,在世界之外将会有他物和空间存在。但这是完全不可能的。因此,既然不可能将世界包围在一个有形的中心和圆周之间,我们的理性也就[不可能]完全理解这个世界,因为这意味着要理解同时作为世界的圆周和中心的上帝。

因此,②

> ……尽管世界不是无限的,但也不能认为它是有限的,因

---

① *De docta ignorantia*, 1. Ⅱ, cap. ⅱ, p. 100.
② *De docta ignorantia*, 1. Ⅱ, cap. ⅱ, pp. 100 sq. 但我们不要忘了,至少就相对运动需要有一个静止的参考点(或物体)而言,运动的相对性观念并不是什么新东西,在亚里士多德的著作中就能找到这一点。参见 P. Duhem, *Le mouvement absolu et le mouvement relatif*, Montlignon, 1909;威特罗(Witello)详细地研究了运动的光学相对性(参见 *Opticae libri decem*, p. 167, Basilae, 1572),奥雷姆(Nicole Oresme)甚至更广泛地研究了这个问题(参见 *Le livre du ciel et de la terre*, ed. By A. D. Meuret and A.J. Denomy, C.S.B., pp. 271 sq., Toronto, 1943)。

为限制世界的界限并不存在。因此,地球不可能是中心,也不可能完全不动。但它必定是以无限小的方式运动。正因为地球不是世界的中心,恒星天球也就不再是地球的圆周,尽管如果我们将地球同天空相比较,地球距离中心更近些而天空距离圆周更近些。因此,地球不是中心,它既不是第八层天球也不是其他[任何]天球的中心。[黄道]六宫在地平线上的升起也不能说明地球是第八层天球的中心,因为即便地球稍微远离中心,位于穿过天球极点的轴之外,以至于地球的一部分将朝着天球的其中一极被提升,另一[部分]将会朝着天球的另一极被压下,但人们距离天球的极显然如此之遥远,而地平线却又如此之宽阔,他们就只能看到半个天球[据此,他们就认为自己位于天球的中心]。

而且,这个世界的中心既不在地球里面也不在地球外面。地球没有中心,其他任何天球也没有中心。中心是一个与圆周等距离的点,而实际上不可能存在一个真正的球或圆周,使得比它更真正或更精确的球或圆周不存在。在上帝之外不可能找到与各个[物体]精确等距离的点,因为只有上帝才是无限地相等,只有神圣的上帝才是世界的中心。他是地球和所有天球以及世界万[物]的中心和无限圆周。再者,尽管恒星天通过其运动似乎划出了大小逐渐变化的圆,这些圆小于分至圈或天球赤道,也小于居间[大小]的圆,但是天空中没有固定不动的天极;然而实际上,天空的各个部分都必须运动,尽管它们运动时所划出的圆并不等同于恒星运动时所划出的圆。于是,虽然看起来某些星体在划极大的圆,而另外一些星体在划极小的圆,但不划圆的星体是不存在的。既然天球上没有固定的极点,那么显然也就找不到一个与各个天球的极点精确等距的平均点。因此,在第八层天球中没有一个星体能在[其]运转过程中划出一个极大的圆,否则它将不得不与各个实际上并不存在的极点等距。同理,能划出极小圆的[星体]也不存在。这样一来,各个天球的极点与中心便一致了,除了神圣的上帝本身这个极之外,没有其他中心。

库萨的尼古拉思想的确切含义并不十分清楚。对于这段引文可以(而且也已经)做出许多不同的解释,在此我就不详细论述了。在我看来,库萨的尼古拉是在表达和强调这个受造世界缺乏精确性和稳定性。没有星体恰好处于天球的极点或赤道上,固定不变的轴并不存在,其他所有天球同第八层天球一样,都在围绕位置不断变化的轴运转。而且,这些天球绝非精确的、数学的("真正的")球体,而仅仅是我们今天所谓的"回转椭球体"(spheroids)。因此,严格来讲它们没有中心。由此可知,不仅不可能把地球,而且也不可能把其他任何星体置于这个并不存在的中心,这个世界里没有任何东西能够完全和绝对地静止。

我认为我们的结论只能到此为止,而不能把一种纯粹相对主义的空间观念归于库萨的尼古拉,比如就像布鲁诺责备库萨的尼古拉那样。因为这种观念蕴含着否认天球的存在,而据我们所知,库萨的尼古拉并不这样认为。

然而,尽管库萨的尼古拉保留了诸天球,但他的世界观仍然

含有许多相对主义要素。他接着说道:①

> 但是,除非我们参照某个固定物,否则我们便不可能观察到运动。也就是说,在测量运动的过程中,我们要[参照]一些极点或中心,并假定它们在测量过程中[是静止的]。由此可知,我们一直在使用猜测,导致[我们测量的]结果产生讹误。古人认为某处应该有星体,而实际上我们今天却没有发现它们,[如果]我们对此感到惊讶,[那是]因为我们[误]以为古人关于中心、极点以及测量的想法是正确的。

因而,在库萨的尼古拉看来,古今观测结果的不一致似乎只能归因于轴(和极点)的位置或星体自身位置的改变。

由世界上没有任何东西能够完全静止这一事实出发,库萨的尼古拉断言:

> ……显而易见,地球在运动。由彗星、气和火的运动,我们凭借经验得知,元素是运动的,而且还知道月球自东向西[运动]得要比水星、金星、太阳等等更少些。由此可知,地球[作为一种元素]的运动要比所有其他星体都少。然而,[作为]一个星体,地球并不围绕中心或极点划出一个极小的圆,第八层天球或其他任何天球也不会划出极大的圆,这一点我们已经证明过了。

---

① *De docta ignorantia*, 1. Ⅱ, cap. ⅱ, p. 102.

现在我们应当仔细考虑下列情况：正如诸星体围绕第八层天球上假想的极点运转，地球、月球和行星也同样在[不同的]距离处，以各种不同的方式围绕一个极点运转，而这个极点我们只能猜测位于我们习惯认为的中心[处]。由此可知，尽管地球[比其他星体]距离中心极点更近一些，但它仍然在运动。可是，如前所述，它在[其]运动中并不划出极小的圆。不仅如此，无论是太阳和月球还是其他任何天球，都不能在[其]运动中划出一个真正的圆（虽然在我们看来情况并非如此），因为它们不是围绕一个固定的基点旋转的。不可能存在这样一个真正的圆，以至于不可能存在比它更真正的圆；[任一事物]不可能在某一时刻跟另一时刻[完全]一样，它不会以完全相同的[方式]运动，也不会划出一个同等完美的圆，尽管我们没有意识到这一点。

很难说库萨的尼古拉把什么样的运动赋予了地球，但无论如何，它都不是被哥白尼归于地球的那些运动中的任何一种：它既不是绕轴周日自转，也不是围绕太阳的周年旋转，而是绕着一个模糊不定的、不断变动的中心所做的一种不精确的轨道回转运动。所有其他天体，包括恒星天球本身的运动也都是如此，尽管恒星天球运动最快，地球运动最慢。

至于库萨的尼古拉的断言（由他的认识论前提必然可以导出），即根本不存在精确的圆形轨道或匀速运动，这一说法的涵义只能这样来理解（虽然他没有明确这样说，但从上下文来看，这一点非常清楚）：不仅是希腊和中世纪天文学的实际内容，就连它们的理想也是错误的,必须被抛弃,这个理想就是:通过揭示看起来不规则的运动背后的稳恒实在,将天体运动还原为一个环环相套的匀速圆周运动系统来"拯救"现象。

然而,库萨的尼古拉甚至走得更远。他从对空间(方向)和运动的知觉的相对性得出(倒数第二个)结论说,由于一个特定观察者的世界图像是由他在宇宙中所处的位置决定的,而且不能声言任何一个位置拥有绝对优先的价值(比如说是宇宙的中心),因此我们不得不承认,可能存在着不同而等价的世界图像,这些图像是完全相对的,要对宇宙做出一种客观有效的描述是根本不可能的。①

> 因此,如果你想更好地理解宇宙的运动,你就必须尽可能地借助于你的想象力把中心和极点放在一处;如果一个人在地球上,位于北极点下面,而另一个人位于北极点上,那么在地球上的人看来极点似乎在天顶,而在极点上的人看来中心似乎在天顶。正如那些对跖人(antipodes),他们同我们一样头顶上也有天空,对于那些处于(两个)极点的人来说,地球看起来像在天顶,而且无论观察者位于何处,他都认为自己位于中心。如果把中心变成天顶,把天顶变成中心,再将这些不同的想象与能够单独运用"有学识的无知"的理智结合起来,我们就可以看到,这个世界及其运动不可能由一个图形表现出来,因为世界看起来就像一个轮子套在另一个轮

---

① *De docta ignorantia*, l. II, cap. ii, p. 102 sq.

子里面,一个球体套在另一个球体里面,根本就没有中心或圆周,一如我们已经看到的那样。

[库萨的尼古拉接着说,]① 古人没能获得我们已经得出的这些结论,是因为他们缺乏"有学识的无知"。但对于我们来说,地球很明显在运动,虽然看起来似乎并非如此,因为除非将地球与一固定物作比较,否则我们不知道它是否在运动。正如站在水流中间的一艘船上的人,如果他不知道水在流动,也不看岸边,他怎么能知道船在行走呢?② 由此可见,对于观察者来说,无论他在地球上、太阳上还是在其他星体上,他总是位于一个准静止的中心,而其他所有[物体]都处于运动中,他必定会相对于他本人来确定[这个运动的]极点。这些极点对于太阳和地球上的观测者而言是不同的,也将随着观测者位于月球、火星以及其他星体而不同。由此,这个世界机器(machina mundi)的中心就好像无处不在,而圆周则处处不在,因为圆周和中心是上帝,他既无处不在,又处处不在。

必须补充说明的是,这个地球并非像有些人说的那样是球形的,尽管它趋向于球形。世界的形状在它的运动和各个部分中都有比照。然而,如果一条无限长的直线以一种不可能更完美或更宽敞的方式收缩时,那么它就是圆,相应的有形形体[是]球体。由于所有部分的运动都趋向于整体的完

---

① *De docta ignorantia*, 1, II, cap. 12, p. 103.
② 参见哥白尼引用的维吉尔的著名诗句:"我们出了港,城市与大地往后退。"(*Provehimur portu terraeque urbesque recedunt*.)

善，于是，重的物体向下［运动］，轻的物体向上［运动］，土趋向于土，水趋向于水，火趋向于火；因此，整体的运动尽可能地趋向于圆，而所有形状则趋向于球形，正如我们在动物的器官、树木和天空中所看到的那样。但是，一种运动要比另一种运动更圆、更完美些，各种形状亦如此。

我们不得不称赞库萨的尼古拉宇宙论思想的大胆和深刻，特别是，他竟然把上帝的伪赫尔墨斯主义（pseudo-Hermetic）特征转加给了宇宙："一个中心无处不在、圆周处处不在的球体。"①然而，我们也必须看到，我们不能超出他的思想太远，而将他的宇宙论思想与天文学挂钩，或者将其看成"天文学变革"的基础。这可能就是为什么他的思想会完全被其同时代人甚至是他的继承者抛弃一个多世纪的原因。似乎没有人特别关注他的宇宙论思想，甚至其著作的编者勒菲弗尔（Lefèvre d'Etaples）也没有。② 只是在哥白尼之后（哥白尼知道库萨的尼古拉的著作，至少知道他求圆

---

① 这一将上帝描述成"一个中心无处不在、圆周处处不在的球体"（*Sphaera cuius centrum ubique，circumferentia nullibi*）的著名说法首次见于伪赫尔墨斯的《二十四位哲学家之书》(*Book of the XXIV philosophers*)，该书匿名编纂于12世纪；参见 Clemens Baemker, *Das pseudo-hermetische Buch der XXIV Meister* (*Beiträge zur Geschichte der Philosophie und Theologie des Mittelalters*, fasc. XXV)，Münster，1928；Dietrich Mahnke，*Unendliche Sphaere und Allmittelpunct*，Halle/Saale，1937。在《二十四位哲学家之书》中，前面提到的这种说法构成了命题Ⅱ。

② 然而，皮科在其 *Examen doctae vanitatis gentium* (*Opera*, t. Ⅱ , p. 773, Basileae，1573)中，以及卡尔卡格尼在其 *Quod coelum stet，terra moveatur，vel de perenni motu terrae* (*Opera aliquot*, p. 395, Basileae, 1544)中均提到了库萨的尼古拉；参见前引 R. Klibansky，p. 41。

面积的著作,但似乎并没有受到库萨的尼古拉的影响),①甚至到了布鲁诺之后(他主要的灵感是从库萨的尼古拉那里获得的),库萨的尼古拉才被誉为哥白尼甚至是开普勒的先驱,才被笛卡儿作为无限宇宙的倡导者加以引证。

这些著名人物的称赞很容易诱使我们误解库萨的尼古拉的原意,以为他预示了后来的各种发现,比如地球的扁平形状、行星的椭圆轨道、空间的绝对相对性、天体的绕轴旋转,等等。

但我们必须抵抗住这种诱惑。事实上,库萨的尼古拉从未作出任何这类断言。他的确相信天球的存在和运动,且恒星天球运动得最快,而且也相信宇宙中存在一个中心区域,整个宇宙绕其运动,并将这种运动传递到它的各个组分,但他并没有把一种旋转运动赋予行星甚或我们的地球,也没有断言空间是完全均一的。而且,他反对近代科学和近代世界观奠基者的一个基本想法,即(无论是对是错)力图断言数学是统治一切的(Panarchy),库萨的尼古拉认为不可能用数学方式来处理自然。

我们现在必须转到库萨的尼古拉宇宙论的另一方面,即他对宇宙等级结构的拒斥,以及对传统宇宙论赋予地球的特有的卑下位置(连同地球的中心位置)的否认。就历史而言,这一方面可能是最重要的。可惜,他深刻的形而上学直觉又一次被他的科学认识损害了,这些科学认识非但没有超前,反而落后于他那个时代,

---

① 参见 L.A. Birkenmajer, *Mikolaj Kopernik*, vol. Ⅰ, p. 248, Cracow, 1900。Birkenmajer 否认库萨的尼古拉对哥白尼有任何影响。关于哥白尼的中世纪"先驱",参见 G. McColley, "The theory of the diurnal rotation of the earth," *Isis*, ⅩⅩⅥ, 1937。

比如说,他将月球甚至地球的光都归因于它们自身。①

地球的形状是高贵的球形,它的运动是圆运动,尽管它[的形状和运动]本可以更完美些。既然世界中没有什么东西能在完美性、运动和形体上达到极致(从已述内容来看,这一点是很清楚的),那么认为地球在[世间万物中]最卑下、最低级便是错误的,因为虽然看起来地球更接近于宇宙的中心,但它也因此而更接近于极点。地球并不是宇宙的一个比例部分或整除部分,因为世界既没有极大也没有极小,也没有一半或整除部分,就像人和动物[没有整除部分]一样。手不是人的一个整除部分,尽管它的重量似乎有一个对身体的比例,就像手在尺寸和形体上对身体有一个比例一样。同样,[地球]颜色的黑暗也不能证明地球卑下,因为对于位于太阳上的观察者来说,[太阳]不可能像我们看到的那么明亮;实际上,正如地球有自己的组成一样,太阳一定有一个像地球那样的更为中心的部分,它有着火焰般透明的四周,在这两者之间有着水一般的云和清澈的气,就像地球有其元素一样。② 因此,在火区域之外的人将视[地球为]一个明亮的星体,正如在我们这些太阳区域之外的人看来太阳是发光的一样。

---

① *De docta ignorantia*,Ⅱ,12,p. 104.
② 库萨的尼古拉的思想可能被看作预示了威廉·赫舍尔(William Herschell)爵士甚或更加晚近的人的思想。

就这样,库萨的尼古拉建立了太阳和地球基本结构的相似性,从而摧毁了使"黑暗的"地球和"发光的"太阳相对立的基础。之后,库萨的尼古拉胜利地宣称:①

地球是高贵的星体,它有着不同于其他一切星体的光、热和影响;每一个[星体]在光、本性和影响上都不同于其他星体,因此每一个星体都向其他[各个]星体传送光和影响。这种传送并非有意,因为星体运动和闪烁仅仅是为了以更完美的方式存在:分享这份光和影响也只是一种结果;正如光之闪耀乃是出于其自身的本性,而并不是为了让我看见。

的确,在库萨的尼古拉那无限丰富、无限多样且有机地联系在一起的宇宙中,并没有一个完美的中心,使得宇宙的其余部分都从属于它;恰恰相反,宇宙的各个组分正是通过成为自己并且肯定自身的本性而为整体的完美做出自己的贡献。因此,地球在某种程度上同太阳或恒星一样完美。库萨的尼古拉接着说:②

我们也不能说,因为地球比太阳小,并接受太阳的影响,所以就比太阳卑下,因为整个地球区域是巨大的,它一直延伸到火的周围。尽管地球要小于太阳,这一点我们已经通过地球的阴影和日蚀知道了,但我们仍然不知道太阳区域比地球区域是大还是小。然而,它们不可能精确相等,因为没有

---

① *De docta ignorantia*, Ⅱ, 12, p. 104.
② *De docta ignorantia*, Ⅱ, 12, p. 105.

一个星体能与另一个星体相等。地球不是最小的星体,因为它比月球大,我们从月蚀中已经看到这一点。有人甚至认为,地球可能比水星或其他星体还大。因此,从大小上来论证地球卑下是不足为凭的。

同样,我们也不能根据地球接受太阳或其他行星的影响来证明地球比这些星体卑下。事实上,地球也很有可能对它们产生影响。①

因此,就人的认识而言,显然还不能断定地球区域是高贵还是卑劣于太阳、月球或其他星体的区域。

库萨的尼古拉主张地球拥有相对完美性的一些论证相当奇特。他确信,宇宙不仅是无界的,而且到处都有人居住,他认为我们不能根据所谓地球居民的不完美来推论地球本身的不完美。据我所知,至少在他那个时代,还没有人做过这样的结论。无论如何,库萨的尼古拉断言:②

……我们不能因为在世界的这个位置居住的人、动物和植物没有太阳或其他星体上的居民完美,就说这个位置要比其他位置[更不完美]。这是因为,尽管上帝是所有星域的中

---

① *De docta ignorantia*,Ⅱ,12,p. 107. 我们又一次在库萨的尼古拉的思想中看出了对天体相互吸引理论的预示。

② *De docta ignorantia*,Ⅱ,12,p. 107.

心和圆周,尽管每个区域里高贵程度各不相同的居民都是来自于上帝,以使整个广袤的天宇和星辰不致空空如也,也不至于只在地球上居住着较为低下的居民,然而根据自然的秩序,似乎不可能再有什么居民能比居住在地球区域的这些拥有理智本性的居民本性更加高贵和完美了,即使其他星体上有,那也属于另一个属:的确,人并不向往其他什么本性,他只渴求自己本性的完美。

23 当然,我们不得不承认相同的属下面还有不同的种,它们以或多或少的完美方式体现着共同的本性。因此,在库萨的尼古拉看来,猜想太阳和月球上的居民比我们更完美是相当合理的,他们比我们更具智性和灵性,较少物质性,更少受肉体的束缚。

最后,库萨的尼古拉宣称,从变化和可朽来论证地球的卑下也不比其他论证更有价值。因为"既然存在着一个普遍的世界,既然所有星体都在一定程度上相互影响",[1]那么我们就没有理由假定变化和朽坏只发生在地球,而不发生在宇宙中的其他地方。不仅如此,我们还有充分的理由——虽然我们当然不可能知道它——去假定宇宙各处都是一样的,特别是因为,这种身为地界事物特性的朽坏绝非真正的毁灭,也就是说,它并非完全而绝对地失去存在,而只是失去某种特殊的存在形式。但是从根本上讲,与其说它是直接消失,不如说是存在物消散或分解为它的各个组成元素,而后这些元素再重新组合成他物。这一过程在整个

---

[1] *De docta ignorantia*, Ⅱ, 12, p. 108 sq.

宇宙中都有可能发生（而且可能的确发生了），因为从根本上讲，世界的本体结构是处处相同的。的确，这一过程在各处以同样的时间的（temporal）（亦即可变的、变化的）方式表现了造物主不变的、永恒的完美。

正如我们看到的，库萨的尼古拉主教的著作中洋溢着文艺复兴的精神气息。他的宇宙已不再是中世纪的和谐整体宇宙。但无论如何，它还不是现代人的无限宇宙。

现代历史学家们也曾主张，应当把断言宇宙无限性的荣誉归于一位16世纪的作家——帕林吉尼乌斯（Marcellus Stellatus Palingenius），①他是当时风行于世、并且拥有广大读者的《生命的天宫》（*Zodiacus vitae*）一书的作者，该书于1543年以拉丁文在威尼斯出版（1560年被译成英文）。不过在我看来，把荣誉归于他的理由不如归于库萨的尼古拉那么充分。

帕林吉尼乌斯深受15世纪新柏拉图主义复兴的影响，并因此而反对亚里士多德的绝对权威，不过他有时也正面地援引亚里士多德的著作。帕林吉尼乌斯可能对库萨的尼古拉的世界观有

---

① 帕林吉尼乌斯的真名叫 Pier Angelo Manzoli，他大约于1500至1503年间生于 La Stellata。他以《生命的天宫》（*Zodiacus vitae*）为名写了一本说教类的诗集，该书（可能）于1543年在威尼斯出版，旋即在新教徒中广泛流传开来，并被译成英文、法文和德文。由 Barnaby Goodge 翻译的英译本 *Zodiake of life*（前三卷）首次于1560年面世，到1565年始有全集出版。帕林吉尼乌斯似乎在某一段时间被怀疑是异端，不过直到他死后15年（他死于1543年），即1558年，《生命的天宫》才被列入《禁书目录》。罗马教皇保罗二世在位时，他的尸骨被挫骨扬灰。参见 F. W. Watson, *The Zodiacus Vitae of Marcellus Palingenius Stellatus: An old school book*, London, 1908 和 F. R. Johnson, *Astronomical thought in Renaissance England*, pp. 145 sq., Baltimore, 1937。

所了解,并受到了他否认造物有限性的鼓舞。但这一点并不确定,因为在帕林吉尼乌斯的著作中,除了极力主张不可能给上帝的创造活动设置界限之外,我们还没有发现他提到过库萨的尼古拉宇宙论的任何信条。

例如,在讨论宇宙的总体结构时,他说道:①

> 有些人认为每个星体都是一个世界,
> 他们视地球为一暗星,众星最小者。

显然,此时帕林吉尼乌斯想到的是希腊的宇宙论者,而不是库萨的尼古拉。而且值得注意的是,帕林吉尼乌斯并不赞同他们的观点。他本人的看法与此迥异。他并不认为地球是一个星体。恰恰相反,他始终坚持地界与天界的对立,而且正是地界的不完美促使他否认地球是宇宙中唯一有居民的地方。

的确,②

> ……我们看到,
> 海洋和陆地造物繁多。
> 天国又岂能空无一物?
> 哦,只有头脑空洞的人才这样认为。

---

① *Zodiacus vitae*, 1. Ⅶ, *Libra*, Ⅱ. 497—99; Engl. Transl., p. 118;参见 A.O. Lovejoy, *The great chain of being*, pp. 115 sq., Cambridge, Mass., 1936; F.R. Johnson, *Astronomical thought in Renaissance England*, pp. 147 sq.

② *Zodiacus vitae*, 1, Ⅸ, *Aquarius*, Ⅱ. 601—3 (Engl. Transl., p. 218).

显然,我们不能与这些"空洞的头脑"犯同样的错误,①

>……天穹确有造物,众星之畔,
>圣人之天城与宝座,王与民同待。
>无事物无谓之形影(此处却有),
>完美的王与民,彼处万物完美。

但帕林吉尼乌斯并没有断言世界的无限性。事实上,他始终运用拉夫乔伊(Lovejoy)教授所说的丰饶原则(*principle of plenitude*)②来否定上帝创造的有限性。他说:③

>假如天界是万物的尽头,更远别无他物。自然没有能力攀升,诸天之上再无国度。这是惊人的谎言,在我的理性看来都是谬误。若诸天不能再远,乃一切之终,为何上帝不创造更多? 是因为没有能力? 还要造出多少才能耗尽其才智和意志? 抑或没有力量? 此两者无一为真。上帝之力无有终结,其知识也没有尽头。在上帝的天城中,我们必信一切皆非徒劳,因为神性始终如一:上帝能做的,他必定会做。上帝的德行绝非徒劳,从不隐藏。但因他能造物无数,所以切不可如此认为。

---

① *Zodiacus vitae*, 1, Ⅺ, Aquarius, Ⅱ. 612—616 (Engl. Transl., p. 218).
② A.O. Lovejoy, *The great chain of being*, p. 52. and *passim*.
③ *Zodiacus vitae*, 1, Ⅻ, *Pisces*, Ⅱ .20—35 (transl., p. 228).

然而，他坚持由八层天球包裹的物质世界是有限的：①

> 博学的亚里士多德说那里不可能有物体，世界必定有边界，对此我确实同意，因为在天空之上我们不放置任何物体，而只有最纯粹的光，没有物体。这种光使我们的太阳黯然失色，亦非我们的眼睛能够知觉，这的确是上帝送出的无穷无尽的光。
>
> 与他们的王[上帝]一起，精灵们住在更高的地方，而较卑贱的则住在天空之下。因此，世界的辖域和位置有三，天界、由边界包裹的次天界(Subcelestiall)以及那个无边无界的其余，天之上的最神奇的光照耀其中。对此有人反驳说，没有物体就没有光，因此，在天之上也不可能有什么光。

但帕林吉尼乌斯并没有接受那种使光依靠物质并因此是物质的理论。无论如何，即使对于自然的、物理上的光是如此，上帝超自然的光也必定不是这样。星天之上没有物体。但在超自然的、无界的、超越天界的区域却可能存在着（也确实存在着）光和非物质的东西。

因此，帕林吉尼乌斯声言无限的地方乃是上帝的天国，而不是上帝的世界。

---

① *Zodiacus vitae*, Ⅱ. 71—85 (transl., p. 229). 斯宾塞(Edmund Spenser)在其《歌咏天界美境》(*Hymn of heavenly beauty*)一书中优美地描述了帕林吉尼乌斯的世界图景（参见 E. M. W. Tillyard, *The Elizabethan world picture*, p. 45, London, 1943）。

第二章　新天文学和新形而上学

——哥白尼、迪格斯、布鲁诺和吉尔伯特

帕林吉尼乌斯和哥白尼实际上是同时代人。的确,《生命的天宫》和《天球运行论》的写作时间必定相差无几。然而,他们没有或鲜有什么共同点,彼此好像相隔了几个世纪。

事实上,他们的确被数个世纪,即亚里士多德宇宙论和托勒密天文学统治西方思想的那些世纪隔断了。当然,哥白尼充分利用了托勒密详细阐述的数学技巧(这是人类心灵最伟大的成就之一),[1]但他的灵感使他越过托勒密和亚里士多德,回到了毕达哥拉斯和柏拉图的黄金时代。他引用了赫拉克利德(Heraclides)、埃克番图斯(Ecphantus)、希克塔斯(Hiketas)、菲洛劳斯(Philolaus)和阿里斯塔克(Aristarchus of Samos)等人的著作。根据哥白尼的学生和代言人雷蒂库斯(Rheticus)的说法:[2]

---

[1] 就技术含义而言,哥白尼是一个托勒密主义者。
[2] 参见 Joachim Rheticus, *Narratio prima*。我在此引用的是 R. Rosen 在其《哥白尼的三篇论著》(*Three Copernican treatises*, p. 147, New York, 1939)中的出色译文。

……正是由于追随了柏拉图和毕达哥拉斯主义者,那个神圣时代最伟大的数学家们,[他]才认识到为了确定现象的原因,就必须赋予球形地球以圆周运动。

我无需强调哥白尼天文学在科学和哲学上的极端重要性:它将地球从世界的中心移开并将其归入行星之列,这破坏了传统宇宙秩序的基础及其等级结构,瓦解了永恒不变的天界与变化可朽的地界或月下世界之间质的对立。相比于库萨的尼古拉对其形而上学基础的深刻批判,哥白尼革命也许显得半心半意和不够激进,但另一方面,至少从长远来看,这场革命要有影响得多,因为正如我们所知,哥白尼革命的直接后果是加剧了怀疑论和各种纷乱困惑。① 约翰·多恩(John Donne)的著名诗篇对此的吟咏尽管有些姗姗来迟,却使人印象深刻:②

>……新哲学置一切于怀疑之中,
>火元素已被扑灭,没有了痕迹;
>太阳丧失了,地球也丧失了,

---

① F.R. Johnson, *Astronomical thought in Renaissance England*, pp. 245—49, Baltimore, 1937;参见 A.O. Lovejoy, *The great chain of being*, pp. 109 sq.

② John Donne, *Anatomy of the world*, First Anniversary (1611) ed., Nonesuch Press, p. 202. 许多抱有怀古幽情的学者仔细研究了17世纪精神革命的灾难性后果;参见 E.M.W. Tillyard, *The Elizabethan world picture*, London, 1943;Victor Harris, *All coherence gone*, Chicago, 1949;Miss Marjorie H. Nicolson, *The breaking of the circle*, Evanston, Ⅲ., 1950;S.L. Bethell 的 *The cultural revolution of the XVIIth century*, London, 1951. 非怀旧式的讨论参见 A.O. Lovejoy, *The great chain of being* 以及 Basil Willey, *The seventeenth century background*, Cambridge, 1934。

> 人的智慧无法很好地引导人到哪里去找寻它。
> 人们坦言这个世界已经耗尽，
> 他们在行星中，在天穹里，找到了许多新的世界，
> 然后凝视他的世界碎成原子。
> 它分崩离析，一切条理都已丧失；
> 一切都只是提供，一切都只是关系。

说实话，哥白尼的世界绝非缺乏等级特征。因此，如果他断言运动的不是天空，而是地球，这不仅是因为移动一个相对较小的物体要比移动一个巨大的物体更为合理，即"移动被包含和被定位的[物体]要比移动包含和定位的[物体]更为合理"，而且还因为"静止要比变化和不稳定更为高贵和神圣。因此，后者更适合于地球而非宇宙"。① 正因为太阳拥有最高的完美和价值——它是光和生命之源——哥白尼才把中心位置赋予了太阳：哥白尼遵循毕达哥拉斯主义传统，完全颠倒了亚里士多德和中世纪的等级排列，认为中心位置才是最佳也是最重要的位置。②

因此，哥白尼的世界虽然不再具有等级结构（至少不再具有完全的等级结构，比如说它还有两个完美的极，即太阳和恒星天球，行星位于它们之间），却仍是一个井然有序的世界。而且，它还是有限的。

哥白尼世界的这种有限性也许显得不合逻辑。的确，假定恒

---

① Copernicus, *De revolutionibus orbium coelestium*, 1. Ⅰ, cap. Ⅷ.
② 中世纪人的认为，地球所处的中心位置是最卑下的地方，只有地狱才比我们的这个尘世居所"更卑下"。

星天球存在的唯一理由就是恒星的共同运动，否定该运动立刻会导致否定恒星天球的存在；而且，在哥白尼的世界中，由于恒星一定极其巨大①——即使是最小的恒星也要大于整个大轨道（Orbis magnus *）——因此，恒星天球一定非常之厚，它的体积只有无定限地"向上"延伸才显得合理。

于是，把哥白尼解释成无限宇宙的倡导者是很自然的，特别是因为他确实曾提出过恒星天球之外是否可能存在着无定限的空间延伸的问题，尽管他认为这不是个科学问题而将其交给哲学家来回答。事实上，里乔利（Gianbattista Riccioli）、惠更斯以及近来的麦考利（McColley）先生都是这样来解释哥白尼学说的。②

这种解释虽然看似合理自然，但我并不认为它代表了哥白尼的真实看法。人类的思想，即使是那些最伟大天才的思想，也从来不是完全合乎逻辑、前后一致的。因此，当我们得知，相信物质行星天球存在（因为他需要这些天球去解释行星的运动）的哥白尼，同时也相信他已不再需要的恒星天球的存在时，实在不必感到惊讶。尽管恒星天球的存在什么也说明不了，但还是有些用处："包容着万物以及它自身"的恒星天球将世界维系在一起，此外，它还能使哥白尼给太阳指定一个确定的位置。

---

① 对于近代之前的天文学亦即望远镜发明之前的天文学来说，恒星拥有可视甚至可测的直径。另一方面，由于它们距离我们非常遥远，在哥白尼看来甚至极为遥远，因此它们的实际尺寸必定极为巨大。

* 即地球的公转轨道。——译者注

② 参见 Grant McColley, "The seventeenth century doctrine of a plurality of worlds," *Annals of Science*, Ⅰ, 1936 以及 "Copernicus and the infinite universe," *Popular Astronomy*, XLIV, 1936；另参见 Francis R. Johnson, *Astronomical thought in Renaissance England*, pp. 107 sq.

无论如何，哥白尼说得很清楚：①

> ……宇宙是球形的，这或者是因为在一切形状中，球形是最完美的，它是一个完整的整体，不需要联接；或者是因为它是一切形体中容积最大的，最适于包容和保持万物；或者是因为宇宙的各个部分即日月星辰看起来都是这种形状。

哥白尼的确抛弃了亚里士多德的学说，即"在世界之外既没有物体，没有处所，也没有空的空间，实际上一无所有"。因为在哥白尼看来，"某些东西竟能被无包围，真让人感到奇怪"。而且，他认为如果我们承认"天空是无限的，并且仅以自己的内凹为界"，那么我们就应有更好的理由去断言，"在诸天之外没有任何东西存在，因为一切事物，不论大小，都在它们之内"。② 当然，在这种情况下，天必须静止不动：的确，无限的东西不可能被移动或穿越。

但是，哥白尼从未说过可见世界即恒星世界是无限的，而只说它是无法估量的(*immensum*)。它是如此巨大，以至于不仅地球与其相比"不过是一个点"而已(顺便说一句，托勒密也曾这样断言过)，就连地球的整个绕日周年轨道与之相比也是如此。我们不知道也没有能力知道世界的界限和大小。而且，托勒密曾提出如下著名反驳，即"地球和地球上的物体如果旋转起来，将会由于自然运动而四散开来"，因为飞快的旋转运动会产生很大的离

---

① Nicolaus Copernicus, *De revolutionibus orbium coelestium*, 1. Ⅰ, cap. Ⅰ.
② Nicolaus Copernicus, *De revolutionibus orbium coelestium*, 1. Ⅰ. cap. Ⅷ.

心力。在讨论这一反驳时，哥白尼回答说，这种分散效应对于诸天将比地球更大，因为天的运转速度远大于地球。"如果托勒密的论证是正确的，天空就会变成无限。"当然，在这种情况下诸天将不得不静止不动，尽管它们是有限的。

于是我们不得不承认，即使世界之外并非空无，而是存在着空间甚至是物质，哥白尼的世界也仍然是有限的。这个世界被一个物质的天球即恒星天球所包围，太阳居于它的中心。在我看来，只能这样来解释哥白尼的学说。他也正是这样告诉我们的：①

……第一个也是所有天球中最高的是恒星天球，它包容自身和一切，因而是静止不动的。它毫无疑问是宇宙的处所，其他所有天体的运动和位置都要以此为参照。有人认为它也有某种运动，但在讨论地球的运动时，我将对此给出一种不同的解释。[恒星天球]接下来是第一颗行星——土星，它每30年转动一周；然后是木星，每12年转一周；再后是火星，每2年转一周；第四位是地球以及作为本轮的月亮天球，每1年转一周；第五位是金星，每9个月转一周；最后第六位是水星，每80天转一周。

但静居于万物中心的是太阳。在这个华美的殿堂中，谁能把这盏明灯放到另一个或更好的位置，使之能够同时照亮一切呢？有人把太阳称为宇宙之灯、宇宙之心灵、宇宙之主宰，这都没有什么不妥。三重伟大的赫尔墨斯（Hermes

---

① Nicolaus Copernicus, *De revolutionibus orbium coelestium*, l. Ⅰ. cap. Ⅹ.

Trismegistus)把太阳称为"可见之神",索福克勒斯(Sophocles)笔下的埃莱克特拉(Electra)则称其为"洞悉万物者"。于是,太阳就像端坐在王位上统领着绕其运转的行星家族。

根据上述说法,我们不得不承认哥白尼的世界是有限的。而且从心理学上来看,已经迈出第一步使恒星天球停止不动的人,在迈出第二步,即再将恒星天球消泯于无界的空间中之前犹豫不决是非常正常的。对一个人来说,让地球运动起来并把世界扩大到无法估量已经足够,再让他把世界变成无限显然太过苛求。

跟中世纪的世界相比,哥白尼世界的直径至少要大两千倍,这一点的重要性是人们都承认的。然而,正如拉夫乔伊教授所指出的,[①]我们不要忘记,即使是亚里士多德或托勒密的世界,也绝不是我们看到的用来装饰中世纪手稿袖珍画上的一个可爱的小饰物,雷利(Walter Raleigh)爵士对此作过迷人的描述。[②] 虽然根据我们今天的天文学标准,甚至是根据哥白尼的标准,这个世界还相当小,但它已经大到了不能根据人的测量标准来感受:这一数字约为 20000 个地球半径,即大约 125000000 英里。

而且不要忘了,跟无限相比,哥白尼的世界绝不大于中世纪天文学的世界。它们同样都是无,因为"有限与无限之间不成比

---

① A.O. Lovejoy, *The great chain of being*, pp. 99 sq.
② 参见 Sir Walter Raleigh, *The historie of the world*, London, 1652, pp. 93 sq.; 参见 Bethell, *op. cit.*, pp. 46 sq.

例"(inter finitum et infinitum non est proportio)。我们不能通过增大我们世界的尺寸来接近无限宇宙。我们也许可以使世界要多大就有多大,但那丝毫不会使我们更接近于无限宇宙。

尽管如此,即使不是从逻辑上而是从心理上说,由一个非常巨大、无法估量且一直在增长的世界过渡到无限宇宙,显然比从一个相当大、但仍然可以确定界限的球体直接跃至无限宇宙要容易些,因为这个世界之泡在破裂之前不得不膨胀。同时,通过天文学的变革或革命,哥白尼清除了反对宇宙无限的一个最有效的科学反驳,这一反驳乃是基于天球在运动这一经验常识。

亚里士多德论证说,无限的东西是不可能被越过的;如果星体运转,那么……但是,星体并不运转,而是静止不动,所以……因此,我们不必惊讶,在哥白尼之后相当短的时间里,一些人大胆迈出了哥白尼本人拒绝迈出的一步,断言哥白尼天文学中的恒星天球并不存在,而包含着与地球相距各异的星体的星天则"向上无限延伸"。

直到最近,人们一直普遍认为是布鲁诺首先迈出了这决定性的一步,他吸收了卢克莱修的思想,并且创造性地误解了卢克莱修和库萨的尼古拉。① 直到 1934 年,在约翰逊(Johnson)教授和

---

① 布鲁诺认为他们在宣扬宇宙的无限。我已经考察过库萨的尼古拉;至于卢克莱修,他的确曾经断言过空间和多重世界的无限性,但他仍然坚持我们的可见世界是有限的,而且存在着一个有限天球,在天球之外是我们知觉不到的其他相同或相似的"多重世界"。我们可以认为,卢克莱修不合时宜的思想预示了近代分散于无限空间中的岛宇宙思想,尽管它们有非常重要的区别:卢克莱修的各个世界是封闭的,而且彼此之间没有联系。

拉凯(Larkey)博士①的一个发现之后,断言宇宙无限这一殊荣才必须至少部分地归于托马斯·迪格斯(Thomas Digges)。他们发现了《对天球的完美描绘,根据近来由哥白尼所复兴并为几何学所证明的最古老的毕达哥拉斯学说所作》(Perfit Description of the Caelestiall Orbes according to the most aunciene doctrine of the Pythagoreans lately revived by Copernicus and by Geometricall Demonstrations approued)一文,该文是1576年托马斯·迪格斯附于他父亲伦纳德·迪格斯(Leonard Digges)《永恒的预言》(prognostication euerlasting)一书中的。事实上,尽管对托马斯·迪格斯的文本有不同的解读(我本人的解读就与约翰逊教授和拉凯博士的解读有些不同),但无论如何,迪格斯肯定是第一位用开放世界观念来取代他老师的封闭世界观念的哥白尼主义者。在《描绘》一文中,他对《天球运行论》一书的宇宙论部分给出了非常出色、尽管相当随意的翻译,并作了一些相当惊人的补充说明。首先,在描绘土星天球时,他插入一段补充说,"在所有天球中",这一天球"最接近于那个点缀着无数盏灯的不动的天球";然后,他用另一幅世界图像代替了著名的哥白尼世界图像,在他的图像中,星体布满了整个页面,即哥白尼世界图像中最远的那个天球(ultima sphaera mundi)上下都有星体。迪格斯给这个图像所添加的文字也十分奇怪。在我看来,它表现了一个(非常大

---

① 参见 Francis R. Johnson and Sanford V. Larkey,"Thomas Digges, the Copernican system and the idea of the infinity of the universe," *The Huntington Library Bulletin*, n. 5 (1934) 以及 Francis R. Johnson, *Astronomical thought in Renaissance England*, pp. 164 sq.;另参见 A.O. Lovejoy, *The great chain of being*, pp. 116 sq.

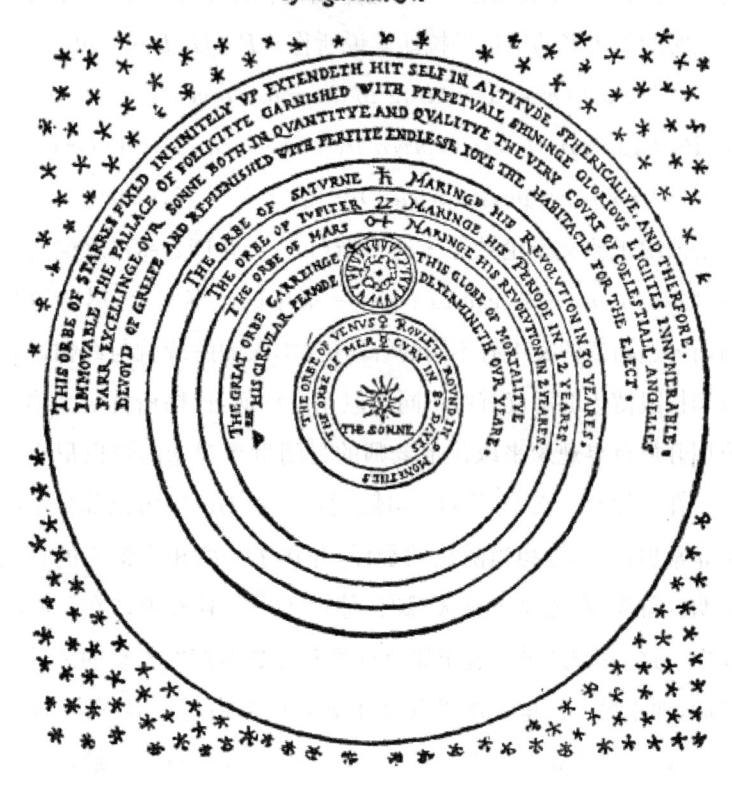

图 2　迪格斯的哥白尼无限宇宙图

出自 A Perfit Description of the Caelestiall Orbes，1576 年

胆的)人的犹豫和徘徊。一方面,他不仅接受了哥白尼的世界观,甚至还超越了它;但另一方面,他仍然受到宗教观念或形象的支配,认为空间中有一个天国存在。迪格斯一开始就告诉我们:

恒星天球自身沿着球形的高度向上无限延伸，因此保持不动。

然后他说，这个天球

是幸福的宫殿，由无数盏永远闪亮的、荣耀的灯装饰，它们在量和质上远远超过了我们的太阳。

它是

伟大上帝的贵苑、选民的居所、天使的家园。

该图旁边的文字阐述了这一想法：①

这里，我们永远也无法充分地赞美我们所感觉到的上帝作品的巨大构架，它是那样美妙和不可思议。首先我们看到的是我们运动于其中的地球，通常看来它很大，然而同月球天球相比却很小；要是跟负载它运行的大轨道相比，则几乎算不了什么。周年运动轨道要比我们居住的这个黑暗的小星体大很多。但是，刚才说过的这个大轨道同不动天国的无限相比只不过是个点而已；由此，很容易知道我们这个可朽

---

① *A Perfit Description*, sigs N3 - N4；参见 Johnson-Larkey, pp. 88 sq.；Johnson, pp. 165—167。

的世界同上帝的构架相比是何其微不足道,永不足以去赞美静止不动的部分、特别是那装点着无数盏灯并沿着球形高度向上无尽延伸的恒星天球的无限广阔。至于天国中的灯盏,通常我们只能看到它们位于同一天球中较低的部分。随着高度的增加,我们看到的灯盏数量越来越少。由于我们无法感觉到它们那极其遥远的距离,所以我们也无法更进一步地达到或想象其余绝大部分的情况。这一部分可能就是我们通常认为的伟大上帝的贵苑。我们只能通过他的部分可见作品去推测他那些不可见的无法探索的作品,这样一个在质和量上超越所有其他东西的无限位置是与他的无限能力和威严相配的。人们长期以来认为地球是静止不动的,不过现在看来相反的看法是有说服力的。

由此可见,迪格斯将他的星体置于一个神学的天国,而不是天文学的天空。事实上,我们此时距离帕林吉尼乌斯(迪格斯知道他并引用过他的著作)的思想并不很远,也许比哥白尼更近。帕林吉尼乌斯把他的天国置于星体之上,迪格斯则将群星置于天国之中。然而帕林吉尼乌斯坚持认为,我们的世界——太阳和行星的世界——与上帝、天使和圣徒们所居住的天球之间是分离的。不用说,在哥白尼的天文学世界中是没有天堂的位置的。

这就是为什么虽然约翰逊教授在其名著《文艺复兴时期英格兰的天文学思想》(*Astronomical Thought in Renaissance England*)一书中对迪格斯断言无限宇宙的优先权作了非常有力的

辩护,我却仍然认为是布鲁诺首先提出了在其后两个世纪占主导地位的宇宙论轮廓或框架。在此,我非常赞同拉夫乔伊教授在其经典著作《存在的巨链》(Great Chain of Being)一书中所说的话:①

> 尽管新宇宙图景的要素在某些地方有更早的表述,但我们必须承认,只有布鲁诺才是去中心化的、无限的、居民无限多的宇宙学说的主要代表。因为他不仅以福音传教士的热情在整个西欧传播这一思想,而且他的透彻论述为普通大众接受无限宇宙这一学说打下了基础。

的确,在布鲁诺之前从未有人如此直率、明确和有意识地断言空间本质上是无限的。

其实在《圣灰星期三的晚餐》(La Cena de le Ceneri)一书中②

---

① A.O. Lovejoy, *The great chain of being*, p. 116. 乔尔达诺·布鲁诺1548年生于诺拉(Nola,临近那不勒斯),1566年成为多明我会修士,但十年后的1576年,他因对圣餐变体论和无沾成胎说怀有异端看法而不得不离开修道会和意大利。1579年,他来到日内瓦(在那里他无法待下去),继而去了图卢兹和巴黎(1581),在那里做了关于雷蒙德·鲁尔(Raymundus Lullus)逻辑体系的讲演(还写了一些哲学著作,如 *De umbris idearum* 和讽刺喜剧 *Il Candelajo*)。1583年他去了英格兰,在那里做了些讲演并出版了一些非常优秀的著作,如 *La Cena de le ceneri*,*De la causa*,*principio et uno* 和 *De l'infinito universo e mondi*。1585年至1592年,布鲁诺游走于欧洲各地(巴黎、马堡、维滕堡、布拉格、海莫斯达、苏黎世)。1591年他出版了 *De immense et innumerabilibus*。最后,1592年他收到一份去威尼斯的邀请。他遭到了宗教裁判所的谴责和逮捕(1593年),并被押送至罗马,在那里被监禁了7年,直到1600年2月17日被革除教籍,烧死在火刑架上。参见Dorothea Waley Singer, *Giordano Bruno, his life and thought*, New York, 1950.

② 写于1584年。

(顺便说一句,针对亚里士多德和托勒密对地球运动的古典反驳,布鲁诺在这里给出了伽利略之前最好的讨论和反驳①),他就已经宣称,②"世界是无限的,因此不会有一个物体位于世界的中心内、中心上、边缘,或位于中心和边缘这两极之间"(而且这两级并不存在),而只会在其他物体之间。至于这个在无限原因和无限原理中有其原因和起源的世界,根据其物质必然性和存在方式,必定是无限地无限(infinitely infinite)。布鲁诺又说:③

可以肯定的是……根本不可能找到哪怕半点可能的理由去说明为什么这个物质世界应该有界,以及为什么它的空间中所包含的星体数目应该是有限的。

在用其本国语写成的对话《论无限宇宙与多重世界》(*De l'infinito universo e mondi*)和拉丁语诗集《论无限和不可数》(*De immenso et innumerabilibus*)中,布鲁诺最清晰有力地表述了世界的统一和无限这一新的福音。④

---

① 参见我的 *Études Galiléenes*,Ⅲ,p. ii sq. 以及"Galileo and scientific revolution of the ⅩⅦth century," *The philosophical Review*, 1943。

② Giordano Bruno, *La cena de le Ceneri*, dial. terzo, *Opere Italiane*, ed. G. Gentile, vol. Ⅰ, p. 73, Brai, 1907。

③ Giordano Bruno, *La cena de le Ceneri*, pp. 73 sq.

④ *De l'infinito universo e mondi* 写于 1584 年;*De immense et innumerabilibus* 其标题全称是:*De innumerabilibus, immenso et infigurabili; sive de universo et mundis libri octo*,写于 1591 年。我的阐释基于 *De l'infinito universo e mondi* 一书,并引用了 Dorothea Waley Singer 夫人附于其 *Giordano Bruno, his life and work* (New York, 1950)一书中的出色译文。我首先参考的是 Gentile 版(*Opere Italiane*, vol. Ⅰ),然后是 Singer 夫人的翻译。

有一个普遍空间,一个广袤的无限,我们也许可以姑且称之为虚空:其中有无数个星球像我们生活和成长于其上的地球一样;我们之所以称这个空间是无限的,是因为理性、合宜性、感官知觉和自然都没有给它指定界限。因为既没有理由,也没有自然馈赠(无论是主动力量还是被动力量)的缺陷来阻止空间中其他世界的存在,这些世界在本性特征上与我们的世界相同,到处充满着物质或至少是以太。①

当然,我们已经从库萨的尼古拉那里接触过几乎类似的看法。然而,我们必须看清楚他们侧重点的不同。库萨的尼古拉只是宣称不可能给世界指定界限,布鲁诺则断言世界是无限的并为之欢呼。值得注意的是,同库萨的尼古拉相比,布鲁诺的态度更加坚决,表述也更加清晰。②

对于一个无限大的物体来说,我们既不能给它指定中心,也不能给它指定边界。那些谈论空(emptiness)、虚空或无限以太的人认为这些东西既没有轻重、运动,也没有上下或中间区域,并且认为这一空间中存在着无数个像我们地球的其他行星以及像我们太阳的其他恒星,这些星体穿越有限

---

① 布鲁诺的空间是虚空。但这个虚空在各处根本不虚,它到处充满了存在物。没有任何东西充盈于其中的真空将意味着对上帝创造活动的限制,而且还违背了充足理由律,禁止上帝以各不相同的方式对待空间中的任一部分。

② De l'inf. univ. e mondi, p. 309 sq., transl., p. 280;参见 De immense...Opera latina, vol. Ⅰ, part Ⅰ, p. 259。

而确定的空间或围绕自己的中心在这一无限空间中旋转。因此,我们在地球上就说地球是中心。古往今来,无论是什么派别,哲学家都根据他们自己的原则,振振有词地宣称他那里才是真正的中心。

然而,

正如我们说自己位于[普遍]等距圆周的中心,这个圆是个巨大的视域也是我们自己的环形以太区域的界限。毫无疑问,月球上的居民也认为他们自己位于[一个巨大视域]的中心,这一视域包括地球、太阳和其他星体,它是他们自己视域半径的边界。因此,地球和其他世界一样均不在中心。而且,对于我们的地球而言没有构成确定天极的点,正如相对于以太或宇宙空间的其他任何点,地球本身不是一个确定的极一样。其他星体也是如此。从不同视点来看,它们都可能被视为中心、圆周上的点、天极或天顶等等。于是,地球并不位于宇宙的中心,而只是我们周围空间的中心。

在论述布鲁诺时,拉夫乔伊教授强调了丰饶原则对布鲁诺的重要性,认为这一原则支配着布鲁诺的思想并且主宰着他的形而上学。① 拉夫乔伊教授的看法当然是完全正确的:布鲁诺以一种毫无顾忌的方式运用了丰饶原则,拒绝接受中世纪思想家试图对

---

① A.O. Lovejoy, *The great chain of being*, p. 119.

其应用所作的种种限制,并由这个原则大胆推出了它所蕴涵的所有结论。因此对于下面这个古老而著名的争论问题:为什么上帝没有创造一个无限世界?中世纪的经院哲学家们已经给出了一个出色的回答,那就是否认一个无限造物是可能的;而布鲁诺则第一次径直回答说:上帝已经这样做了。甚至是:上帝只可能这样做。

的确,布鲁诺的上帝有点像被误解的库萨的尼古拉的"折卷起来的无限"(*infinitas complicata*),他只能在一个无限的(无限丰富和无限延伸的)世界中来阐明和展现自己。①

> 因此,上帝的卓越得到了赞美,天国的伟大得到了彰显;上帝不仅在一个太阳,而且在无数个太阳中受到赞美;不仅在一个地球上,而且在一千个地球上,我是说,在无限个世界中受到赞美。
>
> 因此,我们的理智能力并不是徒劳的,它曾追寻、见证并最终使得空间与空间相加,物质与物质相加,单元与单元相加,数目与数目相加。科学把我们从一个极其狭小的国度的羁绊中解救出来,将我们提升到一个真正让人敬畏的自由王国中去,它还把我们从想象的贫乏中解放出来,使我们拥有一个如此广阔的空间的无数财富,拥有一个包含众多有教养世界的如此有价值的地方。我们被欺骗的视觉想象在地球上空存在着一个视域,我们的幻想把这一视域臆造于广阔的

---

① *De l'inf. universo*, dedic. epistle, p. 275 (transl., p. 246).

以太之中,然而科学不允许这一视域将我们的精神限制在死神的监管或朱庇特的怜悯之下。我们不能想象如此富有的拥有者到头来却是位如此吝啬、可鄙和贪婪的捐献者。

我们经常会听到一种说法——这当然是正确的——认为和谐整体宇宙的解体、地球独特的(虽然绝不是享有特权的)中心地位的丧失,必然会导致人在这幕创世的宇宙神剧(theo-cosmic drama)中失去独特的特权地位,而此前人却是核心角色和关键所在。在这一发展的尽头,我们看到了帕斯卡的"自由思想者"(libertin)①令人恐惧的寂静世界,也就是现代科学哲学无意义的世界。最终,我们发现了虚无主义和绝望。

然而,一开始情况并非如此。地球被从世界的中心位置移开并没有让人觉得是降级。恰恰相反,库萨的尼古拉心满意足地宣称,地球这样一来便荣升高贵星体之列;布鲁诺则像囚徒看到监狱的墙倒塌一样,热情洋溢地宣布了天球的破裂,这些天球曾把我们同广袤的空间以及一直在变化的、永恒的无限宇宙的无数宝藏分隔开来。一直在变化!我们又一次想起了库萨的尼古拉,而且不得不再次声明他与布鲁诺基本世界观或世界感情的不同。库萨的尼古拉声称(states),在整个宇宙中根本找不到不变;而布鲁诺则要远远超过这一单纯的声称。对他来说,运动和变化象征着完美,而不是完美的缺乏。一个不动的宇宙是死寂的宇宙,一

---

① "这些无限空间的永恒沉默使我恐惧"(le silence éternal de ces espaces infinis m'effraye)这句名言其实并没有像研究帕斯卡的历史学家们通常认为的那样表达了帕斯卡的个人情感,而只是表达了无神论的"自由思想者"的情感。

个生机勃勃的宇宙必定能够运动和变化。①

> 没有什么终点、边界、界限或围墙能欺骗或阻止我们认为存在着无限多样的事物。地球和海洋是丰饶的,太阳的光芒是永恒的,因此烈烈火焰的燃料得到了永恒的供给,稀薄的大海也得到了水蒸气的补充。正是从无限中不断生长出常新的丰富物质。
>
> 德谟克利特和伊壁鸠鲁认为,贯穿无限的万物经历着更新和复原;而另一些人则固执地坚持宇宙是不变的,并声称有数目恒定的同一种物质微粒永远经历着彼此的转换。对于这些物质的理解,前者显然要比后者更加正确。

布鲁诺丰饶原则思想的重要性是怎样评价都不为过的。但在我看来,布鲁诺的思想中还有另外两个特征与该原则同样重要,即(1)使用了一条原理,一个世纪后它被莱布尼茨称为充足理由律(*the principle of sufficient reason*)(莱布尼茨肯定知道布鲁诺,并且受到了布鲁诺的影响),该原理补充了丰饶原则并最终取代了它;(2)认知与思想(理智)的关系发生了从感性认知到理智认知的决定性转变(实际上,库萨的尼古拉已经预示了这一点)。于是,在《论无限宇宙与多重世界》一书的对话伊始,布鲁诺(菲洛提奥)就宣称感官知觉是混乱和错误的,不能充当科学和哲学认识的基础。后来他解释说,虽然对于感官知觉和想象来说,无限

---

① *De l'inf. universo*, p. 274(transl., p. 245).

是无法企及的和不可表达的,但对于理智来说却恰恰相反,无限是其首要的、最确定的概念。①

菲洛提奥:没有什么身体感官能够察觉到无限,不能指望我们的任一感官能够提供这一结论,因为无限不可能是感官知觉的对象。因此,那些想要通过感官来获取这种知识的人就如同渴望用眼睛看到实体和本质。而那些仅仅因为事物不能被感官所把握或不可见就否认它们存在的人,将马上被迫否认他自己的实体性和存在。因此,在我们需要从感官知觉那里寻求证据时一定要有某种标准,因为我们只能从可感对象那里获取证据,就此而论,除非感官从良好的判断那里获得帮助,否则感官仍然有可能是怀疑的对象。正是理智部分来做判断,使那些被时空间隔开的不在场的因素获得了应有的重要性。在这方面,我们的感官知觉的确满足了我们的要求,给我们提供了足够的证据,因为它不能违背我们。而且,通过给予我们一个永远在变化的有限视域的印象,它暴露了自身的弱点和不充分。从那时起,我们就有了感官知觉在地球表面会欺骗我们的经验,至于它给我们的关于天球界限的印象,我们更是应该心存疑虑。

埃尔皮诺:那么请告诉我,感官对我们有何用呢?

菲洛提奥:感官只是用来激发我们的理性,去指控,去指

---

① *De l'inf. universo*, p. 280(transl., p. 250)。参见 *De immenso*, I, 4, Opera, I, I, p. 214。

示,去部分地证实……真理只是在非常小的程度上来源于感官,但它绝不可能在感官之中。

埃尔皮诺:那么真理在哪儿呢?

菲洛提奥:它犹如在镜中一般存在于可感对象之中,通过论证和讨论的过程存在于理性之中,通过起源或结果存在于理智之中,以其固有的最重要的形式存在于心灵之中。

至于充足理由律,布鲁诺在讨论空间和沿空间延伸的宇宙时运用了它。布鲁诺的空间是无限宇宙的空间,同时也是卢克莱修的(有点被误解了的)无限"虚空",它是完全同质的,处处与自身相似:的确,这些"虚"空怎么可能不是均一的呢?或者反之,均一的"虚"空怎么可能不是无界和无限的呢?因此,从布鲁诺的观点来看,亚里士多德封闭的、内在于世界的(innerworldly)空间观念不仅是错误的,而且是荒谬的。①

菲洛提奥:如果世界是有限的而且此外无物,那么我问你:世界在哪里?宇宙在哪里?亚里士多德回答说:在它自身之内。原动天凸起的表面便是宇宙空间,作为原动的容器它为无所包含。

弗拉卡斯托罗:那么世界便不在任何一处,一切均在无之中。

菲洛提奥:如果你想通过断言无在何处、无存在着、空间

---

① *De l'inf. universo*, p. 281(transl., p. 251).

内外毫无疑问存在着处所来为自己辩解,那么我对此绝不会满意。因为这些仅仅是托辞和借口,它们不能形成我们的半点思想。因为就任何感官或幻想(尽管可能有各种不同的感官和幻想)而言它完全是不可能的。我是说,我不可能断言存在着这样的表面、边界或界限,在它之外既没有物体,也没有空的空间,即使上帝在那里。

我们可以像亚里士多德一样佯称这个世界包围了所有存在,在这个世界之外空无一物,既非充实也非虚空(nec plenum nec vacuum)。但是,没有人能够思考甚至想象这样的世界。世界的"外面"将是空间。这一空间将和我们的空间一样不会是"空的",它将为"以太"所充满。

布鲁诺对亚里士多德的批评(与库萨的尼古拉的批评类似)当然是错误的。因为他不理解亚里士多德,而用一种几何学的"空间"取代了这位希腊哲学家的处所连续体。于是,布鲁诺重复了那条古典的反驳:如果有人把手伸出天的表面将会发生什么?[①] 虽然他对这个问题给出了一个近乎正确的回答(根据亚里

[①] 这一反对宇宙或空间有限的著名论证很好地说明了哲学传统和哲学讨论的连续性。布鲁诺可能是从卢克莱修那里借用这一反驳的(De rerum natura, 1. I, v. 968 sq.),但在 13 到 16 世纪关于多重世界和虚空可能性的讨论中,这个论证已经得到了广泛应用,而且摩尔甚至洛克(参见 An essay on human understanding, 1. II, §§13, 21)也都使用了它。根据 A. Erount 和 L. Robin 在给他们编的 De rerum natura 所写的 Commentaire exégétique et critique (p. 180 sq., Paris, 1925)的说法,这一论证起源于 Archytas, 并被 Endemios 用于其 Physics 中(参见 H. Diels, Die Fragmente der Vorsokratiker, c. XXXV, A 24, Berlin, 1912)。更重要的是,在 Cicero, De natura deorum, I, 20, 54 中也有这个论证;参见 Cyril Bailey, Lucretius, De rerum natura, vol. II, pp. 958 sq., Oxford, 1947。

士多德的观点),即:①

> 布尔奇奥:当然,我想我们必须这样来回答这个人,那就是:如果一个人将手伸出天的凸出球面,那么伸出的手将不会占据空间中的任何位置,也不占据任何处所,因此手将不存在。

但是,布鲁诺是在一个完全错误的基础上,即认为这个作为一种纯粹数学观念的"内表面"不能抵抗一个真实物体的运动,从而拒斥了这个问题。而且,即使它能抵抗,我们依然不能回答在它之外是什么:②

> 菲洛提奥:因此,即使表面能够抵抗,我还必须始终提出这样的问题:在它之外是什么?如果回答说无,那么我称其为虚空或空(empty-ness)。这样的虚空或空没有尺寸也没有外部界限,虽然它有内部界限。这比一个无限宇宙更难想象。如果我们坚持认为宇宙是有限的,那么我们就逃避不了虚空。现在让我们看看能否有这样的空间,它的内部是无。我们的宇宙被置于这一无限空间当中(在此我不考虑是出于偶然、必然还是神意的原因)。那么现在我要问:这一包含世界的空间是否比在此之外的另一个空间更适合放置我们的

---

① *De l'inf. universo*, p. 282 (transl., p. 253).
② *De l'inf. universo*, p. 283(transl., p. 254);参见 *Acrotismus Camoeracensis*, *Opera*,Ⅰ,Ⅰ, pp. 133,134,140.

宇宙？

弗拉卡斯托罗：对我来说，肯定不是这样的。因为，什么也没有的地方就不可能存在差异，没有差异的地方也就没有性质的分布，而且存在无的地方性质可能会更少。

因此，我们这个世界所占据的空间和它之外的空间将是相同的。如果它们相同，那么上帝对待"外部"空间的方式就不可能与对待"内部"空间有任何不同。因此我们必须承认，不仅空间，而且空间中的存在物都是以相同方式构成的，而且如果在无限空间中我们这里存在着一个世界，存在着一个行星围绕着的太阳-恒星（sun-star），那么宇宙各处就都应如此。我们的世界不是宇宙，而只是这样一个机器（*machina*），它被无数个其他类似的"世界"——散布于天空以太海洋中的恒星-太阳世界——所包围。①

实际上，如果上帝可能或的确在我们这个空间中创造了一个世界，那么他也同样可能在其他地方创造世界。但空间（纯粹的容器）的均一性使上帝没有理由在此处而非彼处创造世界。对上帝创造活动的限制是不可想象的。在这里，可能性就意味着现实性。世界可能是无限的，那么它就必定是无限的，因此它是无限的。②

如果我们这个空间没有被填满，也就是说如果我们的世界会不存在，那将是很糟糕的；与此类似，既然空间是不可区

---

① 参见 *Acrotismus Camoeracensis*, p. 175。
② *De l'inf. univ.*, p. 286（transl., p. 256）.

分的,那么如果整个空间没有被填满,情况也不会比前面的好到哪里去。由此可见,宇宙的大小是无定限的,其中的世界也是数不胜数的。

或者,正如反对布鲁诺笔下的亚里士多德主义者埃尔皮诺(不过他现在已相信了对方的看法)所表述的那样:①

> 我宣称我所不能否认的是:在无限的空间中,要么存在着无数个与我们这个世界相似的世界,要么这个宇宙扩展它的容量以便包含许多诸如星体那样的东西,或者,无论这些世界彼此相似或不相似,都没有理由能够说明一个世界何以能比另一个世界更应该存在。因为一个世界的存在并不比另一个世界的存在更不合理,许多世界的存在并不比一个世界或另一个世界的存在更不合理,无限个世界的存在并不比许多世界的存在更不合理。因此,即便取消这个世界或者说这个世界不存在是恶,那么取消其他无数个世界或者它们不存在也是如此。

更具体地说:②

> 埃尔皮诺:存在着无数颗恒星,并且有无数颗行星绕着

---

① *De l'inf. universo*, p. 289(transl., p. 259)。
② *De l'inf. universo*, p. 334(transl., p. 304);参见 *De immense*, *Opera*,Ⅰ,Ⅰ, p. 218。

这些恒星旋转,正如我们所观测到的七颗行星围绕靠近我们的太阳旋转一样。

菲洛提奥:是这样的。

埃尔皮诺:那么,为什么我们看不到其他那些明亮的行星围绕着那些明亮的恒星旋转呢?因为在此之外我们根本觉察不到运动。还有,为什么所有其他天体(除了那些已知的彗星外)看起来总是处于同一次序,并位于相同距离处?

埃尔皮诺提的问题相当好,而布鲁诺回答得也很不错,尽管他犯了一个光学错误,认为行星若能被看见,就必须像球面镜那样,拥有一个磨光的、光滑的"水样"表面。不过他不应对此负责,因为直到伽利略时代,人们一直都这样认为:①

菲洛提奥:原因在于我们只能觉察到那些最大的恒星,它们是巨大的天体。但我们看不到行星,因为它们太小。类似地,或许还有一些行星在围绕太阳运转,但我们看不到它们,这或者是因为它们距离太远,或者尺寸很小,或者是因为它们几乎没有什么水样表面,或者因为这些水样表面没有转向我们而背对着太阳,而通过这些水样表面,行星便像一个水晶镜面一样能够接受到太阳发出的光线,我们便可以看到它们。因此,当我们经常听说尽管月球不在太阳和我们视线之间,而仍然发生日偏食时,我们就可以知道这不是奇迹或

---

① *De l'inf. universo*, p. 335(transl., p. 304);参见 *De immense*, *Opera*, I, I, p. 290; I, II, p. 66。

是与自然相违背。其原因可能是：除了那些可见的星体外，还存在着无数个水样发光天体，它们是部分由水组成的围绕太阳运转的行星。但是由于这些行星过于遥远，我们觉察不到它们轨道的差异，因此我们觉察不到土星之上或之外可见星体缓慢运动的差异；在围绕中心的运动中更少显示出规则，无论我们是把地球还是太阳置于那个中心。

那么，现在的问题是诸天的恒星是否真的如同我们的太阳，以及各个世界的中心与我们的世界中心是否可比。①

埃尔皮诺：因此，你认为如果土星之外的星体真的像它们看起来那样不动，那么它们就是那些我们大约可以看见的无数恒星或火，围绕这些恒星运行的是我们不可辨别的与其相邻的行星。

我们也许期待着一个肯定的回答。然而这一次，也只有这一次，布鲁诺很是谨慎：②

菲洛提奥：并非如此，因为我不知道是否所有恒星或者大部分恒星是不动的，或者有些在围绕着另外一些运动，因为从未有人观察到它们。而且它们也不易观察，因为离着太

---

① *De l'inf. universo*, p. 336(transl., p. 305)；参见 *De immense*, Ⅰ, Ⅱ, p. 121。

② *De l'inf. universo*, p. 336(transl., p. 305)。

远的距离，不容易检测到位置的变化，所以也就不容易观察一个遥远物体的运动和行进，就像我们观察远海中的船只一样。但无论如何，对于一个无限宇宙来说，最终必定存在着其他恒星。因为正如伊壁鸠鲁所认为的（如果我们相信其他人对他的转述的话），单个物体发出的热和光不可能散播到无限中，所以就必须存在着无数恒星，其中许多在我们看来是很小的。但是，那些看起来小些的星体实际上要比那些看起来大些的星体更大。

52   于是，我们现在似乎已经可以确信宇宙是无限的了。但是，怎样来回答那个古老的反驳呢，即认为无限的概念只能应用于上帝这个纯精神的、非物质的存在？这一反驳曾导致库萨的尼古拉——以及后来的笛卡儿——避免称他们的世界为"无限的"，而只称之为"无终止的"(indeterminate)或"无定限的"(indefinite)。布鲁诺回答说，他当然并不否认上帝内在单纯的无限与世界外在多样的无限之间是绝然不同的。同上帝相比，世界只不过是一个微不足道的点而已。①

　　　菲洛提奥：那么我们关于非物质无限的观点是一致的。然而，是什么阻止我们类似地接受善的、物质的无限存在呢？那个在完全单纯和不可分的"原初起源"(Prime Origin)中隐含着的无限，为何不在他自己的那个能够包含无数个世界的

---

①　*De l'inf. universo*, p. 286(transl., p. 257).

无边无际的形象中显示自己,而要在如此狭小的边界内显示自己呢?因此,这个在我们看来非常广阔的世界同神相比只不过是一个点,甚至就是无,拒绝承认这一点,的确是令人羞耻的。

然而,正是这个世界和世间万物的"无"蕴含着世界的无限。上帝没有理由去创造一个优越于其他种类的特殊的存在种类。充足理由律加强了丰饶原则。为了能够完美和配得上造物主这一称号,上帝的创造必须包含一切可能的东西,即无数个存在物、无数个地球、无数颗星辰和太阳——因此我们可以说,上帝需要一个无限的空间以便能将这个无限的世界放入其中。

总的来说:①

> 菲洛提奥:这实际上是我不得不补充的。这是因为,虽然宇宙自身由于无限空间的容量和倾向而必须是无限的,而且接受无数个像我们这样的世界是可能的和方便的,但这些结论仍然有待于证明。根据必定造就了或一直在造就宇宙(尽管不怎么好)的动力因的情况以及我们理解模式的条件,通过举例、相似性、比例或任何想象(只要最终不会自我摧毁),我们也许可以容易地论证无限空间与我们看到的这个世界相似,而不是去论证无限空间是那个我们看不到的世界。现在我们开始。为什么我们应该想象或者能够想象神的力量是无用而多余的?神的善的确能够传送到无限事物

---

① *De l'inf. universo*, p. 289(transl., p. 260).

那里并且能够无限地散播，那么为什么我们应该希望去断言，它会让自己缺乏并把自己归于无（因为任何一个有限事物同无限相比都是无）？为什么你期望神性的中心（如果我们这样表达的话）能够无定限地延伸成一个无限的球体？为什么你期望它仍然保持极端的贫瘠，而不是丰饶、华美、漂亮地延伸自己？为什么你宁愿它应该少些，或者绝不会散播出去，而不愿它实现其荣耀的权力和存在的安排？为什么无限广阔应当被阻止，无限个世界的可能性应遭到欺骗？为什么神的形象的卓越性应受到损害？而根据其存在的法则，神的形象应当在一个不受限制的无限大的镜子中映照出来……为什么你宁愿上帝应当在权力、行动和效果方面（在它那里三者是等同的）被确定为一个球体的凸起的界限，而不是如我们所说的那样，他应该是对无限的尚未确定的界限？

布鲁诺补充说，我们不应为那个古老的反驳——即无限既不可企及亦不可理解——而感到困窘。正确的恰恰是它的反面：无限是必然的，甚至是自然地在理智中呈现（*cadit sub intellectus*）的第一样事物。

我不得不遗憾地说，布鲁诺并不是一个很好的哲学家。卢克莱修和库萨的尼古拉的杂糅并没有产生出一个非常一致的混合物。尽管我说过，他对于反对地球运动的传统反驳的处理是相当好的，甚至是伽利略之前最好的，但却是一个非常糟糕的科学家，他并不理解数学，对天体运动的想法也很奇怪。实际上，我对他的宇宙论的勾勒有些片面，并不十分完整。而事实上，布鲁诺的世界充满着生机和魔力。他的行星就像柏拉图或帕特里齐（Pattrizzi）的行星一样，是活生生的东西，它们自行游弋于空间之中。布鲁诺的思想无论如何还不是近代思想，但它充满了力量和预见力，合理且具有诗意，我们对它们以及布鲁诺本人只能报以赞美。而且这些思想——至少就其形式特征而言——深刻地影响了近代科学和近代哲学，我们不能不在人类精神史上给予布鲁诺一个非常重要的位置。

我不知道布鲁诺是否很深地影响了他的同时代人，或者到底是否有过影响。在我个人看来，我很怀疑有过影响。从学说上看，他远远超出了他的时代，[①]所以在我看来，他的影响要到后来才能表现出来。只有在伽利略的那些伟大的望远镜发现出来之后，布鲁诺的思想才被接受，并成为17世纪世界观的一个关键要素。

实际上，正是开普勒把布鲁诺和吉尔伯特（Gilbert）联系在了一起。他似乎暗示，这位伟大的英国科学家正是从布鲁诺那里获得了无限宇宙的信念。

这当然是非常可能的：布鲁诺对亚里士多德主义宇宙论的彻底批判也许给吉尔伯特留下了深刻的印象。然而即便如此，这也将是吉尔伯特从这位意大利哲学家那里接受的唯一学说。实际上，吉尔伯特的"磁哲学"与布鲁诺的形而上学之间并无太多相似

---

① 作为科学家，他有时远远落后于他的时代。

性(除了泛灵论这一共同点之外)。约翰逊教授认为,吉尔伯特受到了迪格斯的影响。他认为,在断言这个"我们不知道、也不可能知道其界限"的世界是无定限延伸的之后,吉尔伯特"为了加强他的论点,无条件接受了迪格斯的看法,认为星体在数目上是无限的,它们位于距离宇宙中心不断变化的无限远的地方"。①

这也是很可能的。然而,如果吉尔伯特接受了迪格斯的这一看法,那么他就完全拒斥了迪格斯将天体置于神学天国之中的做法,因为吉尔伯特根本就没有谈论过天使和圣徒。

另一方面,布鲁诺和迪格斯都没有成功地说服吉尔伯特全盘接受哥白尼的天文学理论,他似乎只承认哥白尼理论当中最不重要的部分,即地球的周日运动,而不是更重要的周年运动。当然,吉尔伯特并没有拒斥后者,而只是忽略不谈,但却写了许多雄辩有力的文字来捍卫和解释(基于他的磁哲学)地球绕轴的周日旋转,反驳亚里士多德和托勒密关于天球运动的主张,并否认天球的存在。

然而对于后一点,我们不要忘了,是第谷在此时摧毁了古典天文学——也是哥白尼天文学——坚固的天球。因此,与哥白尼不同,吉尔伯特可以更容易地抛弃完全无用的恒星天球,因为他不必承认有潜在用处的行星天球的存在。他这样告诉我们:

> 首先,最高天以及所有这些光辉四射的恒星不大可能被迫沿着那个最快而最无用的轨道运行。而且,哪位大师能够

---

① 参见 F. R. Johnson, *Astronomical thought in Renaissance England*, p. 216。

断言我们称之为恒星的那些星体位于同一个天球上,或者能通过推理证明存在着真实的、坚固的天球?事实上,没有人曾经证明过这一点。也没有人怀疑过,正如行星与地球的距离各异,那些数量众多的巨大恒星与地球的距离也是各异,而且极为遥远。这些恒星不是被放置在天穹任一(虚构的)球形框架上,也不在任一拱状物上。因此,由于其距离过于遥远,它们的间距纯属个人臆断,而不能得到验证。还有一些星体超过它们,比它们更为遥远,这些星体以不同距离散布在天上,要么位于最稀薄的以太中,要么位于最精细的第五元素中,要么在虚空中,在由这样一种不确定物质所组成的巨大天球的强有力旋转中,它们怎能保持于各自的位置……

天文学家已经观测到了1022个星体,此外还有无数个能使我们产生微弱感觉的星体。至于其他星体,我们的视觉愈发模糊,即使最敏锐的眼睛也很难觉察它们。当月球处于地平线以下并且空气明净的时候,那些视力极好的人将会觉察到,天空中还有更多微光闪烁、摇曳不定的因距离遥远而模糊不清的星体。

那延伸至恒星最远处的空间一定是多么遥不可测啊!那一假想天球是多么深广啊!那些被远远分隔的星体距离地球一定是多么遥远啊!其距离必定超越了一切视线、技能和思想!它们的运动想必是多么急速!

显然,好像被置于注定位置上的所有天体在那里形成诸球体,它们趋向于各自的中心,所有部分都围绕着这个中心汇集。

如果它们有运动的话，那将是围绕各自中心的运动，一如地球的运动，或者是一种沿着类似月球那样的轨道的中心前移运动。

然而，无限和无限物体是不可能运动的，因此，原动天（*Primum Mobile*）是不可能作周日旋转的。①

---

① G. *Guillielmi Gilberti Colcestrensis*, *medici Londinensis*, *De magnete*, *magnetisque corporibus*, *et de magno magnete tellure physiologia nova*, c. Ⅵ, cap. Ⅲ; pp. 215 sq., London, 1600; 吉尔伯特的著作由 P. Fleury Mottelay 于 1892 年和 Sylvanus P. Thompson 于 1900 年翻译成英文。Mottelay 的译本作为"圣约翰经典"之一于 1941 年重印，标题为：*William Gilbert of Colchester*, *physician of London*, *On the load stone and magnetic bodies and on the great magnet the Earth*; 参见 pp. 319 sq.。根据 J. L. E. Dreyer 在 *A history of astronomy from Thales to Kepler*, 2nd ed. New York, 1953, p. 348 的说法,在吉尔伯特的遗著 *De mundo nostro sublunary philosophia nova* (Amstelodami, 1651) 中,"他似乎在第谷体系和哥白尼体系之间犹豫不定"。这一说法不甚确切,因为同第谷相比,吉尔伯特(1)主张地球在旋转,而第谷是反对的;(2)否认恒星天球的存在,甚至否认宇宙有限,而这正是第谷讲授的。于是吉尔伯特告诉我们,尽管大多数哲学家都把地球置于宇宙的中心,但没有理由这样做(1.2, cap. Ⅱ, *De telluris loco*, p. 115):"几乎所有哲学家都毫无疑问地把地球定于宇宙的中心,其本身不受宇宙涡旋所扰动。因为,如果地球在周日旋转之外还可能有其他运动(就像某些人所认为的那样),则它必定是一个居无定所的漫游者;再者,如果它只是在其位置上、而非在其轨道上运转,那么它还是以行星的方式在运动。但我想,无论根据的是从这里或其他地方取来的论证,都无法明确让人相信,地球位于或接近宇宙万物的中心。"实际上,他还补充说(*ibid*, p. 117),"没有什么根据让我们相信,有什么比月亮和太阳更大的陆地坐落于宇宙的中心;我们亦无法相信,由这些星球所构成的运动世界中,必然存在一个星球作为其中心。"世界本身没有中心。(p. 119)

另一方面,尽管他将太阳而不是地球置于运动着的世界的中心(p. 120):"地球的位置不在中心,因为诸行星在其圆形轨道运动中并不朝向地球,以地球为运动中心,而是太阳。"并且告诉我们,太阳(p. 158)"拥有最大的吸引力与排斥力,亦是运动世界的中心"。但他并没有直接告诉我们地球属于这个由行星组成的"运动着的世界"。

尽管吉尔伯特引用了哥白尼的著作,甚至告诉我们哥白尼错误地赋予地球三重运动而不是两重运动(绕轴自转和绕日公转),第三种运动(哥白尼认为这种运动是,地轴转动以总是指着同一方向)并不是一种运动,而是运动的缺乏(p. 165):"由哥白尼所引入的第三种运动根本不是运动,地球的方向是稳定的",但他并没有断言日心世界观的真理性。

第三章　新天文学与新形而上学的对立

——开普勒对无限的拒斥

无限宇宙的观念当然是一个纯粹形而上学学说,它也许可以(事实也的确如此)构成经验科学的基础,但绝不可能建基于经验论

(接上页)

事实上,吉尔伯特告诉我们(1. I, cap. XX, *De vacuo separato*),亚里士多德对虚空的反驳是无效的,物体既可以在虚空中运动,又可以在其中保持不动,地球既可以是一颗行星,又可以像其他行星那样围绕太阳旋转,然而,他并不想讨论这个问题(1. I, cap. XX, *De vacuo separato*, p. 49):"你应该认为这件事是真的。所有东西都是静止地处于真空中;因此,世界的许多星球亦具有如此的宁静。然而,某些星球受到其他物体的各种力量的推动,从而接近任何一个其他物体,如同行星接近太阳、月亮接近地球而背对太阳。"

"如果说太阳如同大犬座、猎户座以及大角星一样静止于中心的话,那么诸行星和地球都是受太阳所推动而形成圆形轨道,而且在此,诸球体本身之形式由于善的缘故而彼此和谐一致;但是,如果地球静止于中心(于此实在无法决定是什么东西的周年运动),则其他运动物体就会被推向地球本身。"

当然,在一本旨在提出一种关于我们这个月下世界新哲学的书中讨论地球的周年运动,吉尔伯特可能认为是不适当的。然而,如果他十分确信哥白尼天文学的真理性,却又对此始终缄默不语,这实在让人难以接受,甚至在断言地球的周日旋转时也是如此,比如在 *Philosophia nova* 卷二,第六章中(p. 135)他说:"地球的周日旋转似乎为真;可是,某种周年运转是否为真,迄今仍是可疑的。"因此,吉尔伯特似乎要么对这个问题不甚感兴趣,要么对这个问题能否有答案心存疑虑,他在改良的哥白尼体系(比如开普勒的)和改良的第谷体系(比如雷吉奥蒙塔努斯的)之间犹豫不定。

之上。开普勒对此一清二楚,因此,他拒斥无限宇宙不仅是出于形而上学理由,而且也是出于纯科学的理由——这一点很有意思,也很有指导意义。开普勒甚至还预见到了当今知识论的某些观点,宣称无限宇宙的说法在科学上毫无意义。①

开普勒否认宇宙无限的形而上学理由主要源自他的宗教信仰。的确,开普勒是一个虔诚但不乏异端的基督徒,他认为世界是上帝的表达,象征着三位一体,②其结构体现了一种数学秩序与和谐。这种秩序与和谐在布鲁诺那个无限的因此是完全无形式的(或均一的)宇宙中是找不到的。

然而,开普勒反对布鲁诺及其同道的并非上帝的这种创造活动的观念,而是一种基于现象并受其限制的天文学观念。于是,在讨论对巨蛇座足部所显现的一颗新星所作的解释时,开普勒提出了一个问题,即这一惊人而引人注目的现象是否暗示着宇宙的无限。他本人并不这样认为,他告诉我们,③

……有那么一派哲学家,(让我们引用亚里士多德对最近由哥白尼复兴起来的毕达哥拉斯主义学说的评判)他们在推理时不从感官知觉出发,也不把事物的原因同经验相协

---

① 我指出开普勒的观点类似于某些现代科学家和科学哲学家的观点,此时我并没有犯年代误置的错误;实际上,认识论和逻辑几乎与科学本身一样古老,经验论或实证主义绝非新发明。

② 太阳代表、象征甚至体现着圣父,天穹象征着圣子,它们之间的空间则象征着圣灵。

③ 参见 De stella nova in pede Serpentarii, cap. XXI, pp. 687 sq. (Opera omnia, ed. Frisch, vol. II, Frankofurti et Erlangae, 1859)。De stella nova 出版于 1606 年。

调,而是立刻像受到某种热情激发一样,在头脑中构想和提出某种关于世界构造的观点。他们一旦有了想法便不会撒手。为了将它说成与他们的公理相一致,他们凭空扯进一些日常出现和经验到的现象来证明它。这些人认为这颗新星和所有其他类似的星体都是从宇宙(他们断言这一宇宙延伸到无限高处)深处逐渐下来的,直到(根据光学原理)这颗新星变得很大,吸引人们的目光为止,然后再返回到无限高处,并随着高度的增加而日渐[变]小。

持这种观点的人认为天空的本性服从圆的规律,因此下降必定会产生反面的上升,就像轮子那样。

但是,这些人的观点很容易驳斥。实际上,他们沉迷于其与生俱来的视觉,不是从[有效的经验]中获得各种观念和看法,而是盲目地闭门造车。

这种一般性的批判似乎已经足够,但开普勒还不满意,他继续说:①

我们将向他们表明,承认有无限颗恒星会使他们陷于无法摆脱的迷宫。

而且,如果有可能,我们将从他们那里拿走这个无限,这个断言会不攻自破。

---

① *De stella nova*, p. 688.

开普勒很清楚,关于世界无限的观点可以追溯到古代异教哲学家那里。在他看来,亚里士多德正确地批判了他们。①

亚里士多德从运动出发证明了世界的有限性,这个古代异教哲学家的学派主要是为这一论证所驳斥的。

至于现代人,开普勒告诉我们,宇宙的无限性②

……是由不幸的乔尔达诺·布鲁诺捍卫的。另外,威廉·吉尔伯特在他那本否则就非常值得称道的《论磁》(De magnete)一书中毫不含糊地断言了这一点,尽管他表现得好像对此有所疑虑。吉尔伯特的宗教感情非常强烈,以至于在他看来,只有认为上帝创造了一个无限世界才能理解上帝的无限能力。布鲁诺的世界则有无限多个,他[假定]有多少个恒星就有多少个世界。他使我们这个运动的[行星]区域成为无数个世界中的一员,所有这些世界同围绕我们的其他星体几乎没有什么区别。因此,对于在天狼星(比如作为 Lucian 狗头上的一颗)上的某个人来说,从那里看到的世界就如同从我们这里看到的恒星一样。因此,他们认为那颗新星是一个新的世界。

开普勒既没有布鲁诺对无限宇宙的热情,甚至也没有吉尔伯

---

① *De stella nova*, p. 688.
② *De stella nova*, p. 688.

特提升上帝无限能力的渴望。恰恰相反,他感到①

> 我不知道这一思考中隐藏着什么秘密和恐惧;的确,我们发现自己游荡于这个没有界限和中心、因此也没有一切确定位置的无限中。

从纯宗教的观点来看,也许求助于摩西的权威就足够了。但我们现在讨论的不是教义问题,它需要的是科学推理而非启示,②

> 因为这派哲学家误用了哥白尼与天文学的权威,后者——特别是哥白尼——证明了恒星位于无法想象的高处:那么好,我们将在天文学内部寻求这个问题的解决办法。

于是,利用在那些哲学家看来能够使其突破世界的界限、进入无限空间的同样方法,我们还能将他们带回来。"对于游荡者来说,迷失于那个无限中可不好。"

在今天的读者看来,开普勒对无限主义宇宙观的反驳也许看上去并不令人信服,甚至是不合逻辑。但事实上,它却是一种完全一致的、推理得当的论证。它基于这样两个前提,顺便说一句,这是开普勒和他的对手都认可的:第一个前提是充足理由律的直接推论,即如果世界没有界限和特定的结构,也就是说,如果世界

---

① *De stella nova*, p. 688.
② *De stella nova*, p. 688.

空间是无限的和均一的,那么宇宙中恒星的分布也必定是均一的;①第二个前提涉及天文学本身。它假定了天文学的经验特征,认为天文学必须处理可观测的数据,即处理现象($\Phi\alpha\iota\nu\acute{o}\mu\varepsilon\nu\alpha$)。它必须使其假说——比如关于天体运行的假说——与现象一致,天文学没有权利通过假定存在着某些与现象不相容的事物,或者更糟,通过假定存在着不"显现"也不能"显现"的事物来超越现象。这些"现象"就是我们所看到的世界(不要忘了,这是开普勒1606年写的话,那时望远镜还没有发明和得到应用,可观测数据尚未大大扩充),因此天文学与视觉即光学是密切相关的。它不能承认那些有悖于光学定律的事物。

让我们回到开普勒:②

> 首先,我们可以从天文学中获知,恒星区域向下是有限的,这是可以确信的……而且,认为我们这个低级的世界连同它的太阳与其他任何一颗恒星在各方面都没有什么不同,也就是说,认为一个区域或位置与另一个区域或位置[没有什么区别],这是不正确的。
>
> 这是因为,即使我们把恒星无限延伸当作原则,但诸恒星的最深处仍将有一个巨大的空洞,其大小同恒星之间的空间迥异,这也是事实。因此,如果碰巧有人仅仅考察这个空洞,即使他对围绕这一空间中心飞行的八个小星体一无所

---

① 这是一个相当合理的假设,与当代天文学关于星系分布的观点十分类似。
② *De stella nova*, p. 689.

知,不知道它们是什么,或者数目有多少,只要比较一下这个虚空和周围布满星体的球形区域,他就不得不承认这里的确是个特殊的地方,它是世界的主要空洞。实际上,举例来说,让我们取猎户座腰部上的三颗二等星,它们彼此相距 81′,每颗直径至少是 2′。如果将它们置于以我们为中心的同一球面上,那么位于其中一颗上面的观察者将会看到另一颗的角度大小约为 2¾°。对于地球上的我们来说,[这一大小]即使五个太阳紧挨着排在一条直线上也占据不了。然而这些恒星还绝不是那些彼此离得最近的恒星,因为[在它们之间]还散布着无数更小的恒星。于是,如果有人位于猎户座的腰带上,头顶是我们的太阳和世界中心,他将首先看到地平线上有一片由巨大的星体所组成的连绵不断的星海,这些星体几乎相互接触,至少看起来如此。在那里他的目光抬得越高,所看到的星体就越少,而且这些星体也不再相互接触,而是[显得]逐渐变少和稀疏。如果直着往上看,他所看到的[星体]将和我们看到的相同,但尺寸要小两倍,星体间的距离要近两倍。

开普勒的推理当然是错误的。不过,这只是因为他所能得到的数据有问题,至于推理本身则是完全正确的。的确,如果我们假定恒星、或至少是同等亮度的星体与我们距离大致相等,而且它们的视直径与其真实直径相对应,我们就不得不承认,位于猎户座腰带上的角距为 81′ 的两颗大星彼此看来,对方所覆盖的天空表面的确比五个太阳排在一起还要大。对于大量其他恒星来说，情况也是如此。因此，对于恒星上的观察者来说，他所能看到的天空与我们看到的样子很不一样。当然，这就暗示着恒星在空间中的实际分布样式会有变化，也就是说，宇宙的同质性和均一性被否定了。再次提醒一下，我们不要忘了，这些文字是开普勒在望远镜发明之前写的，他不知道——甚至也不可能知道——恒星的视直径纯粹是一种光学幻觉，它不能给我们提供关于恒星大小和距离的任何信息。开普勒对此并不知晓，于是他有权得出这样的结论:①

> 对我们来说，天空的情况相当不同。实际上，我们看到各处的星体星等不一，而且[我们还看到它们]同样地分布于各处。我们看到在猎户座和双子座周围有许多大星密集地聚在一起：金牛座的眼睛、五车二、双子座的头部、大犬座、猎户座的肩部、腰部和足。在天空相反的部分也有着同样大的星体：天琴座、天鹰座、天蝎座的心和肘部、巨蛇座、天秤座的胳膊；在它们之前有大角和室女座的头部，在它们之后有宝瓶座的最后一颗星，等等。

我已经指出，开普勒对天文学数据的讨论所基于的假设是恒星与我们等距，这使他能够断言我们在世界-空间中所处的位置具有特殊而唯一的结构。如果我们承认星体距离我们非常遥远（因此它们彼此之间也很遥远），以至于它们彼此看来将不会像我

---

① *De stella nova*, p. 689.

们计算出来的那样大,那么上述结论不就无法得出了吗?或者我们难道不能走得更远,承认我们的基本假设可能有误,以至于那些看似距离很近的星体其实距离相当遥远,其中一个离我们很近,而另外一个却离我们很远吗?正如我们将要看到的,即使如此,也无法改变我们的世界-空间是独特的这一基本事实。不过这一异议还是要回应的。为此,开普勒继续说:①

> 前些时间,当我提出这些[刚刚形成的]看法时,有些人为了使我苦恼,不厌其烦地捍卫宇宙的无限性,他们的这一观点来自于前面提到的那些哲学家。他们声称,如果承认宇宙是无限的,那么就很容易将恒星对(从地球上看,它们彼此距离非常小)分开,它们之间的距离将如同我们与恒星之间的距离那样大。然而这是不可能的,即使承认可以随意提升与世界中心等距的恒星对,我们必须记住,如果我们提升②恒星对,那么中间的虚空以及恒星的圆形包层也将同时增加。实际上,[这些人]不假思索地以为,即使提升恒星,虚空仍将保持不变。

由于虚空不能保持不变,所以我们所在位置的独特性将被保留。③

---

① De stella nova, p. 689.
② 天空在我们"之上",星辰相对于我们被"提升"了;因此,将星辰放在距离我们(或世界的中心)更远的地方就是赋予它们更大的"提升"。
③ De stella nova, pp. 689 sq.

但是,要是对于猎户座腰部的两颗星,我们假设其中的一颗保留在它的区域内(因为视差理论不允许一个较低的位置),①而另一颗升高到无限远处,那么怎么样?难道我们由此不能得出这样的结论,即这两颗星彼此看来就如同我们所看到的那样小?以及它们之间将有一段距离(其间没有其他星体),其长度等于我们与它们之间的距离?

我回答说,如果只有两颗或几颗星,而且它们不是散布在一个圆内,那么这种方法也许是可行的。实际上,你要么将星体交替地移到更远的地方,并让它们待在那儿,要么[你将它们]一起移走。如果是交替移动,那么你并没有解决问题,虽然你的确减少了一些困难。因为就那些仍在近处的星体而言,[我们所作的]断言依然有效。恒星对彼此之间的距离要比它们到太阳的距离更近,它们的直径彼此看上去要比[我们看到的]大。当然,那些更高处的星体[彼此之间]的距离会更远些,但它们[彼此看上去]也相当大。我甚至可以容易地承认(而不会危及我的主张),所有的恒星大小都相同;那些看起来大的星体离我们近,而那些[看起来小的]离我们远。正如马尼留斯(Marcus Manilius)所吟诵的:②"岂缘光亮不足,乃因距离遥迢。"

对此,我不会让步,因为认为[那些星体]在亮度、颜色和

---

① 恒星视差的缺失使我们与恒星的距离有了一个最小值。
② 马尼留斯是一个生活于奥古斯丁时代的斯多亚派,他写过一本伟大的占星诗集《天文五书》(*Astronomicon libri quinque*),1473年,雷吉奥蒙塔努斯在纽伦堡编辑了该书。

大小方面存在着差异是同样容易的。这两种[观点]都有可能是正确的,就像行星的情况那样:一些行星的确要比另外一些大,而还有一些只是看起来比较大,而实际却比较小,因为它们距离我们较近。

这些假说的推论后面即可见分晓。现在我们必须先来讨论恒星在世界-空间中均匀地分布,亦即恒星彼此之间等距离(这一距离等同于它们与我们之间的距离)这一现象($Φαινόμενα$)意味着什么。①

让我们过渡到[论证]的其他部分。如果所有星体彼此都以相同距离隔开,且最近的星体也会保持在天文学给所有[星体]规定的界限以外,而不允许任何星体更近些,而所有其他的星体都会相对于它被提升,被移到的高度等同于最近的星体与我们的距离,那么此时会有什么结果?

实际上,由此什么结论也得不到。我们想象的这些星体上的观察者所看到的[星天]与我们所看到的星天绝不可能相同。由此可知,我们所处的这一位置,始终有某种在这一无限中所有其他地方所不具有的特殊性。

为了理解开普勒的推理,我们不得不再次提醒,我们所讨论的不是在世界-空间中某种星体分布的抽象的可能性,而是对应

---

① *De stella nova*, p. 690.

着天空外观的具体的星体分布。也就是说,我们讨论的是那些可见星体、那些我们确实看到的星体的分布。这里有疑问的是它们与我们的距离,对于它们来说,均匀分布是不可能的,因为那样一来,大多数星体就将位于极其遥远且规律递增的距离处。①

如果事实果真如上所述的话,那么那些两倍、三倍、一百倍高的星体,也必定会两倍、三倍、一百倍的大。实际上,即使你让一颗星尽可能地升高,它在我们看来也不可能有 2′ 大的直径。② 这个直径将永远是星体与我们距离的千分之二、千分之一左右,但该直径相对于两颗恒星之间的距离所占的比例要更大一些(因为两恒星之间的距离要远小于它们与我们之间的距离)。而且,尽管从一颗距离我们较近的星来看,天空的外观和我们所看到的几乎相同,但从其他星体上看就会有所不同,而且星体离得越远,看到的就越不一样。实际上,如果恒星对(在我们看来是彼此最近的)的间距保持恒定,那么它们的外观[大小]彼此看来就会[随着它们与我们距离的增大]而增加。你将星体向无限高度移得越多,你想象它们的尺寸就越大,这些情况从我们这个位置是看不到的。

因此,一个从地球向外层空间移动的观察者将会发现世界的"外

---

① *De stella nova*, p. 690.
② 对于裸眼来说,2′ 是一个星体的可见直径。

观"在不断地变化,恒星的真实尺寸和视尺寸都将一直增加。而且:①

> 每当这样一个旅行者把诸星体从一级移到另一级,将它们移得更高时,空间相对于他也是不断增加的。你可以说他好像是在建蜗牛壳,越往外就越宽。
>
> 实际上,你不能[通过向下移动它们]来分离星体,因为视差理论不允许这样做,它给这种接近施加了一个确定的界限;你也不能[通过侧向移动它们]来分离星体,因为它们已经拥有了视线所决定的位置;因此只能通过向上移动来分离星体,但假如这样,我们周围的空间也将会同时增长,在这个空间中,除了中心处的八个小星体外,没有其他星体。

于是,我们也许可以假定世界要多大就有多大,但我们所看到的恒星分布让我们的位置似乎拥有某种独特性和某种明显的属性(在广阔的虚空中没有恒星),这使我们的位置迥异于所有其他位置。

开普勒是完全正确的。我们可以让世界变得像我们希望的那样大,但是,如果我们不得不将这一世界的内容局限于可见星体(在我们看来是有限的、可测的星体,而不是光点),那么我们就永远不能给它们指定一种能够"拯救"现象的均匀分布。我们的

---

① *De stella nova*, p. 690.

世界将永远凭借一种特殊的结构而不同于其他世界。①

可以肯定的是,这个世界朝着太阳和行星的内侧是有限的,就像一个挖出来的空洞,其余的部分则属于形而上学。因为如果这个无限物中有一个[像我们世界这样的]位置,那么这个位置将会位于整个无限物的中心。但是,如果各处的世界都与我们的世界相似,那么围绕这一中心的恒星相对于它来说,就不会在它们应该在的[与我们太阳相似的]位置上。它们将绕着这个[虚空]形成一个封闭的球体。银河就是一个最明显的例子,它在一个不间断的圆中穿越天球,把我们保持在当中。于是银河和恒星都起了端点的作用。它们限制了我们的空间,也为外部所限。实际上,我们能相信它们在一侧有界而在另一侧延伸至无限吗?我们如何能够在无限中找到一个中心?在无限中处处都是中心,因为无限中的每个点都是被无限远的端点无限地隔开的。由此就会得出像同一[位置]既是中心又不是[中心]等等这样的矛盾结论。只有那些认为恒星的天空不仅内侧有限,而且外侧也有限的人,才能正确地避免这些矛盾。

然而,难道我们不能假设恒星区域是无界的吗?一颗颗的恒星彼此相继,虽然某些甚至大多数恒星都因距离我们太远而无法看到。我们当然能这样假设,但那纯粹是一个无端的假设,因为

---

① *De stella nova*, p. 691.

它并非基于视觉经验之上。这些不可见的星体不是天文学的对象,其存在无法通过任何手段来证实。

无论如何,距离我们无限远的地方不可能有星体特别是可见星体,因为那将意味着它们必然无限大。一个无限大的物体是完全不可能的,因为它是矛盾的。

开普勒的这一看法也是正确的。一个可见星体不可能位于无限远处。顺便说一句,一个不可见的星体也不可能位于无限远处:①

> 如果有一个无限高的恒星天球,也就是说,如果一些恒星无限高,则它们自身就会有无限大的体积。实际上,试想我们以某一角度来观察一颗星,比如说它的大小为 $4'$,那么从几何学中得知,这一星体的大小是它们与我们距离的千分之一。因此,如果这一距离是无限的,星体的直径将是无限的千分之一,但无限的整除部分仍然是无限的;而同时它又是有限的,因为它有形状:所有有形的物体都有确定的边界,也就是说,[所有有形的物体]都是有限的或有界的。如果我们假定它在一定角度下是可见的,那么我们就赋予了它一个形状。

这样就证明了可见星体不可能位于无限远处,现在剩下的便是不可见星体是否可以位于无限远处了。②

---

① *De stella nova*,p. 691.

② *De stella nova*,p. 691.

然而你也许会问,如果有小到看不见的星体,情况又将如何?我的回答是:结论是相同的。实际上,星体必然占据穿过它的圆周的一个整除部分,但直径是无限的圆周本身也是无限的,所以没有星体可以距离我们无限远,无论是可见的还是小到几乎看不见。

现在只需讨论这样一种情况,即我们能否假定一个没有星体的无限空间。开普勒回答说,这样一种说法是毫无意义的,因为无论把星体放在何处,你与它的距离仍然是有限的(从地球来看),如果超越了这种情况,你就不能谈论什么距离。①

最后,即使你把没有星体的位置延伸至无限,依然可以肯定,无论你把一颗星放在其中的何处,由这颗星所确定的间隔和圆周仍将是有限的,因此说恒星天球是无限的人是自相矛盾的。实际上,思想是不能把握无限物体的。因为我们心灵中关于无限的概念要么是关于"无限"一词的含义,要么是关于这样一种东西,它超越了所有可能设想的数值的、视觉的、触觉的量度,即超越了某种并非无限的东西,因为我们无法设想一个无限的量度。

这一次,开普勒也完全正确,或至少是部分正确的。无论把星体放在何处,你必定会发现它与你的出发点的距离是有限的,

---

① *De stella nova*, p. 691.

它和宇宙中其他星体的距离也是如此。两个物体之间真正相隔无限远是不可想象的，就像一个无限整数是不可想象的一样：我们通过计数（或其他任何算术操作）所能达到的整数必定是有限的。然而，如果由此立刻就下结论说我们没有无限的概念，或许也过于匆忙了：难道无限不恰恰意味着——如开普勒亲口告诉我们的那样——那种"超越"了一切数目和量度的东西吗？

而且，尽管——或者由于——数目是有限的，我们依然能够不断数下去；同样，我们不是也能不间断地把星体放在空间中的有限距离处，而达不到终点吗？我们当然能够这样做，只要我们放弃阻碍这种操作的开普勒那种经验的、亚里士多德主义或半亚里士多德主义的认识论，而代之以另一种认识论：一种先天的、柏拉图主义或至少是半柏拉图主义的认识论。

在我对开普勒反驳世界无限的分析中，我已经指出这些反对意见是在伽利略做出那些伟大的天文学（望远镜）发现之前几年提出的。这些天文学发现极大地扩展了可见星体的领域，深刻地改变了天穹的外观。开普勒接受了这些发现，并满心欢喜地予以捍卫。他不仅凭借自己无可争议的权威，而且还通过建立关于伽利略所使用仪器——望远镜——的理论来支持这些发现。当然，这些发现也迫使开普勒修改了他论文中关于新星的一些看法。但是在我看来，极为有趣和重要的是，这些发现并没有使开普勒接受无限主义宇宙论。恰恰相反，这些发现在开普勒看来倒是确证了他本人所持的有限主义世界观，而且还带来了一些新的数据，它们有利于证明太阳系的唯一性以及我们这个运动着的世界与不动的恒星聚集体之间的本质区别。

因此,在其著名的《与星际使者的谈话》(*Dissertatio cum nuntio sidereo*)一文中,开普勒告诉我们,在看到伽利略发表的著作之前,他起初对有关伽利略发现的形形色色的报导感到有些困惑,即新星到底是围绕太阳运行的新的行星,还是伴随太阳系行星运转的卫星,抑或像他的朋友瓦克尔(Mattheus Wackher)所认为的那样,是围绕某些恒星运转的行星(这将有力地支持布鲁诺关于宇宙均一性的看法)。假如这样,

……没有什么能够阻止我们相信,今后将会发现无数个其他世界,而且要么我们这个世界是无限的,一如麦里梭(Melissos)和磁哲学的创始人吉尔伯特所认为的那样;要么存在着无限多个世界和地球(除我们这个以外),一如德谟克利特和留基伯,以及今天的布鲁诺、布鲁图斯(Brutus)、瓦赫鲁斯(Wacherus),可能还包括伽利略所认为的那样。①

仔细读过《星际讯息》之后,开普勒平静了下来。那些新星并不是行星,而是一些卫星,木星的卫星。如果发现的是行星——

---

① J. Kepler, *Dissertatio cum Nuntio Sidereo nuper ad mortales misso a Galileo Galilei*, p. 490(*Opera omnia*, vol. Ⅱ), Frankoforti et Erlangae, 1859。瓦赫鲁斯即皇家议员 Wackher von Wackenfels,他首先向开普勒告知了伽利略的发现。布鲁图斯即英国人 Edward Bruce,他是布鲁诺的追随者,若干年前(1603年11月5日),他曾在(从威尼斯)写给开普勒的信中表达过关于宇宙无限的信念;在布鲁图斯看来,恒星就像我们的太阳一样为许多行星所围绕,并被赋予一种旋转运动。布鲁图斯的这封信在 Frisch, *Opera omnia*, vol. Ⅱ, p. 568 中有过引用,并在 Max Caspar 编辑的开普勒著作中出版(Johannes Kepler, *Gesammelte Werke*, vol. Ⅳ, p. 450, München, 1938)。

无论是围绕恒星转,还是围绕太阳转——情况将对开普勒极为不利,而发现新的卫星则对他没有任何影响。的确,为什么只有地球才能拥有卫星呢?为什么其他行星不应同样地拥有卫星呢?没有理由能够说明为什么地球应当有此特权。不仅如此,开普勒认为有很好的理由来说明为什么所有行星——也许水星除外,因为它离太阳太近而不需要卫星——都应当有卫星围绕。

当然,地球有卫星可以说是因为它有居民居住。于是,如果其他行星有卫星,那么它们也应当有居民居住,为什么它们不该如此呢?在开普勒看来,没有理由能够否认这种可能性。对于我们这个世界,他接受库萨的尼古拉和布鲁诺的看法。

至于伽利略其他那些涉及恒星的发现,开普勒指出,它们加深了恒星与行星之间的差异。行星被望远镜极大地放大了,它们看起来就好像有着明确界限的圆盘,而恒星的大小则很难增大,因为透过望远镜,它们没有了周围明亮的光晕。这一事实非常重要,因为它表明,这一光晕并不属于所看到的星体,而是属于正在观看的眼睛,换句话说,它不是客观的,而是一种主观的现象。虽然行星的视大小与其真实大小有确定的关系,但恒星却并非如此。因此,我们能够计算出行星的大小,但我们不能或至少无法很容易地计算出恒星的大小。

上述事实很容易解释:行星依靠反射太阳光而发光,恒星则像太阳一样自己发光。但如果是这样,恒星不就真的像布鲁诺所断言的那样是太阳了吗?绝非如此。一般来说,伽利略所发现的那些新星的数目证明恒星要比太阳小得多,而且在整个世界中没有任何一颗恒星能在大小和亮度上与我们的太阳相当。的确,如果我们的太阳不是比其他恒星亮很多,或者这些恒星远不如太阳亮,那么整个天穹将会和太阳一样明亮。

根据开普勒的说法,我们看不见、但位于其中一颗恒星之上的观察者可以看见的无数恒星的存在,证明他对无限主义宇宙论的基本反驳——即世界上没有观察者能够看到我们所看到的天空外观——要比他所想象的更好地建立在事实的基础之上。于是,由先前裸眼看到的现象分析而来的结论,被由望远镜揭示出来的附加的现象所确证:我们这个拥有太阳和行星的运动着的世界不是诸多世界中的一个,而是唯一的世界,它被置于一个独特的虚空之中,周围是由无数固定不动的恒星所组成的聚集体。

于是,开普勒坚持自己的立场。对于伽利略的望远镜发现,存在着两种可能的解释:一种认为,肉眼之所以看不到新的(恒)星,是因为它们太远;另一种则认为是因为它们太小。在这两种可能的解释中,开普勒坚决地采纳了后者。

当然,他是错误的。然而从纯粹经验论的观点来看,他是无可厚非的,因为对他而言,一方面我们没有办法确定恒星与我们之间的距离,因此也就没有理由认为它们大小相近;而另一方面,确实有一些天体——如"美第奇"行星[*]——因太小而根本觉察不到。

现在,让我们转到开普勒最后一部也是最成熟的一部伟大著作《哥白尼天文学概要》(*Epitome astronomiae Copernicanae*)。

---

[*] "美第奇"星即伽利略所发现的木星卫星。——译者注

我们将会看到，在这部著作中他和以前一样，甚至比以前更激进地反对世界的无限。对于如下问题，①

> 关于天空的形状，我们应当持有什么样的看法？

回答是：

> 虽然我们不能用自己的眼睛看到以太物质，但没有任何东西能够阻止我们相信它遍布于整个世界，从四面八方包围着元素球体。星体的阵列完全环绕着地球，从而形成了某种准穹顶，这一点可以从以下事实清楚地看出：由于地球是圆的，所以无论走到哪里，人们都可以像我们这样看到头顶上的星辰。

> 于是，如果我们围绕地球转，或者地球和我们一起转，我们就会看到整个星阵都排列在一个闭合的圆上。但这并不是所提问题的答案，因为没有人怀疑地球为星体所包围。我们要弄清楚的东西与此完全不同，那就是，这个准穹顶是否只是一种单纯的外观，也就是说，是否②

> 诸星体的中心都位于同一球面上。

---

① *Epitome astronomiae Copernicanae*, liber Ⅰ, pars Ⅱ, p. 136(*Opera omnia*, vol. Ⅵ, Frankoforti et Erlangae, 1866).

② *Epitome astronomiae Copernicanae*, liber Ⅰ, pars Ⅱ.

此时,开普勒并不想表明自己的立场,他给出了一个相当谨慎的回答:

> 这个问题的答案相当不确定。由于星体大小不一,那些看起来较小的星体有可能是因为它们处在遥远的以太中,而那些看起来较大的星体则有可能是因为距离我们较近。视星等不同的两颗恒星也有可能与我们有着相等的距离。
> 至于行星,可以肯定的是它们不像恒星那样位于同一球面上;实际上,它们遮住了恒星的光,而不是被恒星遮住了光。

但这样一来,如果我们既不能确定我们与恒星之间的距离,又不能确定它们的视星等是否对应着其真实大小,或仅仅对应着它们与我们的距离,那么,我们为什么不应当承认它们的"区域"是无界或无限的呢?实际上,①

> 如果没有更多关于恒星的确切知识,它们的区域似乎就是无限的。我们的太阳也只不过是一颗在我们看来更大、更容易看到的恒星而已,因为[它]距离我们要比距离其他恒星更近。这样一来,任一恒星的周围都可能有一个我们周围这样的世界;或者换句话说,在恒星的无限聚集体内的无数位置

---

① *Epitome astronomiae Copernicanae*, p. 136.

中，我们这个拥有太阳的世界将同围绕其他恒星的其他位置没有任何区别，如附图 M[所示]的那样。

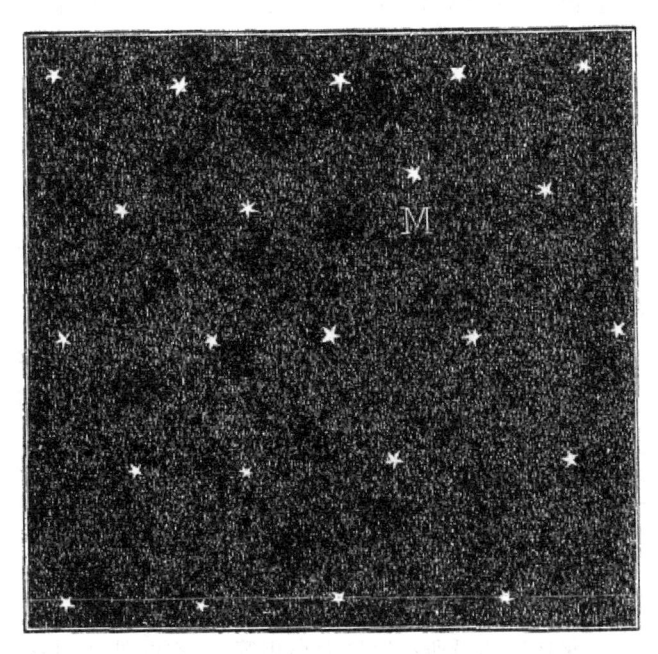

图 3　开普勒的 M 图

出自 *Epitome astronomiae Copernicanae*, 1618 年

这一假定似乎是合理的，或至少是可以接受的。但开普勒拒斥了它，原因和 12 年前一样：如果世界是无限的，也就是说如果恒星在空间中均匀分布着，那么天空的外观将不会与现象一致。实际上，在开普勒看来，一个无限的世界必然意味着其结构和内容是完全均一的。恒星在空间中不规则、不合理的分布是不可想象的。无论是否有限，这个世界必须体现出一种几何样式。虽然

对于一个有限世界来说,选取一个特别的样式是合理的,但充足理由律不允许开普勒那位拥有几何学心智的上帝在一个无限的世界中这样做。正如布鲁诺所解释的,上帝没有理由(甚或不可能)在一个完全同质的空间的"位置"之间制造区分,并以不同的方式加以对待。因此开普勒说:①

> 这[世界的无限性]实际上是布鲁诺和其他一些人[断言的]。但是,[即使]诸恒星的中心不在同一球面上,那也并不是说它们所分布的区域处处都与其自身相似。
>
> 事实上,在[恒星区域]当中肯定有一个巨大的虚空或空洞,它被恒星紧紧包围,就像被一堵围墙或一个穹顶所包围一样。我们的地球、太阳以及运动着的星体[行星]就位于这一巨大空洞当中。

为了证明这一断言,开普勒向我们详细描绘了恒星均匀分布时(这样一来还得假设所有恒星大小相等)天空的外观,并把这一假设图景与实际图景相对照。②

> 如果恒星区域到处都类似地分布着星体,甚至我们这个可以运动的世界附近也是如此,以至于我们这个世界和太阳区域与其他区域相比没有什么特别,那么只有少数几颗巨大的恒星能被我们看到,而且与我们有着相同距离和[视]大小

---

① *Epitome astronomiae Copernicanae*, p. 137.
② *Epitome astronomiae Copernicanae*, p. 137.

的恒星不会超过 12 颗（二十面体的角的个数）；接下来的恒星也不会太多，但它们与我们的距离将是最近的恒星的两倍；再高一些的将是最近的三倍远，以此类推，它们总[以同样的方式]增加其距离。

然而，由于最大的恒星看起来却非常小，以至于很难注意到或通过仪器测量它们，所以那些二倍或三倍远的恒星（如果我们假设它们实际大小相同的话）看起来将会小二或三倍。于是我们很快就会到达那些完全察觉不到的恒星。因而我们只能看到很少的星体，它们彼此也非常不同。

但事实上，我们所看到的情况与此完全不同。的确，我们看到了许多视星等相同的恒星聚集在一起。根据希腊天文学家的计数，最大的恒星有 1000 颗；希伯来的天文学家则认为有 11000 颗。它们的视星等差别也不是很大。既然我们看到这些星体是一样的，那么说它们与我们的距离差别很大便不合理。

既然各处的恒星在数目和大小方面几乎相同，那么各处的可见天空距离我们也就应当几乎同样远。因此，在恒星区域当中存在着一个巨大的空洞，可见的恒星群环绕着它，我们就在其包围当中。

在猎户座腰部上有三颗相距 83′ 的大星。让我们假定它们各自的视半径只有 1′，而在我们看起来将是 83′，也就是说近乎太阳宽度的 3 倍，而其表面则要比太阳大 8 倍。于是，恒星彼此看到的外观将不同于我们所看到的外观，因此我们与恒星的距离要大于邻近恒星彼此之间的距离。

正如我们看到的,望远镜并没有改变开普勒的推理模式,而只是使他稍微减小了恒星的视大小。当然,只要这一视大小没有完全从客观领域移到主观领域,开普勒的推演就能够成立。

然而,我们还是可以提出这样的反驳,认为开普勒的第二个前提,即恒星具有相同大小这一说法毫无根据。①

如果假定星体距离地球越高[越远]就越大,就可以削弱该论证的力量。这是因为,在我们以近乎同一角度看到的无数星体中,如果假定一些比较小,另一些很大,那么就会得出前者距离我们较近,后者距离我们非常遥远的结论。既然这样,那些看上去[彼此]离得很近的星体可能实际上非常远。

这是一种可能的假设,但就我们所知,它几乎是不可能的,因为它蕴含了一种可能性微乎其微的分布,该分布与我们所作的同质而均一的宇宙的基本假设完全不相容:②

假如这样,这一区域将会很显眼,这或是由于其空虚,或是由于我们这个运动着的世界附近星体的微小。于是这些极小的星体就会呈现出一种虚空的样子,而外面大小不断增大的星体则起着穹顶的作用。在宇宙中,我们这个运动的世界坐落于其中的空洞中的星际物质较少,而包围和限制这个

---

① *Epitome astronomiae Copernicanae*, p. 138.
② *Epitome astronomiae Copernicanae*, p. 138.

空间的圆周处的星际物质则较多。因此我们依然可以正确地说,我们这里同恒星区域的所有其他地方相比是独特而高贵的。

而且更有可能的是,那些视星等相近的[星体]与我们距离几乎相同,如此众多的星体紧密地聚集在一起形成了一个空心球。

已有的论证足以使我们能够维护这个运动的日心世界的统一性,并将它与恒星领域区别开来。不过,我们还有一些更直接的论证可作补充,即现象很清楚地表明我们(太阳系)处于周围诸多星体的中心位置。在开普勒看来,银河——尽管伽利略将其分解为无数个星体的聚集——的外观只可能使我们得出这一个结论。于是,在详细说明《论新星》(*De stella nova*)一书中的论证时,开普勒继续说:①

你还有其他什么证据来证明,这个包含地球和行星在内的位置与恒星区域中的所有其他位置相比有什么特殊区别吗?

这条被希腊人称为乳白色的路、而被我们称为圣·雅各路的银河,在恒星天球中部散布开去(如天球显示给我们的那样),将天球分成两个明显的半球。尽管这一圆周的宽度不尽相等,但总的来说与其自身还是比较相似。于是,银河

---

① *Epitome astronomiae Copernicanae*, p. 138.

显著地决定了地球和这个运动世界的位置相对于恒星区域内所有其他位置的关系。

如果我们假定地球在银河半径的一侧,那么[从地球上]看去,银河就会显得像一个小圆或小椭圆……它将是一目了然的,但现在无论任何时候观看,我们所能看到的都不超过一半;而如果我们假定地球实际上就位于银河的平面上,不过是在其圆周附近,那么这部分银河看起来就会非常大,而相对的部分则显得非常狭窄。

因此,恒星天球向下(即朝向我们)同时受到了天球和银河圈的限制。

然而,尽管恒星天球"向下"受到了限制,但它却可能无定限地"向上"延伸,这个世界之泡的壁可能是无定限地或无限地厚。我们再次看到,开普勒认为这一假定是没有根据和非科学的。的确,天文学是一门经验科学,这一领域和可观察数据是同延的。天文学与那些没有看到或无法看到的东西没有关系。[①]

那么恒星区域向上难道不是无限的吗?对此天文学无可奉告,因为在这么高的地方无法观测。天文学只是说:就所看到的星体,哪怕是最小的而言,空间是有限的。

在讨论过程中,开普勒并未提及伽利略,其中的缘由我们是可以想见的:望远镜并没有改变境况。它能让我们看到比以前更

---

① *Epitome astronomiae Copernicanae*, p. 138.

多的星体,能使我们超越视觉的实际界限,但并没有移除其本质结构。无论有没有望远镜,我们都看不到无限远处的事物。光学的世界是有限的。

因此对于这样的问题:①

难道不可能有一些可见星体距离我们无限远吗?

开普勒回答说:

不可能。因为只要我们看到一个物体,我们就看到了它的端点。因此,一个可见星体的周边是有界的。但是,如果星体退到无限远处,那么这些界限彼此之间也将距离无限远。因为所有一切,也就是说整个星体都将参与这一无限高度。因此,如果观看的角度不变,那么星体的直径,也就是其界限之间的线段也将随着距离的增大而按比例增长。于是,两倍远的[星体的]直径将是较近星体直径的两倍大,有限距离的[星体的]直径亦有限,但是如果假定一个星体与我们的距离无限地增长,那么[它的直径]也将变得无限大。

的确,无限和有界是不相容的,就像无限和与有限物体有某种确定比例不相容一样。因此,可见物不可能距离我们无限远。

关于可见世界就说到这里。但是,难道我们不能假设,空间

---

① *Epitome astronomiae Copernicanae*, p. 138.

和空间中的星体在这个世界或我们所看到的世界的外部无穷无尽地继续存在吗?从天文学的观点来看,这种假设也许是毫无意义的,它或许属于形而上学……但它是一个好的假设吗?在开普勒看来不是。他认为这一概念——这一近代科学概念——是不好的,因为真正无限数目的有限物体是不可想象的,甚至是矛盾的:①

倘若实际上真有星体这种有限物体向上散布于无限空间之中,这些[星体]因为距离我们十分遥远而无法看到,那又将如何?

首先,如果它们无法看到,它们便与天文学无关。其次,如果恒星区域终有界限,即向下朝我们这个运动的世界是有界限的,那么它们为何向上就没有界限呢?第三,尽管不能否认也许有许多星体或因其微小或因其遥远而看不到,但你不能由此就断言空间无限。因为每一个星体的大小都是有限的,它们的数目必定是有限的,否则,如果数目是无限的话,无论它们有多么小,只要不是无限小,它们就能构成一个无限的[星体],于是就会存在一个既是三维又是无限的物体,而这是矛盾的。由于我们称那些没有界限和终点,因而也就是没有大小的东西为无限,所以事物的总数实际上是有限的,其原因正在于它是一个数。因此,有限数目的有限物体并不蕴含一个好像由许多个有限空间形成的无限空间。

---

① *Epitome astronomiae Copernicanae*, p. 139.

当然，开普勒对无限的反驳并不新颖。从本质上讲，它仍然是亚里士多德的反驳。然而它绝非无足轻重，现代科学似乎只是放弃了这个问题，而没有解决它。① 即使我们否认空间中存在着无限数目的星体，但对于无限主义者来说，仍然存在着最后一种可能性，即有可能断言一个有限世界浸没于一个无限的空间之中。② 开普勒并没有接受这种可能性，他拒绝这一点的理由揭示了其思想最终的形而上学基础：③

> 如果你在谈论虚空，也就是谈论一种什么都不是的东西，它既不是什么东西，也不是造物，也不能给在那里的任何东西以阻力，那么你就是在谈论另一问题。这一显然是无的虚空当然没有一个实际的存在。然而，如果空间存在的原因是由于有物体位于其中，[那么空间就不可能是无限的，因为]我们已经证明，有位置的物体不可能真的是无限的，有限大小的物体在数目上不可能是无限的。因此，空间绝无必要因为位于其中的物体而是无限的。而且两个物体之间也不可能有一条实无限的直线，因为既是无限，同时又在构成线段端点的两个物体或点那里有界限，这是不相容的。

空间、虚空只不过是"无"，是一种非存在（non-ens）。空间本身既不存在（is）（的确，既然它是无，它又怎么能存在呢），也不是

---

① 另一方面，当代宇宙学似乎已经认识到了一些怀疑实无限世界可能性的古老看法的价值，而回到了一种有限主义看法。
② 这是被普鲁塔克（或伪普鲁塔克）归于斯多亚派的看法。
③ *Epitome astronomiae Copernicanae*, p. 139.

由上帝创造出来的。上帝创世肯定始于无,但并不是由创造"无"开始的。① 空间因物体而存在,如果没有物体就不会有空间。要是上帝毁灭这个世界,那么将不会有虚空留下。留下的将只有"无",就像上帝创世之前什么都没有一样。

所有这些对开普勒来说既不新鲜,也不特别,它们是亚里士多德经院哲学的传统学说。因此我们不得不说,开普勒这位真正具有革命性的大思想家却为传统所束缚。就其存在观念和运动观念(而不是科学观念)而言,开普勒归根结底仍然是一个亚里士多德主义者。

---

① 参见我的论文"Le vide et l'espace infini au XIV ème siècle," *Archives d'histoire docurinale et littéraire du Moyen-Age*,XVII,1949。

第四章　从未见过的事物和从未有过的想法：宇宙空间中新星的发现和空间的物质化

——伽利略和笛卡儿

我已经提到过伽利略的《星际讯息》(Sidereus Nuncius)一书。①在此书中，伽利略宣布了一系列比以往更为新奇和重要的发现，其影响和重要性是怎样评价都不为过的。当然，我们今天读起来已经不再能够体会到那种闻所未闻的讯息所带来的冲击，不过，我们依然能够感受到在伽利略冷静而严肃的言辞背后闪现出来的激动和自豪：②

---

① Galileo Galilei, *Sidereus nuncius...* Venetiis, 1610; E.S. Carlos 的英译: *The sidereal messenger*, London, 1880。该译本的大多数内容重印于 Harlow Shapley and Helen E. Howarth, *A source book in astronomy*, New York, 1929。尽管我没有使用这个译本，但我会尽可能地参照它。伽利略用 Sidereus Nuncius 这个词所要表达的意思是"星际讯息(message)"。然而，开普勒却把它的含义理解成了"星际使者(messenger)"。这一误译被广泛接受，直到最近 Mrs. M. Timpanaro-Cardini 的译本(Florence, 1948)才纠正了这个错误。

② 参见 *Sidereus nuncius*, pp. 59 sq. (*Opere*, *Edizione Nazionale*, v. Ⅲ, Firenze, 1892), *Source book*, p. 41。

在这部小著作中,我将向大自然的所有学生展示伟大的事物以供观察和思考。它们之所以伟大,是因为其内在的卓越和绝对的新奇;同时也是因为这个仪器,正是借助于它,这些事物才为我们的感官所企及。

直到现在,人们一直只能通过自然视力去观察恒星,因此增加这些恒星的数目肯定很重要;同样重要的是,将无数个以前从未见到过的、而且在数量上超过以前已知[星体]十多倍的其他星体放在你眼前。

距离我们几乎有60个地球半径那么远的月球,现在看上去距离我们似乎只有2.5倍地球半径远,这真是件让人悦目舒心的事。

这样一来:

凭着感官知觉的确定性,任何人都能知道月球表面绝非平坦光滑,而是粗糙不平,就像地球表面那样,到处充满着巨大的隆起、深壑和迂回。

解决关于银河的争论,让其本质向感官甚至向理智显明似乎绝非无足轻重;此外,如果能够直接展示那种至今被所有天文学家称为"星云"的星体的实质,证明它完全不是迄今为止所认为的那样,那该是多么美妙和令人愉快。

但是,最令人赞叹,并首先促使我提请天文学家和哲学家注意的是:我们发现了四颗行星,此前我们从不知晓,也从未观测到它们当中的任何一颗,它们就像金星和水星围绕太

第四章　从未见过的事物和从未有过的想法:宇宙空间中新星的发现和空间的物质化　97

阳运行一样,周期性地围绕我们先前已知许多星体中的某一颗大星运行,有时超前,有时落后,但从未越出某一界限而离去。所有这一切都是我前些天通过望远镜(perspicilli)*发现和观测到的,是先前上帝的恩典照亮了我的心灵让我发明了这种东西。

总之,月球上的山脉、天空中新的"行星"、无数新的恒星、人们用肉眼从未见过且从未想过的事物如今一并出现了。不仅如此,除了这些令人惊讶的、完全没有预料到的新的事实之外,还有一项令人惊异的发明,那就是被称为 perspicillum 的仪器(第一个科学仪器),它使所有这些发现成为可能,并使伽利略能够超越由自然——或上帝——施加给人类感官和认识上的限制。[①]

难怪《星际讯息》从一开始就遭到了质疑和不信任,也难怪该书在后来天文学的整个发展中会起到决定性的作用。从那时起,天文学的进展便同其仪器的发展紧密相关,互为促动。我们甚至可以说,不仅是天文学,甚至是科学本身都随着伽利略的发明而步入了一个新的发展阶段,这个阶段我们或可称为"仪器时代"。

望远镜不仅增加了恒星和游移不定的星体的数目,而且也改

---

* *Perspicilli* 是 *perspicillum* 的复数形式,*perspicillum* 的原义为"镜片"。当时"望远镜"一词还没有出现,伽利略使用的是 *perspicillum*。不过为了行文的方便,这里均译为"望远镜"。关于"望远镜"的命名,有兴趣的读者可参见 Edward Rosen, *The Naming of the Telescope*, H. Schuman, 1947。——译者注

[①] 关于望远镜的发明,参见 Vasco Ronchi, *Galilo e il cannochiale*, Udine, 1942 以及 *Storia della luce*, 2 ed., Bologna, 1952。

变了它们的面貌。我已讨论过望远镜的应用在此方面的影响,不过还是值得引用伽利略本人对此的说法:①

> 首先,当我们通过望远镜观察各类星体(不论是固定不动的,还是游移不定的)时,其尺寸增大的比例似乎不同于其他物体和月球增大的比例,这是值得思索的。事实上,前者增大的比例要小得多。举例说来,一个足够将所有其他物体放大一百倍的望远镜,只能将这些星体放大到四五倍。其原因在于,当我们用自然视力观察星体时,我们所看到的不是它们的真实大小即裸尺寸,而是由光晕环绕并由闪烁光线包围着的大小,特别是当夜深时就更是如此。因此,如果去掉这些附加的光边,它们就会显得小一些,因为视角不是由星体的主体部分,而是由围绕它的光亮所决定的。

根据伽利略的说法,当我们于黎明时分观察星体时,即便是头等星看起来也很小;甚至是金星,如果我们白天观看,它也不比末等星大多少。这些事实清楚地说明,围绕在星体周围的光晕是"附加的"和"偶然的"。日光去除了它们的亮边。不仅光线,而且透明的云、黑色的面纱或者有色玻璃都能产生同样的效应。②

望远镜也是这样起作用的。首先它去除了星体偶然的、

---

① *Sidereus nuncios*, p. 75, *Source book*, p. 46.
② *Sidereus nuncios*, p. 76.

第四章 从未见过的事物和从未有过的想法:宇宙空间中新星的发现和空间的物质化　99

附加的光辉,然后[只]放大它们的真实球体(如果它们果真是圆形的话),因此[与其他物体相比],它们看起来放大的比例要小些。这样一来,通过望远镜观看五等或六等的小星星,其大小也只与头等星差不多。

事实上,这一点极为重要,因为它摧毁了第谷反对日心天文学的基础(这一反对给他的同时代人留下了深刻的印象),即如果哥白尼的宇宙体系是真实的,那么恒星就应该同地球周年运动的整个大轨道一样大甚至更大。望远镜将恒星的可见直径由2分减至5秒,这样就没有必要将恒星的尺寸增加到超过太阳。然而,与恒星尺寸减小相应的却是恒星数目的大量增加:①

> 行星和恒星外观之间的差别似乎同样值得注意。的确,行星的圆盘面相当圆,且具有精确的边界,看起来就像是被完全照亮的、球形的小月亮;而恒星看上去却并没有被圆边所限,而是如光焰一般,朝着各个方向熠熠发光;透过望远镜,它们的形状同自然视力所看到的样子没有什么区别,不过要大很多,五等或六等星看起来几乎等同于所有恒星中最大的天狼星。通过望远镜可以看到的六等以下的其他星体多得令人难以置信,而自然视力是无法看到它们的。这些星体的星等超过六种,其中最大的星体我们称之为七等星或不可见星体第一等,借助于望远镜,它们要比自然视力下的二等星显得还要亮、还要大。它们数量极多,为了便于理解这

---

① *Sidereus nuncios*, p. 78.

94 一点,我们给出一两个例子。我们先画两张星图,这样你们就可以据此判断其他情况。起初,我们想描绘整个猎户座,但我们马上就会由于星体数目的巨大和时间的匮乏而不得不放弃该企图,因为在原有星体附近一至两度的范围内就散布着五百多颗[新的星体]。

作为第二个例子,我们绘出了金牛座的六颗星,即所谓的昴宿星团(我们说六颗,是因为第七颗几乎是看不到的)。在天空中,它们位于非常狭窄的区域内,旁边尚有四十多颗其他可见星体,其中没有一颗距离前面的六颗星超过半度。

我们已经看到,伽利略用望远镜发现的恒星是我们肉眼看不到的。相应地,望远镜在揭示这些恒星过程中的作用可能作如下两种解释:(1)恒星太小而看不见,(2)恒星太遥远。对于第一种情况,望远镜的作用相当于一种天体显微镜,它将天体放大到可知觉的尺寸;在第二种情况下才真是一个"望远镜",它将远处的星体拉近到我们的可视距离内。在我们今天看来,第二种解释,即认为可见性与距离相关,才是唯一可能的解释。然而在17世纪,情况却并非如此。实际上,这两种解释都能很好地符合当时的光学数据。在那个时代,人们不是根据科学理由,而是根据哲学理由而在这两者中作出选择。正是出于哲学理由,17世纪的主流思想抛弃了第一种解释而采纳了第二种。

95 毫无疑问,伽利略本人采纳的也是后一种解释,尽管他很少这样说。事实上,他只在《给英格利的信》(*Letter to Ingoli*)中这

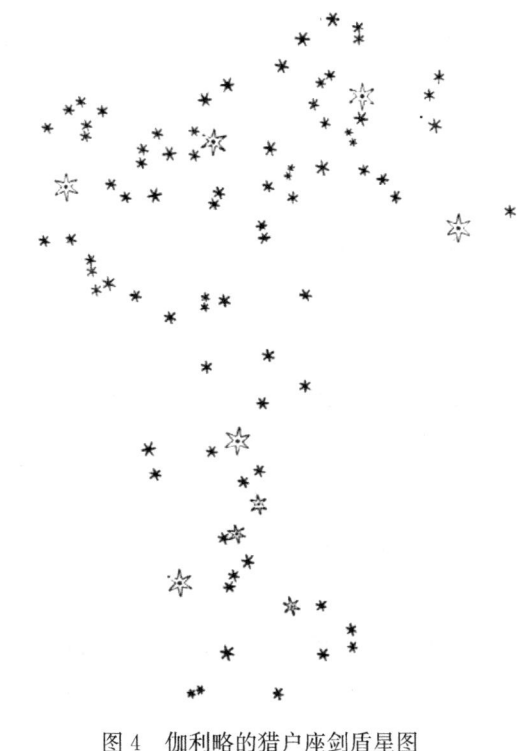

图 4 伽利略的猎户座剑盾星图
出自 *Sidereus Nuncius*, 1610 年

样说过,他对英格利说过一段奇怪的话:①

> 人们通常认为,宇宙中最高的部分被预留给了那些[比我们自身]更纯粹、更完美的东西居住,②果真如此,它们[恒

---

① Galileo Galilei, *Letter to Ingoli*, p. 526. *Opere*, *Ed. Naz.*, vol. Ⅵ, Firenze, 1896.
② 有意思的是,伽利略认为天体上有居民这个说法是"得到普遍认同"的。

星]的明澈和灿烂就绝不会逊于太阳；然而，它们的光（我指的是它们所有的光）加在一起也赶不上可见光和太阳光的十分之一。唯一可以解释这种以及其他类似效应的理由就是恒星非常遥远：这一距离该有多大呢？

实际上，这位伟大的佛罗伦萨人并没有参与关于宇宙有限无限的争论，虽然他对于近代科学的贡献也许比其他任何人都要大。他从未告诉我们他持哪种观点。他好像还没有胸有成竹，或者尽管倾向于宇宙无限，却认为这个问题似乎无法解决。当然，他并没有掩饰自己与托勒密、哥白尼和开普勒的不同，即他不承认世界有界限，或者说不承认世界被一个真实的恒星天球所包围。在前面所引的那封信中，伽利略告诉英格利：①

> 你假定天空中所有星体都位于同一球面上，这一说法非常可疑，因为你或者其他任何人永远都无法证明这一点。然而，如果仅限于推测和可能性，那么我会说，无论你选择宇宙中的哪一处作为观察点，甚至不会有四颗恒星……与该点的距离相等。

不仅不能证明它们位于同一球面上，而且无论是英格利自己，②

> ……还是世界上的其他任何人，都不可能知道[天穹]的

---

① *Letter to Ingoli*, p. 525.
② *Letter to Ingoli*, p. 518.

形状,甚至不可能知道它是否有形状。

于是,伽利略抛弃了宇宙中心(地球或者太阳应置于此)的观念。这又一次与托勒密、哥白尼和开普勒的观点相左,而与库萨的尼古拉和布鲁诺的看法相一致。他说,"我们不知道宇宙中心在哪儿,也不知道它是否存在",他甚至告诉我们,"诸恒星乃是许多个太阳"。然而,在《关于两大世界体系的对话》(*Dialogue on the Two Greatest World-Systems*)一书中(以下两段引文均引自该书),在公开讨论宇宙中恒星的分布情况时,伽利略并没有断言星体无尽地散布于空间中:①

> 萨尔维阿蒂:辛普里丘,恒星的情况是怎样的呢?我们应当假定它们是离确定点以不同距离散布在宇宙巨大的深渊中,还是位于有着自己的中心而球形扩张起来的表面上,从而每个星体到所说的中心距离都相同?
>
> 辛普里丘:我宁愿采取一个折中的说法,给它们指定一个天层,这一天层环绕着一个确定的中心并位于两个球面之间,一个高而凹,另一个低而凸,无数星体以不同高度位于它们之间,也许可以称之为宇宙天球,它包含了我们已经说过

---

① Galileo Galilei, *Dialogo sopra i due massimi sistemi del mondo* (*Opere, Ed. Naz.*, vol. Ⅶ), p. 44; Firenze, 1897;另见 p. 333。现在很容易找到对 Salusbury 旧译本的出色修订,参见 Giorgio di Santillana, *Galileo Galilei, Dialogue on the great world systems*, Chicago, 1953。另可参见 Stillman Drake 的新译本;*Galileo Galilei, Dialogue concerning the two chief world systems, ptolemaic and Copernican*, Berkeley and Los Angeles, 1953。

的行星轨道。

　　萨尔维阿蒂:但是,辛普里丘,你看我们现在已经完全按照哥白尼的次序来安置这些天体了……

我们当然能够解释萨尔维阿蒂为何采取了一种温和的态度,没有批评辛普里丘所提出的看法(尽管他对此并不同意),以及为何为讨论起见而把这一看法当成与哥白尼天文学完全一致。这是因为《对话》一书实质上是为"一般读者"写的,其目的是摧毁亚里士多德主义宇宙观而赞成哥白尼的宇宙观。它假装不去批评辛普里丘的观点,因此明显地回避了那些困难而又危险的主题。

我们甚至可以径直抛开《对话》中对无限空间的直接否定(《对话》不得不受到教会的审查),而将它与伽利略给英格利的信作一对照,在给英格利的信中,他同样信誓旦旦地断言了无限空间的可能性。实际上,在《对话》中伽利略同开普勒一样认为:①

　　……绝对不可能存在超越恒星的无限空间,因为世界中不存在这样的地方;即使有,我们也知觉不到那里的星体。

然而在《给英格利的信》中,他写道:②

　　宇宙是有限的还是无限的? 这仍是悬而未决的(而且我认为,对于人类的认识而言,这一点永远也不会有定论),难

---

① *Dialogue*, p. 306.

② *Letter to Ingoli* (*Opere*, vol. Ⅵ), pp. 518, 529.

道你不知道吗？如果它真是无限的，你怎么能说恒星天球的大小会与"大轨道"的大小成比例呢？因为这时恒星天球同宇宙相比要比一粒米粟同它相比还要小。

然而，我们不要忘了在同一本《对话》中，在他强烈否认空间无限的地方，他让萨尔维阿蒂告诉辛普里丘（一如他本人告诉英格利的那样）：①

> 你和其他任何人都不曾证明世界是有限和有一定形状的，或者是无限和无终止的。

而且，我们不能无视伽利略在《给里切蒂的信》(Letter to Liceti)中所给出的证据，在那里，他回到了世界有限无限的问题：②

> 关于这个问题，人们已经给出了许多精妙的理由。但在我看来，这些理由当中没有一个能够推出必然的结论。因此，我仍然怀疑到底哪一个回答才是正确的。只有我的一个论证能够使我更倾向于认为宇宙是无限和无终止的，而不是有终止的（在此想象力毫无用处，因为不论宇宙是有限还是无限，我都不能想象），那就是：我感到我没有能力去理解的也许更适合于指无法理解的无限而不是有限，因为后者不需

---

① *Dialogue*, p. 306.
② 参见 *Letter to Ingoli*, 1640 年 2 月 10 日; *Opere*, vol. XVIII, pp. 293 sq., Firenze, 1906.

要什么不可理解原则。不过，世界是否有限这一问题乃是人类理性所无法理解的诸多问题中的一个，它与宿命、自由意志和其他诸如此类的问题一样，只有《圣经》和神的启示才能给我们虔诚的讨论以回答。

当然，也许我们不得不对伽利略的所有声明都持怀疑态度。布鲁诺的命运、哥白尼 1616 年受到的谴责，以及伽利略本人 1633 年的受审都迫使伽利略谨慎行事：无论是在著作中还是在书信中，他都从未提及布鲁诺。但也有可能（甚至极有可能），这个问题就像一般意义上的宇宙论问题甚至是天体力学问题一样，引不起伽利略多少兴趣。的确，他所关注的问题是：抛射体是被什么推动的（*a quo moventur projecta*）？但他从来不问：行星是被什么推动的（*a quo moventur planetae*）？因此，伽利略可能像哥白尼那样从不提出这个问题，因此从来不会让他的世界成为无限的——尽管世界的无限已经隐含在空间的几何化之中了，而伽利略本人正是空间几何化最主要的倡导者之一。然而，其动力学的某些特征，以及他从未完全摆脱对圆的着迷这一事实——他的行星沿着圆形轨道围绕太阳运转，而在运动中并不产生离心力——似乎暗示，他的世界并不是无限的。如果它不是有限的，那么它就有可能像库萨的尼古拉的宇宙那样是无限定的（*indeterminate*）；在给里切蒂的信中，伽利略用到了库萨的尼古拉的一种表达：无终止的（*interminate*），这也许并非出于纯粹偶然的巧合。

但尽管如此，不是伽利略，也不是布鲁诺，而是笛卡儿清晰分明地表述了新科学（这门新科学的梦想是将科学还原为数学［de reductione scientiae ad mathematicam］）以及新的数学宇宙论的原理。不过，正如我们将要看到的那样，笛卡儿弄巧成拙，他过早地将物质和空间等同起来，这使他没能找到正确的方法以解决17世纪科学摆在他面前的种种问题。

哲学家的上帝同他的世界是相互关联的。与以前的大多数上帝不同，笛卡儿的上帝并非通过受造物来体现，亦即不在万物中表现自己。上帝与世界之间不存在类比，"形象"（imagines）和"上帝在世界之中的遗迹"（vestigia Dei in mundo）并不存在。唯一的例外是我们的灵魂，它是一种一切本质在于思想的实体、纯粹心灵和存在，这个心灵被赋予了理智，能够把握上帝的观念，亦即无限的观念（这甚至是它固有的），也被赋予了意志，亦即无限的自由。笛卡儿的上帝赋予我们一些清晰分明的观念，只要我们坚持它们，并且小心谨慎不犯错误，这些观念就能使我们找到真理。笛卡儿的上帝还是一个诚实的上帝。因此，我们清晰分明的观念使我们能够获得的关于上帝所创造的这个世界的知识都是真实可靠的。至于这个世界，上帝是纯粹通过意志创造出来的，即使上帝有创世的理由，那也只有上帝自己知道，我们根本无从知晓。因此，企图去发现上帝的目的不仅毫无希望，而且荒谬无稽。神学思想和解释在物理科学中是没有地位和价值的，正如它们在数学中没有地位和意义一样，因为笛卡儿的上帝所创造出来的世界，亦即笛卡儿的世界，绝不是亚里士多德的那个丰富多彩的、形式多样的、质上井井有条的世界，即我们的日常生活世界和经验世界（这个世界仅仅是一个充满了不牢靠和不一致意见的主观世界,这些意见所基于的乃是混乱而错误的感官知觉所提供的不真实的证据),而是一个完全均一的数学世界、一个几何世界。关于这个世界,我们清晰分明的观念赋予我们一种确定而自明的知识。在这个世界中只有物质和运动,由于物质等同于空间或广延,所以也可以说只有广延和运动。

笛卡儿将广延与物质等同起来(也就是说,"构成物体本质的不是重量、硬度或颜色,而只是广延",①换句话说,"一般而言,物体的本质不在于它是硬的、重的或有颜色的东西,或者是以任何其他方式刺激我们感官的东西,而仅仅在于,它是一个沿着长、宽、高方向延伸的实体"。反过来,沿着长、宽、高方向的广延只能被设想为属于一个物质实体[因此也只能作为一个物质实体的延伸而存在]),这一著名的思想蕴含着极为深远的结果:首先就是对虚空的否定,笛卡儿对虚空的拒斥态度甚至比亚里士多德本人还要激进。

实际上,在笛卡儿看来,虚空不仅在物理上不可能,而且本质上就不可能。虚空——如果真有这种东西的话——本身就是语词的自相矛盾(*contradictio in adjecto*),一个存在着的无。那些相信虚空存在的人,如德谟克利特、卢克莱修以及他们的追随者,都是错误想象和混乱思维的受害者。他们没有认识到,无不可能有属性,因此也不可能有维度。说十英尺的虚空分隔了两个物体是没有意义的:因为如果有虚空的话,就不会有分隔,而且通过无所分隔的物体将处于接触状态。如果有分隔和距离的话,这个距

---

① 参见 R. Descartes, *Principia philosophiae*, part II, §4, p. 42。(*Oeuvres*, ed. Adam Tannery, vol. VIII, Paris, 1905.)

离就不会是无的长宽高,而会是某种东西的长宽高。这种东西是一种"精细的"实体或物质,我们感觉不到它——这就是那些习惯于想象而非思想的人谈论虚空的真正原因——但是,这种物质同组成树和石头的"粗糙"物质一样实在和具有"物质性"(在物质性上没有等级之分)。

笛卡儿并没有像布鲁诺和开普勒那样满足于宣称,宇宙中没有真正的虚空,宇宙空间到处充满着"以太"。他走得要远得多,他根本否认存在着所谓"空间"这种东西,这种区别于"填充"它的"物质"的东西。"物质"和空间是等同的,只能通过抽象来加以区分。物体不在空间之中,而在其他物体之间,它们所"占据"的空间与其自身没有任何不同:①

> 除了在我们的思想中,空间或者说内部处所*(locus)同包含在这个空间中的物体并没有什么不同。因为实际上,构成空间的长宽高广延也构成了物体。它们之间的不同仅仅在于,我们将一特殊广延赋予了物体,每当移动物体时,我们认为它同物体一道改变位置。同时,我们又将一如此普遍而模糊的[广延]赋予了空间,以至于将物体从它所占据的某一空间移走时,我们并不认为我们移走了那块空间的广延,因为在我们看来,同一广延始终保留在那里,只要它大小不变,形状不变,且相对于我们用以确定这一广延的外部物体没有

---

① *Principia philosophiae*, pt. Ⅱ, §10, p. 45.
* 笛卡儿用"内部处所"来指一个物体所占据的体积,"外部处所"大体上指一个物体相对于其他物体的位置。——译者注

改变位置。

103 但是，这当然是错误的。他还认为：①

＞＞＞＞＞很容易看出，同一广延既构成了物体的本性，也构成了空间的本性，二者之间的差异就像种或属与个体之间的本性差异。

实际上，我们能够去除任何给定物体的所有可感性质，②

＞＞＞＞＞我们将会发现，我们关于物体的真正观念仅仅在于，我们分明地知觉到它是一个沿着长、宽、高方向延伸的实体。而这一观念也包含在我们对空间形成的观念之中：不仅是充满物体的空间，而且也是我们所谓的虚空。

于是，③

＞＞＞＞＞"位置"和"空间"所指的东西，与我们所说的处于某一位置的物体并无真正不同。它们仅仅指示着物体的大小、形状以及位于其他物体之间的方式。

---

① *Principia philosophiae*, pt. II, §11, p. 46.
② *Principia philosophiae*, pt. II, §13, p. 47.
③ *Principia philosophiae*, pt. II, §13, p. 47.

因此,①

> ……根本就没有哲学家所理解的那种指示着没有任何实体的虚空。显然,宇宙中根本就没有这样的空间,因为空间或内部处所的广延同物体的广延没有什么不同。由此看来,如果一个物体沿着长、宽、高方向延伸,我们就有理由说它是一个实体,因为我们认为,无不可能有广延,对于所谓的虚空结论也是一样:只要空间内有某种广延,那么就必然有某种实体。

将广延等同于物质的第二个重要后果是,不仅空间的有限和限制遭到了拒绝,而且现实的物质世界也被拒绝了。现在,给世界指定界限不仅是错误和荒谬的,甚至是矛盾的,因为我们不可能不在设置界限的同时超越这一界限。因此,我们不得不承认现实世界是无限的,或者说——的确,笛卡儿拒绝将"无限"与世界联系在一起——是无定限的。

当然,我们显然不可能限制欧几里得空间。因此,笛卡儿接下来说得不错:②

> 再者,我们承认这个世界或者说全部有形实体在其广延

---

① *Principia philosophiae*, pt. Ⅱ, §16, p. 49.
② *Principia philosophiae*, pt. Ⅱ, §21, p. 52.

上没有界限。事实上，无论我们想象这些界限在哪里，我们总是不但可以想象界限之外还有不定延伸的空间，而且甚至感觉到可以真实地想象这些空间，即它们是真实的；因此，它们中间也就包含着不定延伸的有形实体。这是因为，正如我们已经充分表明的那样，这种空间中广延的观念显然与有形实体自身的观念是一样的。

这样一来，根本就没有必要再去讨论恒星的大小和远近。更确切地说，这个问题变成了一个需要根据事实来判定的问题，一个关于观测技巧和计算的天文学问题。这个问题不再具有形而上学意义，因为可以十分肯定地说，无论星体远还是近，它们都像我们自己和我们的太阳一样位于其他无尽星体中间。

至于星体构成的问题也是完全一样的，它也变成了一个纯科学的、需要根据事实来判定的问题。那个关于变化可朽的地界与永恒不变的天界之间的古老对立，此时已不复存在。（正如我们看到的，哥白尼革命并未消除这一对立，在哥白尼天文学中，它以太阳与行星的运动世界与不动的恒星之间的对立被保留下来。）宇宙在其内容和定律上的统一性和均一化成了一个自明的事实①——"天上的物质和地上的物质是同一的，多重世界（至少就'世界'一词的完整含义而言是如此，该词在希腊和中世纪传统中意指一个完整的、以自我为中心的整体）不可能存在。"世界不是由一些彼此完全分离的整体所组成的一个不相连的复合体，而是

---

① *Principia philosophiae*, pt. Ⅱ, §22, p. 52.

一个统一体——一如布鲁诺的宇宙(遗憾的是,笛卡儿并没有使用布鲁诺的术语)——存在着无穷多个从属的、相互关联的体系,比如我们这个有着太阳和行星的体系,在无边无际的空间中,处处是巨大的物质漩涡,它们以同样的方式彼此连接和限制着。①

很容易推断出天空的物质和地球的物质没有什么两样。一般而言,即使世界有无限多个,它们也不可能不由同一种物质组成,因而世界不可能是多个而只能是一个;因为我们清楚地知道,作为一种广延实体,构成整个自然界的这种物质,一定已经完全占据了其他世界应当占据的所有假想的空间;而且,我们心中并没有什么其他物质的观念。

世界的无限性似乎就这样被确定无疑地建立起来了。然而事实上,笛卡儿从未有过此种断言。就像两个世纪前的库萨的尼古拉那样,他只把"无限"一词用于上帝。上帝是无限的,而世界仅仅是无定限的。

无限的观念在笛卡儿的哲学中起着非常重要的作用,以至于可以认为笛卡儿主义完全建立在这种观念的基础之上。实际上,上帝只有作为一个绝对无限的存在才能被构想,才能被证明存在;也只有拥有这一观念,人的本性——一个被赋予上帝观念的有限存在——才能被定义。

不仅如此,无限还是一个非常特殊的、甚至是独一无二的观

---

① *Principia philosophiae*, pt. Ⅱ, §22, p. 52.

念：它当然是清晰的、肯定的（我们不是通过否定有限来达到无限，而恰恰是通过否定无限来理解有限），但却不是分明的。它超越了我们有限理解力的水平，我们既不能完全理解它，甚至也不能彻底分析它。于是，笛卡儿把所有关于无限的争论都斥之为毫无价值，特别是那些在中世纪晚期和17世纪十分流行的关于连续体构成（de compositione continui）的争论。笛卡儿告诉我们：①

> 我们绝不要争论什么无限，而要将那些我们找不到任何界限的东西，如世界的广延、物质的可分性、星体的数目等等看成无定限的。
>
> 因此，我们绝不要自找麻烦争论无限。实际上，我们是有限的，妄图获取关于无限的确定知识、理解无限并因此试图使无限成为伪有限便是一件荒谬的事。因此，我们也不要不厌其烦地回答这样一些人，他们想搞清楚：如果有一条无限长的线，那么它的一半是否仍是无限长，或者一个无限数是偶数还是奇数，等等。对于诸如此类的问题，只有相信自己心灵是无限的人才会思考它们。对于那些在某些方面我们不能指定任何界限的[事物]来说，我们不会断言它们是无限的，而会认为它们是无定限的。由于我们不能想象有如此大的广延，以至于比它更大的广延便不能理解，所以我们只能说，可能事物的大小是无定限的。同样，由于我们不可能

---

① *Principia philosophiae*, p. I, §26, p. 54.

第四章 从未见过的事物和从未有过的想法:宇宙空间中新星的发现和空间的物质化

想象一个物体能被分割成这么多的部分,以至于进一步的分割都是不可设想的,所以我们只能承认,在数量上它们是无定限可分的。我们也不可能想象星体如此之多,以至于上帝不能再创造得多些,我们只能假定它们的数目是无定限的。

这样一来,我们既可以避免开普勒的反驳(认为我们与一个给定星体的距离不可能是实无限的),也可以避免神学的反驳(认为不可能存在一个实无限的造物)。我们仅仅断言:正如在数列中一样,在世界的广延中我们可以永远走下去而达不到终点:①

我们之所以称所有这些[事物]为无定限而不是无限,是因为:一方面,我们只把无限这一概念留给上帝,因为只有在上帝那里,我们才发现不了任何界限,而且可以肯定地知道根本就没有界限;另一方面,关于这些事物,我们不能以同样的肯定方式知道在某些方面它们没有界限,而只能以否定的方式知道:即使它们有任何界限,我们也找不到。

于是,笛卡儿关于无限和无定限的区分似乎对应着传统的实无限和潜无限的区分,而笛卡儿的世界似乎仅仅是潜无限的。然而……我们找不到世界的界限这一断言的确切含义是什么? 为什么找不到? 难道仅仅是因为它不存在(尽管我们不能以肯定的方式去理解它)? 事实上,笛卡儿告诉我们,我们清楚地知道,只

---

① *Principia philosophiae*, p. Ⅰ, §27, p. 55.

有上帝才是无限的和无限完美的(即绝对完美的)。至于其他事物:①

> 我们不承认它们是绝对完美的,尽管有时它们的某些属性在我们看来是没有界限的,但我们不难认识到,这是由于我们理解力的缺陷,而不是由事物的本性造成的。

然而,说不可能设想空间有界限只能归因于我们理解力的缺陷,而不是缺乏理解广延实体本性的洞察力,这一点很难令人信服。更加令人难以置信的是,笛卡儿本人竟然会认真贯彻这一看法,他竟然真的认为他没有能力去设想或想象一个有限世界能够以这种方式得到解释。在《哲学原理》(Principia Philosophiae)一书第三部分的开头,笛卡儿告诉我们,为了避免错误:②

> 我们不得不小心地看待两件事,一是我们必须始终牢记上帝的能力和善是无限的。这一点应该使我们理解,我们怎么想象上帝作品的伟大、漂亮和完美都不为过;相反,如果我们假定这些作品具有我们对其有着确切认识的任何边界或界限,那么我们便不能理解上帝的能力和善。

第二个必要的警惕是:③

---

① *Principia philosophiae*, p. Ⅰ, §27, p. 55.
② *Principia philosophiae*, p. Ⅲ, §1, p. 80.
③ *Principia philosophiae*, p. Ⅲ, §2, pp. 81 sq.

第四章　从未见过的事物和从未有过的想法：宇宙空间中新星的发现和空间的物质化

> 我们必须牢记，我们心灵的能力是非常平庸的。如果不凭借神的启示或者至少是非常明显的自然理性，就假定宇宙有任何界限，那么我们真是过于专断。因为这就[意味着]，我们希望能够想象某种超越上帝在创世过程中能力所及的东西。……

这似乎告诫我们，在给世界指定界限而不是完全否认这些界限的存在时，我们的理性显示了自身的局限性。因此，正如我们很快就要看到的那样，尽管事实上笛卡儿有充分的理由将上帝的"无限"与世界的"无定限"对立起来，但在他那个时代，人们普遍认为，这乃是一种旨在安抚神学家的伪区分。

这差不多就是摩尔（Henry More）这位著名的剑桥柏拉图主义者兼牛顿的朋友想对笛卡儿说的话。

第五章　无定限的广延
抑或无限的空间

——笛卡儿和摩尔

摩尔属于笛卡儿在英格兰的第一批追随者。不过事实上，他从来就不是一个笛卡儿主义者，他后来转而反对笛卡儿，甚至指控笛卡儿主义者是无神论的煽动者。[1] 摩尔与这位法国哲学家有过一些很有意思的通信，这些信件清楚地表明了这两位思想家各自的立场。[2]

---

[1] 参见 Miss Marjorie H. Nicolson, "The early stages of Cartesianism in England", *Studies in Philosophy*, vol. XXXVIII, 1929。摩尔接受（虽然只是部分接受）笛卡儿的物理学以及笛卡儿对各种实体形式的拒斥，但他从未放弃对自然中"精神"动因的存在和活动的信念，也从未接受笛卡儿关于——被还原为广延的——物质与通过自我意识和自由来定义的精神之间的严格对立。因此，摩尔相信动物"有灵魂而且在灵魂中"有一种非物质的广延；另可参见 Miss Nicolson's *The breaking of the circle*, Evanston, Ⅲ, 1950。

[2] 这些信件由 Clersellier 在编辑笛卡儿通信集时出版（*Lettres de M. Descartes où sont traittées les plus belles questions de la morale, de la physiue, de la médecine et des mathématiques...* Paris, 1657），并由摩尔本人在其 1662 年的 *Collection of several philosophical writings* 中再版（含有一篇相当恼火的序言）。我引用的这些信件来自于 Adam-Tannery 版的笛卡儿著作集（*Oeuvres*, vol. Ⅴ, Paris, 1903）。

摩尔开始时自然对这位尽心尽力以求得真理、驱除谬误的伟人表达了他的敬意，继而便抱怨起自己在理解笛卡儿的某些学说时所遇到的困难，最后则提出了一些疑问甚至是反对意见。

在摩尔看来，笛卡儿所建立的物体与灵魂之间的根本对立令人难以理解和接受。一个纯精神的灵魂，按照笛卡儿的说法，也就是没有任何广延的东西，怎能与仅是广延的纯物质的物体结合在一起呢？认为灵魂（尽管是非物质的）也是有广延的，进而一切事物乃至上帝也是有广延的不是更好吗？否则上帝如何呈现于世界之中？

摩尔这样写道：①

> 首先，你给物质或物体下的定义过于宽泛了。实际上，这样就连上帝和天使似乎都成了有广延的东西(res)。一般说来，依凭自己而存在的东西的广延似乎为其实体的界限所包围，而广延可以随着这些事物实体的不同而变化。在我看来，上帝显然是以他自己的方式来延伸自己，因为上帝无处不在，他能紧密地占据整个世界机器及其每一个微粒。如果上帝不以最为紧密的方式接触宇宙中的物质，或至少是在某一时刻接触它们，他如何能将运动传给物质呢（他不仅已经这样做了，而且按照你的看法，他甚至现在还这样做）？如果上帝并非无处不在，而且不占据整个空间，那么他肯定无法这样做。因此，上帝以这样的方式延伸和扩展自己，他是一

---

① *Letter to Descartes*, II-XII, 1648, pp. 238 sq.

种有广延的东西(res)。

由此,摩尔认为广延这一概念不能用作物质的定义,因为它过于宽泛,同时包含了物体和精神两种广延(尽管是两种不同的广延)(在摩尔看来,笛卡儿对这两者的证明不仅是错误的,而且简直就是诡辩)。其次,摩尔认为既然物质必然是可感的,那么就只能通过它与感觉的关系,即通过可触性来定义物质。但是,如果笛卡儿坚持避免提及任何感官知觉,那么物质就应当通过物体相互接触的能力以及物质的不可入性来定义。精神是没有不可入性的,它虽有广延,却可以自由穿透,不能被触及。于是,不仅精神与物体能够共存一处,而且两个或更多的精神也可以共存一处并且彼此"穿透",而对于物体来说,这是不可能的。

摩尔反对笛卡儿关于广延与物质同一的看法,于是也就很自然地反对笛卡儿所持的真空不可能的观点。为什么上帝如果毁灭了容器里的一切物质,就必须——如笛卡儿所断言的那样——将容器壁聚合在一起?笛卡儿对此的解释是,被"无"隔开是矛盾的,将大小赋予"虚"空就如同将属性赋予无。但这并没有说服摩尔,特别是因为德谟克利特、伊壁鸠鲁和卢克莱修等"古代先贤"持完全不同的看法。当然,容器壁有可能因为外界的物质压力而聚拢在一起。但即使如此,那也是由于自然的必然性而非逻辑的必然性。而且,这样的虚空也不会绝对地虚,因为它还将继续充满着上帝的广延。严格说来,它只是没有物质或物体罢了。

第三,笛卡儿既在物理学中使用微粒概念,同时又否认原子的存在,断言物质的无定限可分性,摩尔不理解这样做的"独特妙处"何在。笛卡儿认为，承认原子存在就等于限制了上帝的全能，因为我们不能否认，上帝只要愿意，就可以将原子再分下去。摩尔认为这样说是无济于事的：原子的不可分性是指它们不能被任何受造的力量分开，这与上帝分开它们（如果他想这样做的话）的能力是完全相容的。有许多事情是上帝本可以做却没有做的，甚至有一些是他能做却不去做的。实际上，如果上帝想要绝对地保持其全能的话，他就根本不会创造物质：由于物质总可以分成那些自身又可以继续再分的部分，上帝显然永远也不可能将这种分割进行到底，于是总有些事情是与上帝的全能相违背的。

摩尔显然是正确的。尽管笛卡儿本人坚持认为上帝是全能的，甚至拒绝接受逻辑和数学规则对上帝的限制和约束，但他仍然不得不说，有许多事情是上帝做不了的，这或者是因为做这些事是一种不完美或隐含着不完美（比如上帝不能撒谎和欺骗），或者是因为这样做毫无意义。正因如此，笛卡儿才断言，即使是上帝也不能制造虚空或原子。实际上，在笛卡儿看来，上帝本可以创造一个完全不同的世界，使 2 乘 2 等于 5 而不等于 4，但事实上他并没有这样做，在这个世界上，即使是上帝也不能使 2 乘 2 等于 4 以外的其他数。

从摩尔反驳的一般倾向我们可以清楚地看到，摩尔这位柏拉图主义者或者说新柏拉图主义者深受希腊原子论传统的影响。事实上这也不足为奇，他早期有一篇文章的标题就叫作《柏拉图主义者德谟克利特》(*Democritus Platonissans*)。①

---

① 在这篇写于 1646 年的文章中，摩尔表现为卢克莱修-布鲁诺式的无限世界学说的热情追随者；参见 Lovejoy, *The great chain of being*, pp. 125, 347。

摩尔所要做的恰恰是继续维持空间与空间中物体的古老区分，避免对存在进行笛卡儿式的几何化。这些物体在空间中运动，而且这种运动不仅仅是相对于彼此的。它们凭借一种特殊的固有性质或力——不可入性——来占据空间，物体通过不可入性而相互抵抗，并把对方从自己的"位置"排除出去。

这大致就是德谟克利特的看法，它说明了摩尔对笛卡儿的反驳同17世纪原子论的主要代表[①]伽桑狄所作的反驳之间广泛的相似性。然而，摩尔绝不是一个纯粹的德谟克利特主义者。他没有将存在还原为物质，他的空间也不是卢克莱修的无限虚空：它是充满的，但充满的不是以太，就像布鲁诺的无限空间那样，而是充满了上帝。下面我们将会更清楚地看到，摩尔的空间在某种意义上就是上帝本身。

我们现在来看看摩尔对笛卡儿做出的最重要的一个反驳——第四个反驳：[②]

> 第四，我不理解你所说的世界的无定限广延。实际上，这种无定限广延要么绝对地无限，要么仅对于我们是无限的。如果你把广延理解为绝对地无限，为什么你要用这么低

[①] 关于伽桑狄，参见 K. Lasswitz, *Geschichte des Atomistik* 以及 R. P. Gaston Sortais, *La philosophie moderne, depuis Bacon jusqu'à Leibniz*, vol. ii, Paris, 1922；另可参见 *Pierre Gassendi, sa vie et son oeuvre*, Paris, 1955。伽桑狄不是一位有原创性的思想家，在我正在研究的讨论中不起任何作用。他是一个相当胆怯的人，显然是出于神学理由而接受了虚空之中的有限世界；不过，通过复兴伊壁鸠鲁的原子论和坚持虚空的存在，他暗中破坏了讨论的基础即传统本体论，这种本体论不仅支配着笛卡儿和摩尔的思想，而且也支配着牛顿和莱布尼茨的思想。

[②] *Letter to Descartes*, p. 242.

调和温和的语词来掩饰你的想法呢？如果它仅对于我们才是无限的，那么实际上广延就是有限的，因为我们的心灵既不是事物的标准，也不是真理的标准。因此，由于存在着另外一种绝对无限的延展，即神的本质的延展，你的涡旋物质将会从各自的中心退缩，整个世界织体将会消散为原子和尘埃。①

把笛卡儿逼到进退维谷的地步之后，摩尔继续说：②

> 我愈发赞赏你的谦逊以及对物质无限的担心，因为另一方面，你认识到物质被分成了无限数目的微粒。如果你还没有这样做，你也将被迫这样做。

因为有一些论证是笛卡儿不得不接受的。③

对于这位英国的仰慕者和批评者所提出的困惑和反对，笛卡儿的回答④出人意料地谦恭温和。他说通过物质与感官的关系来定义物质是错误的，因为这样做有可能把握不住物质的真正本质。物质的本质并不依赖于人的存在，假如世界中没有人存在，

---

① 在笛卡儿的世界中，围绕着恒星的涡旋互相限制，防止彼此在离心力的影响下消散瓦解。如果它们在数量和广延上是有限的，那么首先最外层的涡旋继而所有其他涡旋都将消散。
② *Letter to Descartes*, p. 242.
③ 也就是说，这些论证建立在上帝全能的基础之上。
④ *Descartes to Henry More*, 5, Ⅱ, 1649, pp. 267 sq.

物质的本质仍将如此。而且,如果物质被分成了许多足够小的部分,那么所有物质都将变得完全不可感,但物质的本质依然不变。他本人关于广延与物质同一的证明绝非诡辩,而是已经足够清晰和有指导性。为了定义物质而去假定一种特殊的不可入性是完全没有必要的,因为这种性质仅仅是广延的一个结果而已。

在转而谈论摩尔的非物质广延或精神广延时,笛卡儿写道:①

> 我没有争论语词的习惯,如果有人愿意说上帝在某种意义上是有广延的,因为他无所不在,我也不反对。但我否认在上帝、天使、我们的灵魂以及任何一种不是物体的实体之中存在着真正的广延,就像人们通常认为的那样。因为人们总是把有广延的东西理解成某种可以想象的东西(不论它是理性的东西[ens rationis]还是实在的东西),通过想象,人们可以在这些东西中区分出有确定大小和形状的不同部分。凭借想象,有可能把它们当中的任何一个移到另一个的位置上,但不能想象两个物体竟会处于同一位置。

然而,上帝或我们的灵魂却并非如此,因为它们不是想象的对象,而是纯粹理解力的对象,它们没有可分离的部分,尤其是没有具有确定大小和形状的部分。正是由于缺乏广延,上帝、人的灵魂以及任意数目的天使才能共处于同一位置。至于原子和虚空,我们是不适合为其施加界限的,因为我们的理智是有限的,而

---

① *Descartes to Henry More*, 5, Ⅱ, 1649, p. 269.

上帝的能力是无限的。于是我们必须大胆地断言,"所有我们认为可能的事,上帝都能做到;而那些有悖于我们观念的事,他也能做到"。然而,我们只能根据自己的观念来做出判断。如果从容器中移除所有物质之后,广延、距离等仍将保持不变,或者物质的部分是不可分的,这将有悖于我们的思维方式,于是我们说,这一切隐含着矛盾。

然而说实话,笛卡儿挽救上帝全能的努力以及对虚空可能性的否认(因为它与我们的思维方式不相容)并不令人信服。笛卡儿的上帝是一个诚实的上帝(Deus verax),他保证我们清晰分明的观念是正确的。于是,说我们清楚地看到隐含着矛盾的事物却是实在的,这不仅有悖于我们的思维,而且是不可能的。在这个世界中没有矛盾的对象,尽管另一个世界里可能有。

至于摩尔对他关于"无限"和"无定限"的区分所作的批评,笛卡儿向摩尔保证,他不是由于①

>……假装谦虚,而是因为谨慎(这绝对是必要的)才称某些事物是无定限的而非无限的。因为我所能明确理解为无限的只有上帝,至于其他东西,比如世界的广延、物质可分成的部分的数目等等是否也是绝对地无限,我承认我不知道。我只知道我在它们中看不到尽头,因此我说它们是无定限的。尽管我们的心灵不是事物或者真理的标准,但它必定是我们确认或否认的事物的标准。的确,对于那些我们承认无

---

① *Descartes to Henry More*, 5, II, 1649, p. 274.

法用心灵感知的事物,我们却想对它们下判断,还有什么能比这更荒谬或轻率的呢?

因此,我很奇怪地看到,你不仅似乎想这样做,因为你说如果广延仅对我们才是无限的,那么广延实际上就是有限的云云,而且想象此外还有某种神的广延,它比物体的广延延伸得更远,并因此而假定上帝有部分之外的部分(partes extra partes),他是可分的,简言之,赋予他一个物质存在所拥有的全部本质。

实际上,笛卡儿指出摩尔对他有所误解是完全正当的:他从未承认过广延世界之外的空间是可能的或可以想象的。即使世界存在着我们无法找到的这些界限,在它们之外也必定是什么都没有,或者更恰当地说,根本就没有什么之外。于是,为了彻底打消摩尔的疑虑,笛卡儿宣称:①

> 当我说物质的广延是无定限的时候,我相信它足以防止任何人去想象在物质之外还有那么一个位置,使我的涡旋微粒能够逃逸进去。这是因为,无论我们想象这个位置在哪里,在我看来它已经包含某种物质了,因为当我说它是无定限地延伸时,我的意思是它延伸得比我们人类所能设想得还要远。

> 不过我认为,这种物质广延的大小同神的宽广有很大差

---

① *Descartes to Henry More*, 5, Ⅱ, 1649, p. 275.

异。我之所以不说神的广延,是因为一般说来后者没有广延,而只有实体或本质,因此我称之为绝对地无限,而对于前者则称之为无定限。

笛卡儿想去维护上帝"彻底的"无限[与其他事物的无定限之间]的区分,这无疑是正确的。上帝不仅排除了一切限制,而且将一切杂多、分割和数从空间和数列(它们必定包含和预设了这些东西)纯粹的无终止和无定限中排除了出去。况且这种区分也相当传统,我们已经看到库萨的尼古拉和布鲁诺都曾有此主张。

摩尔并未否认这种区分,至少是没有完全否认。在他自己的思想中,这一区分表现为物质广延与神的广延之间的对立。然而,正如他在给笛卡儿的第二封信中所说,① 这一区分与笛卡儿所主张的空间可能有界限,以及试图建立一种居于有限与无限之间的概念无关,因为世界要么有限要么无限,没有第三种可能(*tertium non datur*)。如果我们承认(我们也必须承认)上帝是无限的并且处处在场,那么这个"处处"只能意味着无限空间。既然如此,摩尔把布鲁诺用过的一个论证稍作修改,认为处处必定都有物质,也就是说,世界必定是无限的。②

你几乎不可能不知道,世界要么是绝对地无限,要么事实上是有限的,尽管你无法轻易在这两者之间做出决定。然而,你的涡旋并没有分散和瓦解,这似乎清楚地表明了世界

---

① *Second letter of H. More to Descartes*, 5, Ⅲ, 1649; pp. 298 sq.
② *Second letter of H. More to Descartes*, 5, Ⅲ, 1649, p. 304 sq.

的确是无限的。就我而言,我坦率地承认,虽然我可以大胆地宣称自己赞成以下公理,即宇宙要么是有限的,要么不是有限的(在此即无限),但我无法完全理解任何一样无限的事物。这里我想起斯卡利格(Julius Scaliger)曾经在某处写过关于天使的收缩和膨胀的内容:也就是说,天使不能无限延伸,也不能收缩成一个无法觉察的点。然而,如果我们承认上帝是彻底无限的(即无处不在),就像你本人正确地做的那样,那么毫无偏见的理性难道不应立即承认,上帝在任何一处都不是无所事事,而是用同样的公正和能力(利用这种公正和能力,他[创造了]我们生活于其中、或者我们的眼睛和心灵所能达到的这种物质)在每一处制造物质吗?

如果广延仅对我们才是无限的,那么广延就的确(in truth)是实实在在(in reality)有限的,这样说并不荒谬或轻率:①

我还想说,这一推论是很明显的。由于"仅仅"(tantum)这一虚词明确排除了据说仅对我们而言是无限事物的一切实无限,所以广延实际上是有限的;而且,我的心灵的确感知到了我所判断的这些事情,因为我非常清楚,世界要么有限,要么无限,如我已经说过的那样。

至于笛卡儿认为,"无"不可能有属性或大小、因而不能被测

---

① *Second letter of H. More to Descartes*,5,Ⅲ,1649,p. 305.

量这一事实已经蕴含了虚空的不可能性,摩尔否认这一前提,他回答说:①

> ……如果上帝毁灭了这个宇宙,在一段时间之后又从无中创造出另一个宇宙,那么这一世界间歇(*intermundium*)或者说世界的缺失将有其延续时间,它可以用天数、年数或世纪数测量出来。于是便有某种并不存在的东西的延续,而延续亦是一种广延。因此,就像某种不存在的事物不存在的延续可由小时、天数和月数来测量一样,无的大小即虚空的大小也可由厄尔或里格来测量。

我们已经看到,摩尔反对笛卡儿,捍卫世界的无限性,他甚至告诉笛卡儿,其物理学必然蕴含这种无限性。然而,他本人对此似乎也时有疑惑。一方面,他确信空间即上帝的广延是无限的;而另一方面,物质世界则可能是有限的。毕竟,几乎人人都相信这一点,空间的无限和时间的永恒是严格平行的,所以两者似乎都是荒谬的。而且,笛卡儿的宇宙论能够与有限世界相符。既然如此,如果有人坐在世界的端点拿剑去刺作为边限的壁,笛卡儿难道不能告诉我们会发生什么吗?一方面,这似乎很容易做到,因为没有东西能够抵挡它;但另一方面,这一动作又不可能,因为剑无处可刺。②

---

① *Second letter of H. More to Descartes*, 5, Ⅲ, 1649, p. 302. 摩尔反对笛卡儿的论证是普罗提诺反对亚里士多德论证的翻版。

② *Second letter of H. More to Descartes*, 5, Ⅲ, 1649, p. 312.

与第一封信相比,笛卡儿对摩尔第二封信①的回答显得简明扼要和缺少热诚。我们感到,笛卡儿对摩尔显然不理解自己关于心灵与广延的基本对立这一伟大发现而感到有些失望,因为摩尔坚持把广延赋予灵魂、天使甚至是上帝。笛卡儿重申,②

……他认为在上帝、天使或我们的灵魂中没有任何实体广延,而只有一种能力广延,天使可以把这种能力与物质实体或多或少的部分相对应。因为如果根本没有物体,那么上帝或天使的这种能力将不会对应于任何广延。把仅仅属于能力的东西赋予实体乃是源于一种偏见,这一偏见还使我们认为连同上帝在内的一切实体都是可以想象的东西。

如果没有世界,也就不会有时间。对于摩尔所持的"世界间歇"将会持续一段时间的看法,笛卡儿回答说:③

我认为,设想在第一个世界的毁灭和第二个世界的创造之间有一段延续蕴含着矛盾,因为如果我们认为这段延续或类似的东西与上帝观念的接续有关,这将是我们理智的一个错误,而不是对某种事物的真正觉察。

实际上,这将意味着把时间引入上帝,从而使上帝成为一个

---

① *Second letter of H. More to Descartes*, 15, IV, 1649, pp. 340 sq.
② *Second letter of H. More to Descartes*, 15, IV, 1649, p. 342.
③ *Second letter of H. More to Descartes*, 15, IV, 1649, p. 343.

时间的、变化的存在。这便否定了上帝的永恒（eternity），而代之以持续（sempiternity）——这一错误和把上帝当成一个有广延的东西一样严重。因为在这两种情况下，上帝都有丧失其超越性、变得内在于世界的危险。

也许笛卡儿的上帝并不是基督教的上帝，而是一个哲学的上帝。① 然而，他是上帝，而不是贯穿于世界、给世界以生气并推动世界的世界灵魂。因此，根据中世纪的传统，笛卡儿坚持认为，尽管在上帝那里能力与本质是同一的（赞同上帝拥有实际广延的摩尔曾经指出过这种同一性），但上帝与物质世界毫无共通之处。上帝是一个纯粹的、无限的心灵，他的无限不是量上的，也不是大小上的，而是一种独一无二的、无可比拟的无限，空间广延既非其形象，亦非其象征。因此，绝不能把世界称为无限，虽然我们也不能把它包围在界限之内：②

> 给世界赋予任何界限都有悖于我的想法，对于我不得不去断言或否定的东西，我所依凭的标准只有我的知觉。因此，我说世界是无限定的或无定限的，是因为我看不出世界有任何界限。但我不敢说它是无限的，因为我觉察到上帝比世界还要大，这不是就其广延来说的，而是就其完美而言的，因为我已经说过，我不承认上帝之中有任何固有的［广延］。

---

① 这是帕斯卡的观点。毕竟，如果哲学家的上帝不是哲学的上帝，那还能是什么呢？
② *Second letter of H. More to Descartes*, 15, Ⅳ, 1649, p. 344.

笛卡儿再次断言上帝在世界中的在场并不意味着他的广延。至于摩尔认为的那个要么绝对有限、要么绝对无限的世界,笛卡儿仍然拒绝称其为无限。不过,或许是由于对摩尔有些气恼,或许是由于匆忙和不太细心,笛卡儿实际上放弃了他先前关于世界可能有其界限(尽管我们找不到它们)的断言,而像对待虚空一样来对待这一思想,认为它是没有意义的甚至是矛盾的。于是,在把能否用剑刺穿世界之壁的问题斥为无意义时,他说:①

> 世界有限或有界蕴含着矛盾,它有悖于我的心灵,因为无论我预设世界的界限在哪里,我都能设想在此界限之外还有空间。对我来说,这个空间是一个真实的物体。我不在乎其他人是否称这一空间为假想的,并因此认为世界是有限的。实际上,我知道这一错误根源于何种偏见。

不用说,摩尔并没有被说服——一个哲学家很少能够说服另一个哲学家。因此,摩尔和"所有的古代柏拉图主义者一道",坚持认为一切实体、灵魂、天使和上帝都是有广延的,而"世界"就其最字面的含义而言是在上帝之中,就像上帝在世界之中一样。于是摩尔又给笛卡儿发了第三封信②(笛卡儿写了回信③)和第四

---

① *Second letter of H. More to Descartes*, 15, IV, 1649, p. 345.
② 日期是 1649 年 7 月 23 日(*Oeuvres*, vol. v, pp. 376 sq.)。
③ 至少,笛卡儿开始写一封回信(1649 年 8 月),不过并没有寄给摩尔。

封信①(笛卡儿没有回②)。这里我就不详述这两封信了,尽管它们讨论的问题(比如关于运动和静止)很有意思,但这已超出我们的主题。

总的说来,在摩尔的压力下,笛卡儿已经稍稍偏离了他的原初立场,他现在认为,世界或空间的无定限并不意味着它可能有我们无法确定的界限,而是意味着世界没有界限,因为假定界限便会导致矛盾。但是,笛卡儿不可能走得更远,他不得不维持他所作的区分。因为如果笛卡儿仍然认为物理世界是纯粹理智和纯粹想象的对象(这是笛卡儿科学的前提),以及世界虽然没有界限,却把上帝称为其创造者和原因,那么他就必须维持广延与物质的区分,就像必须维持广延与物质的同一一样。

实际上,无限一直是上帝的本质特性或属性,特别是自邓斯·司各脱(Duns Scotus)以来就更是如此。邓斯·司各脱用无限存在(*ens infinitum*)的概念取代了安瑟尔谟(Anselm)关于一个我们不能设想比它更伟大的存在(*ens quo maius cogitari nequit*)的概念,只有在做了这样的"润色"之后,他才能接受安瑟尔谟关于上帝存在的著名的先天证明(笛卡儿复活了这一证明)。于是,无限——对笛卡儿来说尤其如此,因为笛卡儿的上帝是借助"其本质的无限过剩"(superabundance)而存在的,这使上帝成为

---

① 日期是 1649 年 10 月 21 日,vol. V,pp. 434 sq.
② 由于笛卡儿 1649 年 9 月 1 日去了瑞典,1650 年 2 月 11 日在那里去世,所以笛卡儿当然可能没有收到摩尔的这最后一封信。

其自因(Causa sui),并给予了其自身的存在①——也就意味或蕴含着存在、甚至是必然的存在。因此,无限不能被赋予造物。上帝与造物之间的区分或对立是与无限存在与有限存在之间的区分或对立相平行和等价的。

---

① 参见我的 *Essai sur les preuves de l'existence de Dieu chez Descartes*,Paris,1923 以及"Descartes after three hundred years,"*The University of Buffalo Studies*,vol. xix,1951。

第六章　上帝与空间、精神与物质

——摩尔

在中断与笛卡儿的通信以及笛卡儿去世后,亨利·摩尔仍然持续关注着这位法国大哲学家的思想。甚至可以说,摩尔后来的思想发展在很大程度上都是由他对笛卡儿的态度决定的:他部分接受笛卡儿的机械论,但又拒绝其精神与物质之间彻底的二元论,而这种二元论恰恰构成了笛卡儿形而上学的背景和基础。

摩尔在哲学史家眼中声名狼藉,这其实并不奇怪。从某种意义上讲,他与其说属于哲学传统,不如说属于赫尔墨斯主义或神秘学(occultism)传统。而且在某种意义上,他并不属于那个时代:他在精神上与菲奇诺(Marsilio Ficino)属于同一时代,迷失于"新哲学"祛魅的世界中,与"新哲学"进行着一场看不到胜利希望的斗争。然而,尽管摩尔的观点与时代有些不符,尽管其顽固的调和主义倾向又使他把柏拉图与亚里士多德、德谟克利特与犹太秘教哲学卡巴拉(Cabala)、三重伟大的赫耳墨斯与斯多亚主义哲学统统糅杂在一起,但正是摩尔为新科学与新世界观的形而上学框架提供了一些最关键的要素,从而确保了新科学的发展。这是因为摩尔成功地把握住了新本体论的基本原则——空间的无限化,而且坚定不移、无所畏惧地断言这一点。只是他凭借无羁的幻想详尽地描绘了上帝的天国以及蒙恩的灵魂和精神在来世的种种生活,而他那令人惊讶的轻信性格又使其相信魔法、女巫、幽灵和鬼魂。(在这方面,只有他的学生兼朋友、皇家学会会员、《科学探究》[*Scepsis scientifica*]一书的著名作者格兰维尔[Joseph Glanvill][①]才能与之相比。)

摩尔在给笛卡儿写信的时候(1648年),很可能还没有意识到他的这些想法最终会引向何处,而且这些想法在当时还不是"清晰分明的"。直到十年以后,在其《无神论的解毒剂》(*Anti-*

---

① 目前还没有关于摩尔的专论,不过他无疑有这个资格。关于摩尔以及剑桥柏拉图主义者的著作,参见 John Tulloch, *Rational theology and Christian philosophy in England in the XVIII th century*, vol. II, Edinburgh and London, 1874; F. J. Powicke, *The Cambridge Platonists*, London, 1926; J. H. Muirhead, *The Platonic tradition in Anglo-Saxon philosophy*, London, 1931; T. Cassirer, *Die Platonische Renaissance in England und die Schule von Cambridge*, Leipzig, 1932;该书的英译本:*The Platonic Renaissance in England and the Cambridge school*, New Haven, 1953;摩尔的哲学著作选集(即 *The antidote against atheism*, *The immortality of the soul* 以及 *Enchiridium metaphysicum* 的译文选集)于1925年由 Flora J. Mackinnon 女士出版,她为该书写了一篇非常有意思的导言,添加了一些很有价值的注释和一个非常出色的参考书目:*Philosophical writings of Henry More*, New York, 1925。另参见 Marjorie Nicolson, *Conway letters*, *the correspondence of Anna*, *Viscountess Conway*, *Henry More and their friends*, *1642—1684*, London, 1930; Markus Fierz, "Ueber den Ursprung und Bedeutung der Lehre Newtons vom absolutem Raum," *Gesnerus*, vol. XI, fasc. 3/4, 1954; Max Jammer, *Concept of space*, Harvard Univ. Press, Cambridge, Mass., 1954。在我看来,Markus Fierz 和 Max Jammer 两人都夸大了卡巴拉主义的空间概念对摩尔(及其前辈)的实际影响。我认为这是为了用神圣权威或可敬权威来支持他们的看法,而将现代观念投射到过去的典型做法。不过我们都知道,误解和误释在思想史上起着非常重要的作用。但在我看来,Fierz 和 Jammer 两人的这种往回投射的做法并非无辜,他们忘记了空间概念形成于发明几何学之前,因而不可能等同于或类似于在这个关键事件之后所作的构想。

doteagainst Atheism)① 和《灵魂不朽》(*Immortality of the soul*)②这两部著作中,他才赋予这些想法以更加明确的轮廓;不过,这些想法要到十年以后在他的《形而上学手册》(*Enchiridium metaphysicum*)③一书中才最终定形。

正如我们已经看到的,摩尔主要沿着以下两条攻击路线来批判笛卡儿把空间或广延与物质等同的观点。一方面,笛卡儿把广延仅仅归于物质所独有的本质属性,而不将其赋予精神,这限制了广延的本体论价值和重要性。然而,广延却是存在本身的属性,是一切实际存在的必要前提。实体并非像笛卡儿所断言的那样只有广延的和非广延的两种,而是实际上只有一种:一切实体,无论是精神的还是物质的,都有广延。

另一方面,摩尔认为笛卡儿没能认识到物质和空间的特性,因而没有把握住它们的基本关系和本质区分。物质在空间中是运动的,并且凭借其不可入性而占据空间;空间本身并不运动,无论其中有没有物质都不会受到影响。因此,没有空间的物质是无法设想的,而没有物质的空间则不仅是我们心中容易得到的一个

---

① Henry More, *An antidote against atheisme, or an appeal to the natural faculties of the mind of man, where there be not a God*, London, 1652; Second ed. corrected and enlarged, London, 1655; Third edition, corrected and enlarged, "with an Appendix thereunto annexed," London, 1662. 这是我在这里所引的版本,它收录于 Henry More's *Collection of several philosophical writings*, London, 1662。

② Henry More, *The immortality of the soul, so farre forth as it is demonstrable from the knowledge of nature and the light of reason*, London, 1669; second edition in the *Collection of several philosophical writings*, London, 1662。我这里引用的是这个版本。

③ Henricus Morus, *Enchiridium metaphysium sive de rebus incorporeis succincta et luculenta dissertatio*, Londini, 1671.

观念,甚至还是一个必要的观念——尽管笛卡儿不承认这一点。

我们这里对摩尔的灵物学(pneumatology)并不感兴趣,但因"精神"概念在他(而且不仅仅是他)对自然的解释中起着重要的作用,而且被他(而且不仅仅是他)用来解释那些无法用纯机械定律(如磁力、引力等等)解释或"证明"的自然过程,因此我们还是要对他的这个概念做一讨论。

摩尔很清楚,至少对人的心灵而言,"精神"概念往往是甚至几乎总是无法把握的,[①]

> 但就我自己而言,我认为精神的本性和其他任何事物的本性一样是可以设想的,而且定义起来并不困难。单就任何事物的本质或实体而言,人在思辨方面还处于初始阶段,以至于不承认那是完全不可知的;但是,就本质的、不可分离的属性而言,它们在精神中就和在其他任何主体中一样可以理解和阐明。举例说来,我认为一般的精神这整个观念,或至少是一切有限的、受造的和从属的精神这整个观念,乃是由以下这些能力或属性构成的,即自我穿透、自行运动、自身收缩和膨胀以及不可分性。我认为较具绝对性的就是这些。我还要补充一些与它者有关的能力或属性,即穿透、推动以及改变物质的能力。这些属性和能力合起来就构成了精神的概念和观念,因此它与物体概念显然不同——物体的部分不能相互穿透,不能自行运动,也不能自身收缩和膨胀,各部

---

① Henry More, *An antidote against atheisms*, Book I, cap. iv. §3, p. 15.

分相互之间也是可以分割和分离的;但精神的各部分却是不可分的(尽管可以膨胀),就如同你无法用透明水晶剪刀剪断太阳的光线一样。这将有助于我们弄清楚精神概念的含义。从以上描述来看,很显然精神是比物体更完美的概念,因而也比物体更适合作为绝对完美者的属性。

我们看到,摩尔用来获得精神的概念或定义的方法相当简洁。我们不得不将与物体属性相反或相对的那些属性赋予精神:可入性、不可分性、收缩和膨胀(即连续地自行延伸至更小或更大的空间中去)的能力。长期以来,这最后一种属性也被认为属于物质,但在德谟克利特和笛卡儿的共同影响下,摩尔否认它是物质或物体的属性,因为物质本身不可压缩,始终占据着同样大小的空间。

在《灵魂不朽》一书中,摩尔更清楚地解释了他的精神概念以及确定这一概念的方式。而且,他还试图让其定义具有一种术语上的精确性。他说,①"对于可分割性(discerpibility),即把一个部分从另一部分明显地扯开或切开,我把它理解为实际可分性(actual divisibility)"。很显然,这种"可分割性"只能属于物体,因为你不可能扯下并拿走一块精神。

至于收缩和膨胀的能力,摩尔认为它与精神的"本质密实度"(essential spissitude)有关,即一种精神的密度,是精神实体所具

---

① Henry More, *The immortality of the soul*, b.I.c.II, axiom IX, p.19.

有的除物体的空间三维广延之外的第四样式或第四维度。① 当精神收缩时,其"本质密实度"增加;当精神膨胀时,其"本质密实度"减小。实际上,我们无法想象这种"密实度",但摩尔告诉我们,"就我的理解力而言,这第四样式就像那三维对于我的感官或想象一样简单和熟悉。"②

于是,现在就很容易定义精神了:③

因此我要这样来定义一般的精神:一种可入而不可分割的实体。如果我们将一般的实体分成物体和精神这两大类,并把物体定义为一种不可入而可分割的实体,那么我们就能更好地理解上述定义的适当性。与此相反的类别也因此获得了适当的定义,即一种可入而不可分割的实体。

现在我要请所有能够摈除偏见并能自由运用其能力的人来判断:对精神的定义是否就和对物体的定义一样,其中每个术语都是可以理解的和符合理性的。严格说来,在这两个定义中实体概念是一样的,我认为其中包含着若非同源(connate)就是互通的(communicated)广延与活动。物质本身一旦被推动,就可以推动其他物质。何谓可入的就跟何谓不可入的一样容易理解,何谓不可分割的就跟何谓可分割的

---

① 参见 R. Zimmerman, "Henry More und die vierte Dimmension des Raumes", *Kaiserlihe Akademie der Wissenschaften*, Philosophisch-historische Klasse, Sitzungsberichte, Bd.98, pp.403 sq., Wien, 1881。

② Henry More, *The immortality of the soul*, b.Ⅰ.c.Ⅱ, §11, p.20.

③ Henry More, *The immortality of the soul*, b.Ⅰ.c.Ⅲ, §1 and 2, pp.21 sq.

一样容易理解;根据公理 9,①可入性和不可分割性之于精神,就如同不可入性和可分割性之于物体一样直接,支持前者有其属性的理由,就跟支持后者有其属性的理由一样多。既然精确的实体概念既不包含不可入性,也不包含不可分割性,我们也许会奇怪,一种实体是如何让其各个部分相互维持,以使它们彼此是不可入的(物质的各个部分即是如此),而另一种实体的各个部分又是如何紧密地结合在一起,以至于它们是一点也不可分割的。因此,一者中的维持(holding out)和另一者中的结合(holding together)是同样难以设想的,但这无损于精神的概念。

我很怀疑,现代读者能否接受摩尔所确信的东西:形成精神概念就跟形成物质概念一样容易或困难,即使他能摈除成见并能自由运用自己的能力;而且,尽管认识到了形成物质概念的困难,现代读者也许仍会同意摩尔的某些同时代人的"言之凿凿",认为"精神概念纯属胡扯,完全不协调"。如果现代读者拒绝接受摩尔明显建立在幽灵模式之上的想法,那当然是正确的。不过,如果读者认为摩尔的说法纯属胡扯,那就不对了。

首先,我们不要忘了,对于 17 世纪的人来说,一个非物质的广延物绝不是什么稀奇的东西。恰恰相反,这些东西大量充斥于人们的日常生活和科学经验中。

---

① 公理 10(b.I.c.II, p.19)告诉我们:"有一些属性、力量和操作直接属于一个事物,关于这一点没有理由可以给出,也不应当要求给出,这些属性与主体聚在一起的方式或途径也无法通过任何方式想象。"

最典型者莫过于光。光无疑是非物质的和无形的,但光不仅能在空间中延伸,而且正如开普勒不忘指出的那样,它虽是非物质的,却能对物质发生作用,也能受到物质的作用。光难道不就是一个既有可入性又有穿透能力的绝佳例子吗?的确,光不会阻碍通过它的物体的运动,而且还能穿透物体,至少是某些物体;不仅如此,被光贯穿的透明物体清楚地向我们表明,光与物质能够共存一处。

光学的现代发展不仅没有推翻,反倒像是印证了这种看法:由反射镜或透镜所产生的实像在空间中无疑具有确定的形状和位置。然而,那是物体吗?我们能够分解或"分割"它,切下,然后取走一块这样的影像吗?

事实上,光几乎例证了包括"凝聚"和"膨胀"在内的摩尔"精神"的一切属性,甚至连"本质密实度"都可以用光的强度来表示——光的强度就好比"密实度",随着其"收缩"与"膨胀"而改变。

如果说光还不足以代表这种东西的话,那么还有磁力。在吉尔伯特看来,磁力似乎应属有生气的东西而非纯物质的存在:[①]引力(重力)自由地穿过所有物体而不被捕获或影响。

而且我们不要忘了,在 19 世纪物理学中(与 17 世纪相比,"光"与"物质"的对立在 19 世纪物理学中的稳固程度有过之而无不及,这一对立至今也没有被完全克服)扮演重要角色的"以太"所显示出来的一些属性甚至要比摩尔的"精神"更令人惊异。最

---

① 参见 William Gilbert, *De magnete*, ch. Ⅻ, p.308:"磁力是活的,或者在模仿灵魂。它在许多方面超越了人的灵魂,虽然那是与一个有机体统一在一起的。"

后是"场","场"是当代科学中的基本实在,是某种有着位置与广延、可入性与不可分割性……的东西。因此,尽管有些时代误置,我们仍然可以把摩尔的"精神",至少是其最低的无意识层次,等同于某些类型的场。①

让我们回到摩尔。他愈是精确地确定精神这个概念,精神广延与空间的区分就愈加严格;和其他事物一样,精神处于空间之中,诸多概念以某种方式融合成神的广延或精神广延,被摩尔拿来与笛卡儿的物质广延相对立。现在,空间,或者说纯粹非物质的广延就与"自然精神"(spirit of nature)区别开来,后者弥漫和充满于前者之中,并且作用于物质,产生前面提到的那些非机械效应。它在精神存在的完美等级中处于最低等级。自然精神是②

> 一种无形的、但没有感官或判断的实体,它弥漫于宇宙所有物质当中,并根据所作用部分的种种倾向和情况来施加一种塑性力,通过引导物质的各个部分及其运动,在世界中引发一些不能被分解为纯机械力的现象。

摩尔对不能由纯机械力解释的众多现象都有了解,其中也包括共感疗法(sympathetic cures)以及弦的共鸣(不用说,摩尔是一个相当差劲的物理学家),但其中最重要的是重力。摩尔遵循笛卡儿的做法,不再把重力当作物体的一个本质属性,甚至像伽利

---

① 另参见 Markus Fierz, "Ueber den Ursprung und Bedeutung von Newtons Lehre vom absoluten Raum," pp.91 sq.

② Henry More, *The immortality of the soul*, b.Ⅲ.c.Ⅻ, §1, p.193.

略那样,把它当作物质的一种无法解释但却真实的倾向。但是对于重力的解释,他既没有接受笛卡儿的观点,也没有接受霍布斯的观点。(在这一点上他是正确的。)重力不能纯粹通过力学来解释,因此,倘若世界上没有其他类型的非机械力,一旦物体没有依附于我们这个运动的地球,它们就不会停留在地面上,而是会飞散于太空中。但实际情况并非如此,这就证明了自然之中存在着一种"超机械的"、"精神的"作用。

于是,摩尔在《灵魂不朽》一书的序言中写道:①

> 我不仅反驳了他们[笛卡儿和霍布斯]的推理,还根据得到广泛承认且为经验确证的机械原理证明了,石头、子弹或其他任何这类重物的下落是完全违背力学定律的;根据这些力学定律,如果在空中放开这一重物,除非有某种非机械力阻碍它运动,并迫使其向下落向地球,它必然会远离地球,从我们的视野中消失,直至天空中最遥远的地方。所以很显然,我们并非随随便便地引入一种本原,而是证明中无法否认的证据迫使我们接受它。

事实上,《无神论的解毒剂》已经指出,向上抛射的石头和子弹都会回到地面;然而根据运动定律,它们却不应如此,这是因为,②

---

① Henry More, *The immortality of the soul*, preface, § 12, p.12.
② Henry More, *An antidote against atheisms*, c.Ⅱ, c.Ⅱ, § 1, p.43.

第六章 上帝与空间、精神与物质

……下面让我们更仔细地考虑，大颗子弹（铅制或铜制）在脱离地表时必定会产生的拖曳力有多大（根据直线运动的基本力学定律）。此时子弹运动很快，每分钟将会飞离15英里左右。虽然物质的基本力学定律将驱使子弹远离地面，但必定要有一种神奇的力量来限制和调节这颗子弹，或是将其送回地球并使之落在地上。由此显明的不仅是自然精神的不可分割性中非凡的统合力量，而且还显示存在着一个无所不包的永恒议会，它执行强制性的甚至是蛮横的命令，要把宇宙中物质的运动安排引导至最佳状态。就万物的状态而言，重力现象的结果是如此良善和必要，以至于没有它就不可能有地球和居民。

的确，如果没有非机械本原的作用，那么宇宙中的所有物质都将分裂溃散；甚至不再会有物体存在，因为再没有什么东西能将构成物体的最终微粒结合起来。当然，这样也就不会再有那种有目的的组织的任何迹象，也就是那种不仅在动植物等等之中，而且也在我们太阳系的安排之中显现出来的有目的的组织。作为神的意志的一个工具，自然精神本身并无意识，但所有这一切都是它的伟绩。

关于那种遍布整个宇宙并且在无限空间中延伸自己的自然精神，我们就说这么多。但这个空间本身又是什么呢？对于这个若非无限（即必然）我们就无法设想的空间，这个无法"不想象"（disimagine）的空间（这印证了空间的必然性），我们又当如何来理解呢？既然是非物质的，它就必定会被看成精神。但它是一种相当独特的"精神",对于它的确切本性,摩尔也不是十分肯定。虽然摩尔显然倾向于一种非常确定的解决方案,即将空间与神的广延本身等同起来,但他对此有点信心不足。他写道:①

> 倘若没有物质,而只有无边的神的实体凭借其无所不在而占据一切,那么我也许可以这样说,他那不可分的实体的复制品(reduplication)*——神凭借它而无处不在——就是那种散布的主体和可测量性……

为此,笛卡儿主义者需要物质的存在,他们断言只有物质广延才能被测量,而这一断言将不可避免地导致物质的无限和必然存在。但是为了测量,我们并不需要物质,摩尔继续说:②

> 进一步说,对这一无限广度和可测量性(我们无法不想象,它必然存在)的持续观察,带给我们心灵的也许只是那个必然而自存的实体的一个较为粗糙模糊的观念,而上帝的观念却更为充分和分明地向我们展现了这一实体。因为很明显,我们的想象并非把这种空间观念划拨给有形物质,因为它不能自然地设想空间观念中有何不可入性或可触性;因此,与其说空间属于物体,还不如说属于精神。因此,就像我

---

① Henry More, *An antidote against atheisms*, Appendix (of 1655), cap. Ⅶ, §1, p.163.

* 即空间。——译者注

② Henry More, *An antidote against atheisms*, Appendix (of 1655), cap. Ⅶ, §1, p.163.

已经说过的那样,这种上帝观念能够正当而且必然地将这一较为粗糙的空间观念投射到那无限和永恒的精神——上帝——之上。

还有另外一种方法来回答这个反驳,即这种对空间的想象不是对任何真实事物的想象,而只是对物质无限的潜在可能性的想象。我们无法使自己的心灵免于这样的想象,而是必须承认,不论这一有形物质是否真的在那里,它的确有可能被我们向上、向下、用无限多种方式进行测量;尽管物质的这种潜在性和空间可以由弗隆*、英里或其他单位来测量,但这并不意味着有真实的实体或存在,就像一个人在列举事物的诸多可能次序和种类时,对它们的计数也不意味着事物的现实存在一样。

但是,如果笛卡儿主义者进一步力劝我们,坚持认为不可能测量虚空的无,①

>……那么,我们可以回答说:距离并非事物真实的或物理的属性,而只是观念上的;这是因为,即使没有对距离增加的事物做任何事,事物还是可以或多或少地增加距离。
>
>如果他们仍然进一步极力主张……距离必定是某种真实的东西……那么我会简短地回答说,距离只不过是触觉统

---

* 弗隆(furlong),原文误为 furlough,是长度单位,等于 1/8 英里或 201.17 米。——译者注

① Henry More, *An antidote against atheisms*, §§4, 5, 6, pp.164 sq.

合的缺乏,距离越大,缺乏就越大……;这一触觉统合的缺乏是由部分来衡量的,就像质的缺乏由程度来衡量一样;像部分和程度这样一些概念无论在何处都不是真实事物本身,而只是我们设想它们的模式,因而我们既可以把它们用于存在的东西,也可有用于不存在的东西。

然而即使这样还不令人满意,它也无损于我们的主张。因为即便在这个世界中除去有形物质,仍然会有空间和距离;只要其存在,物质就会被认为存在于其中。这一距离空间必定是某种东西,但却不是物质的,因为它既非不可入,也不可触;那么它必定是一种无形的、必然永恒自存的实体;那个更加清楚的关于一个绝对完美的存在的观念,将会更充分、更适时地告诉我们,它就是自存的上帝。

我们看到,在1655年和1662年,摩尔在对空间问题的各种解决方案之间犹豫不决。十年后他做出了决定,《形而上学手册》(1672)一书不仅反驳了所有可能的敌手,断言无限虚空的真实存在是一切可能存在的真正前提,甚至还将其视为非物质实在(因而也就是精神实在)的最佳和最明显的例子以及形而上学的首要(虽然不是唯一的)主题。

于是摩尔告诉我们,"证明无形事物的第一方法"必须建立在①

---

① *Enchiridium metaphysicum*, part Ⅰ, cap. Ⅵ, v.42.

……对某种不动的有广延的[东西]不同于可动物质的证明之上,这种有广延的东西通常被称为空间或内在处所。正如许多人所断言的那样,它是某种实在而非想象的东西,我们稍后将通过各种不同论证来证明这一点。

摩尔似乎已经完全忘记了自己拿不准这一问题,无论如何,他没有提及这一点。他继续说道:①

首先,它非常明显,几乎无须证明,因为几乎所有哲学家,甚至是所有一般的人,尤其是那些相信物质是在某一时刻被创造出来的人,他们的观点都确证了这一点。我们必须要么承认除物质之外还存在着某种有广延的[东西],要么承认上帝不能创造有限的物质;实际上,我们只能想象四周被某种无限延展的东西包围的有限物质。

如我们所见,笛卡儿仍然是摩尔的主要对手;实际上,正如摩尔当时看到的那样,笛卡儿否认虚空和精神广延,实际上也就是从他的世界中排除了精神、灵魂甚至上帝,笛卡儿根本就没有为它们留出任何位置。至于"哪里?"这一可能涉及任何真实存在——灵魂、精神、上帝——的基本问题,摩尔相信自己能够给出确切的回答(此处、它处、或者——对于上帝而言——各处),而笛卡儿却不得不根据他的原理回答说:无处(nowhere)、零处(nullibi)。

---

① *Enchiridium metaphysicum*, part Ⅰ, cap. Ⅵ, v.42.

因此,尽管笛卡儿发明或完善了关于上帝存在的卓越的先天证明(这被摩尔热情拥护,终生不渝),但他的学说却导向了唯物论,并且因为把上帝从世界中赶出去而导向无神论。从那时起,笛卡儿和笛卡儿主义者便遭到无情的批判,也背上了否认精神存在者(*nullibists*)这一嘲弄性的恶名。

摩尔所要对抗的不只是笛卡儿主义者,他还要对付亚里士多德的残余势力,这些人相信世界有限,而且否认世界之外存在着空间。为此,摩尔重新启用了中世纪的一些古老论证,这些论证曾被用来证明亚里士多德的宇宙论同上帝的全能不一致。

当然,毫无疑问,如果世界是有限的,且为一个在此之外没有空间的球形表面所限,①

> 那么就会得出,第二,即使是神的全能也不能使这个有形的有限世界在其最表面处有高山或峡谷,也就是任何隆起或凹洞。
>
> 第三,上帝绝不可能去创造另一个世界,甚至不会同时创造两个小铜球来代替这两个世界,因为那样一来,其平行轴的极点将会由于缺少居中的空间而重合在一起。

而且,即使上帝能用这些紧紧聚在一起的小球创造出一个世界(姑且不论它们之间的空间将是虚空这一困难),他也无法让它们动起来。摩尔非常正确地认为,这些结论是根本无法理解的。

---

① *Enchiridium metaphysicum*, part Ⅰ, cap. Ⅵ, v.42.

然而，摩尔坚持世界"之外"存在着空间，这显然不仅针对亚里士多德主义者，而且也针对笛卡儿主义者。他希望向笛卡儿主义者证明，这个物质世界可能有界限，同时还是可测量的，也就是说有维度（现在已完全不再把维度仅仅视为"观念上的"的规定）存在于虚空中。摩尔在青年时代曾经是世界（而且是多重世界）无限性学说的热情拥护者，现在却似乎变得越来越与之敌对，想要回到"斯多亚派"那种无限空间之中有一个有限世界的构想，或至少是愿意成为一个半笛卡儿主义者，但拒绝笛卡儿对物质世界的无限化。他甚至走得更远，以至于赞同地引用笛卡儿在世界的无定限和上帝的无限之间所做的区分。当然，他将这一区分解释为世界的实际有限性与空间的无限性之间的对立。显然，发生这些转变是因为他现在比二十年前更能理解笛卡儿这一区分的确切理由：无限蕴含着必然，一个无限的世界将是一个必然的世界……

但我们还是不要提前说这么多吧。让我们转到另一派哲学家，他们既是摩尔的敌人又是其盟友。①

但是，那些不相信创造物质的哲学家们却也承认空间[的存在]，比如留基伯、德谟克利特、德梅特里奥斯（Demetrius）、梅特罗多洛斯（Metrodorus）、伊壁鸠鲁以及整个斯多亚派。有些人也将柏拉图归入其列。至于亚里士多德，他将"处所"（Locus）定义为物体周围最近的表面，但事实上他又

---

① *Enchiridium metaphysicum*, cap. Ⅵ, 4, p.44.

把不可能属于任何物体而只属于物体所占据的空间的属性——均等性和不动性赋予了处所,他的许多弟子都正确地认识到了他的这种不一致,因此在这一问题上抛弃了他的概念。

此外,值得一提的是,那些认为世界有限的哲学家(如柏拉图、亚里士多德和斯多亚派)都承认空间在世界之外或者超越于世界;而那些[相信]世界无限和物质无限的哲学家(如德谟克利特和所有支持原子论哲学的古代人)却主张,甚至在世界之内也有一个混合的真空,以至于真空的存在似乎已经为如下自然证据完全证实了,即存在着与尘世物质截然不同的间隔或空间($\delta\iota\alpha\sigma\tau\eta\mu\acute{\alpha}\ \tau\iota\ \chi\omega\rho\zeta o\upsilon$)。这一结论已为后人所熟知。至于斯多亚派,普鲁塔克证实他们并不承认世界之内有任何虚空,而只承认世界之外的无限虚空。柏拉图在《菲德罗篇》(*Phaedrus*)中把最纯粹的灵魂安置在最高的天界上方,那里有一个超天界的处所(*Supracelestial place* [*locus*]),它大概就是神学家中圣徒们的居所。

由此可见,既然承认无限空间似乎是人们的共识,而只有少数例外,那么坚持它并使之成为讨论和证明的对象也许就没什么必要了。因此,摩尔解释说:①

要不是迫于笛卡儿的大名,我肯定会为在这么容易的问

---

① *Enchiridium metaphysicum*, cap. IV, 11, p.51.

题上花费如此长的时间讨论而感到羞愧。笛卡儿让那些不甚谨慎的人如此着迷,以至于当《哲学原理》同他们的想法相对立时,他们宁肯对笛卡儿暴跳如雷,也不愿屈服于这些论证。在笛卡儿本人提到的最为重要的[信条]中,有一条是我[在别的地方]努力驳斥的,即他认为即便凭借神的效力,宇宙中也不可能存在任何实际上不是任何物质或物体的间隔。我始终认为这一观点是错误的,而且现在我还要指责这种说法是不虔敬的。为了彻底克服这一观点,我将指出并揭示笛卡儿主义者为了躲避我的证明力量所作的全部托辞,并将予以回应。

我必须承认,摩尔对"笛卡儿主义者用来躲避他先前论证力量的主要手段"的回答有时非常可疑,而"对它们整体的反驳"往往也不见得比他的其他一些论证更好。

我们知道,摩尔是一个差劲的物理学家,他有时并不能理解笛卡儿所用概念的精确含义,比如运动的相对性。然而,他对这个概念的批评却极为有趣,而且归根到底也是正当的。①

躲避我们证明力量的第一种途径源于笛卡儿对运动的如下定义:一切运动,乃是一个物体从与之直接接触并被视为静止的那些物体的邻域(vicinity),转入其他物体的邻域。②

---

① *Enchiridium metaphysicum*, cap. Ⅶ, 3, p.53.
② 笛卡儿的这一定义见 *Principia philosophiae*, part Ⅱ, §25。

摩尔反驳说，由这一定义将会推出，紧紧楔在旋转的大圆柱体圆周和轴之间某处的一个小物体将会是静止的，而这种说法显然是错误的。何况，在这种情况下，这个小物体虽然保持静止，却可以接近或远离旋转圆柱体之外的一个不动物体 P。而这是荒谬的，因为"它假定一个物体可以接近另一个静止的、没有位置运动的物体"。

摩尔因此总结说：①

......笛卡儿先前所下的定义是毫无根据的，它同可靠的证明相左，因而显然是错误的。

摩尔的错误是显然的。事实很清楚，如果我们接受笛卡儿运动相对性的概念，那么我们就不再有任何权利说物体绝对地"运动"或"静止"，而是必须增加该物体所参考的点或参考系，只有相对于它们才能说物体是处于静止还是运动。因此，同一物体既可以相对于其周围物体处于静止，又可以相对于一个更远的物体在运动，这样说并不矛盾，反之亦然。然而，摩尔的以下说法是完全正确的：至少在我们不想把自己局限在纯运动学，而要去处理真实的物理对象时，把运动的相对性拓展至旋转是不正当的；不仅如此，由于比亚里士多德主义者更坚持参考点的邻近性，笛卡儿的定义也是错误的，而且与相对性原理本身不相容。顺便说一句，笛卡儿想出这个观点极有可能不是出于纯科学的推理，而是

———————
① *Enchiridium metaphysicum*, c. Ⅶ, v.7, p.56.

为了避免必然地断言地球运动,并因此能够(言不由衷地)肯定地球在其涡旋中处于静止。

摩尔反对笛卡儿运动相对性(或摩尔所说的运动的"相互性")的第二个论证几乎是一样的。他宣称:①

> 笛卡儿对运动的定义其实是对位置的描述;如果运动是相互的,那么这一特性将会迫使物体通过两个相反的运动而运动,甚至是迫使其既运动又不运动。

举例来说,有三个物体 CD、EF、和 AB,现在 EF 朝 H 运动而 CD 朝 G 运动,AB 保持固定于地面上。如此一来,AB 没有运动,同时又运动,还有什么能比这更荒谬的呢?

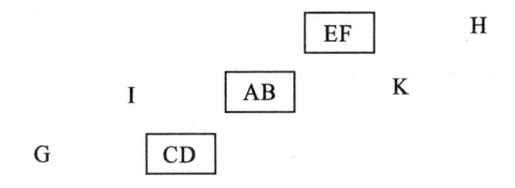

```
              EF      H
      I    AB     K
   G     CD
```

> 笛卡儿的运动定义同灵魂、感觉、想象和理性的所有能力相矛盾,

这难道不是很明显吗?②

摩尔显然没能把运动概念转变成一种纯关系的概念。他觉

---

① *Enchiridium metaphysicum*, c.Ⅶ, 6, p.55.
② *Enchiridium metaphysicum*, c.Ⅶ, 6, p.55.

得当物体运动时,即使我们把物体视为相对于彼此而运动,但至少对其中某物而言,它的运动是单边的而非相互的:它实在地运动了,也就是说改变了它的位置、它的内在处所。必须相对于这个"位置"而非任何其他位置来考察运动。因此:①

> 笛卡儿主义者假定位置运动是相对于物体所不在的位置,而不是相对于物体所在的[位置],这是荒谬的。

换句话说,相对运动蕴含绝对运动,而且相对运动只能基于绝对运动和绝对空间才能被理解。的确,当圆柱体作圆周运动时,其内部所有的点不仅相对于其周围表面或外面的某物改变着位置,而且还穿过某一广延,在此不动广延中描出一条轨线。物体并不随身携带自己的位置,而是从一个位置运动到另外一个位置。物体的位置(它的内在处所)并不是物体的一部分,而是与物体完全不同的一种东西。它也绝不仅仅是物质的一种潜能,潜能无法脱离实际存在的物体,而是一种独立于物体的东西,物体在它之中并且在其中运动。正如霍布斯博士试图断言的,它确实不仅仅是"幻象"。②

就这样,摩尔令自己满意地为不同于物质的空间概念建立了完全的正当性和有效性,并且驳斥了笛卡儿在其"广延"概念中将空间与物质合为一体的做法。摩尔继续讨论如何确定相应实体

---

① *Enchiridium metaphysicum*, c.Ⅶ, 6, p.55.
② *Enchiridium metaphysicum*, c.Ⅶ, 6, p.55.

的本性及其本体论地位。

"空间"或"内在处所"是某种有广延的东西。正如笛卡儿主义者相当正确地断言的那样,广延不可能是无的广延:两个物体之间的距离是某种真实的东西,至少是一种蕴含在真实基本事物(*fundamentum reale*)之中的关系。另一方面,笛卡儿主义者错误地认为虚空是无。虚空的确是某种东西,这甚至不成问题。它不是幻想或想象的产物,而是一种完全真实的东西。古代原子论者断言它是实在的,并称它为可理解的,这是正确的。

还可以用另一种稍加不同的方式来证明空间的实在性。可以肯定的是:①

> ……任何主体的真实属性只有在某个真实主体承载它的地方才能发现。但广延是一个真实主体(即物质)的真实属性,然而[这一属性]却在其他地方[即没有物质在场的地方]被发现,而且不依赖于我们的想象。的确,我们无法不设想某种遍布无限中每一事物的不动广延始终存在着,并且将永远存在下去(无论我们是否思考它)。[它]与物质截然不同。
>
> 由于广延是一种真实的属性,所以必定有某种真实的主体去承载它。这一论证十分可靠,以至于不可能再有比它更强有力的论证了。如果这一论证失败,我们便根本不能确定自然中存在着任何真实的主体。的确,假如这样的话,真实

---

① *Enchiridium metaphysicum*, c. Ⅷ, 6, p.68.

属性在没有任何真实主体或实体来承载它们的情况下出现就是可能的了。

摩尔是完全正确的。在传统本体论（17世纪还没有人能够肆意到胆敢拒斥它，或者用一种新的本体论取而代之[也许只有伽桑狄是例外，他宣称空间和时间既非物质亦非属性，而就是空间和时间]）的基础上，他的推理完全无懈可击。属性蕴含着实体，它们不能在世界中不受约束地单独游荡，也不能没有承载而存在，就像柴郡猫咧嘴嬉笑一样，* 因为这就意味着它们是无的属性。即使是像笛卡儿那样断言属性向我们揭示了其实体的本性或本质（摩尔坚持旧有观点，认为并没有揭示），从而改变了传统本体论的人，也仍然坚持着这一基本关系：没有真实的实体就没有真实的属性。因此，摩尔指出他的论证建立在与笛卡儿的论证完全相同的模式之上，这是完全正确的。①

……此证明方法与笛卡儿用于证明空间是一实体的方法完全相同，只不过笛卡儿错误地断言空间是一种物质实体。

而且，摩尔从广延推导出承载它的实体的过程与笛卡儿的推

---

* 源自于英国作家刘易斯·卡洛尔（Lewis Carroll，1832—1898）的童话《爱丽丝漫游奇境记》第六章。在小说里，柴郡猫在咧嘴嬉笑的时候，身子逐渐消失。——译者注

① *Enchiridium metaphysicum*, c.Ⅷ, 7, p.69.

导完全类似,

> ……只不过他[笛卡儿]的目标和我不同。实际上,笛卡儿通过这个论证所力图断言的是,那种被称为虚空的空间就是被我称为物质的那种有形实体。我则恰好相反,因为我已经清楚地证明了空间或内在处所根本不同于物质,并由此推断出它是某种非物质的主体或精神,如毕达哥拉斯主义者曾经断言的那样。因此,笛卡儿主义者想通过一扇门把上帝从世界中逐出去,我则力争将上帝从那扇门引回来(我相信自己胜券在握)。

总之,笛卡儿寻找实体以承载广延是正确的,但却错误地把物质当成了所要寻找的实体。那种包围和遍及万物的无限的有广延的东西的确是一种实体,但它不是物质,而是精神;不是某一精神,而就是那个精神,即上帝。

的确,空间不仅是真实的,而且还是某种神圣的东西,为了让我们相信它的神性,我们只要考察它的属性就够了。于是摩尔继续①

> 列举出形而上学家们赋予上帝的大约20个名号,这些名号也适合于这种不动的有广延的[东西]或内在处所。
> 当我们列举出适合于它的那些名号时,这种无限的、不

---

① *Enchiridium metaphysicum*, c.Ⅷ, 8, pp.69 sq.

动的有广延的[东西]似乎就不仅仅是某种真实的东西(如我们已指出的那样),而且还是某种神圣的东西(必定可以在自然中发现)。这就使我们进一步确信它不可能是无,因为如此众多的高贵属性所归属的东西不可能是无。下面就是形而上学家特别归属于第一存在的属性,如:一、单纯的、不动的、永恒的、完全的、独立的、自存的、自持的、不可朽的、必然的、无际的、非受造的、不受限制的、不可理解的、无所不在的、无形的、无所不入的、无所不包的、依凭本质而存在的、现实的存在、纯行动。

至少有20个名号是用来指称Divine Numen(神的在场)的,它们也非常适合于这种无限的内在处所,我们已经证明了它在自然中的存在。不仅如此,犹太秘教哲学家也把Divine Numen称为MAKOM,即处所。如果有这么多名号的东西到头来竟被证明只是纯粹的无,那可真是件怪事。

的确,如果一个永恒的、非受造的、自存的东西最终竟会沦为纯粹的无,那可真是令人惊讶。随着摩尔对上面所列出的种种"名号"进行分析,这种印象还会不断加强。他继续逐一地考察它们:①

这种区别于物质的无限的有广延的[东西]如何是一、单纯的和不动的。

---

① *Enchiridium metaphysicum*, c. Ⅷ, 9, p.70.

第六章 上帝与空间、精神与物质

让我们考察个别的名号并注意它们的一致性。这种区别于物质的无限的有广延的[东西]被正当地称为"一",不仅因为它是某种同质的、处处与自身相似的东西,而且还因为绝对不可能存在多个这样的一,这个一也不可能变成多,因为它没有由以组成的、或在物理上真实地分割或压缩成的物理部分。它的确是内在的,如果你愿意,也可以称它为最内在的处所。由此可见,它很适合被称为单纯的,因为正如我所说,它没有物理部分。至于逻辑上的种种划分,绝对不会有什么东西能够如此单纯,以至于在它之中找不到这些划分。

从单纯性中很容易推出它的不动性。任何并非由部分积累而成、或是以某种方式浓缩或压缩的无限的有广延的[东西]都不可能运动,无论是局部的还是整体的,因为它是无限的;它也不[能被]压缩到更小的空间中去,因为它无法被压缩,也不可能放弃它的处所,这是由于此无限就是一切事物最内在的处所,在它之内之外什么都没有。如果某物被移动了,从这一事实出发我们立刻就认识到,被移动的不可能是我们所说的这一无限的、有广延的[东西]的任一部分。因此,它必定是不动的,这一属性被亚里士多德颂为第一存在的最高属性。

绝对空间是无限的、不动的、同质的、不可分的和唯一的。斯宾诺莎和马勒伯朗士(Malebranche)几乎与摩尔同时发现了这些重要属性,这些属性使他们能够将广延(一种可理解的广延,不同于我们想象中和感官上的广延)置于他们各自的上帝之中;一百年后,这些属性又被康德重新发现,不过康德和笛卡儿一样也漏掉了不可分性,因此他无法将空间同上帝联系起来,而不得不将它交由我们自己照管。

不过,我们似乎离题太远了。让我们回到摩尔,回到他的空间。①

> 称空间为永恒的的确很合适,因为我们只能设想这个单一的、不动的、单纯的[东西]过去一直存在,将来也会一直存在下去。但是对于运动者,或者有其物理部分、可被浓缩或压缩成各个部分的东西却并非如此。因此,永恒,至少是这一必然的永恒,也蕴含着事物完美的单纯性。

于是我们得知,空间是永恒的,因而不是被创造的。但空间中的事物却不具有这些属性。恰恰相反:它们是暂时的、可变的,上帝在永恒时间的某一时刻将其创造于永恒的空间之中。

空间不仅是永恒的、单纯的和单一的,而且还是②

> ……完全的,因为为了形成一个东西,它并不需要同其他任何事物相联合;否则,它将同时和该事物一起运动,而对于永恒的处所来说情况却并非如此。
> 实际上,它不仅是永恒的,而且也是独立的。它不仅独

---

① *Enchiridium metaphysicum*, c.Ⅷ, 10, p.71.
② *Enchiridium metaphysicum*, c.Ⅷ, 11, p.72.

立于我们的想象,如我们已经证明的那样,而且也独立于任何其他事物。它不与任何其他事物相关联,也不为它们所承载,而是作为所有[事物]的场地和处所来容纳和承载它们。

空间必须被认为是自存的,因为它完全独立于任何其他事物。关于这一事实,有一个非常明显的迹象,那就是,虽然我们可以设想所有其他事物都是实际可毁灭的,但我们无法设想或想象这一无限的、不动的、有广延的[东西]是可毁灭的。

的确,我们不能"不想象"空间,或者认为它不存在。我们可以想象或想到物体从空间中消失,却不能想象或想到空间本身消失,因为空间是我们思考任何事物存在或不存在的必要前提。①

很明显,它是无际的和不受限制的,因为无论我们想象它的尽头在何处,我们都不得不设想一个超越这些尽头的更远的广延,如此以至于无限。

由此我们认识到它是不可理解的。的确,一个有限的心灵怎么可能理解不被任何界限所包含的东西呢?

在这里,摩尔本可以告诉我们他正在运用笛卡儿的一个著名论证(当然是出于不同的目的),笛卡儿曾想用它来证明物质广延的无定限。然而,摩尔或许已经感到,无论是该论证的目的还是

---

① *Enchiridium metaphysicum*, c. Ⅷ, 12, p.72.

意义，都与笛卡儿的相对立。的确，摩尔使用"无穷倒退"(*progressus in infinitum*)不是为了否认，而是为了断言这种广延实体绝对的无限性，这一实体①

>……也是非受造的，因为它是一切之首，它依凭自身(*a se*)且独立于其他任何事物。它是无处不在的，因为它是无际或无限的。但它是无形的，因为它穿透物质，尽管它是一实体，是一种在自持的存在。
>
>不仅如此，它还是遍布一切的，因为它是某种无际的、无形的[东西]，在其无际中包含所有个别[事物]。
>
>甚至可以称它为与依凭分有而存在相对的依凭本质而存在，因为依凭自身而存在和独立存在，是指它不从其他任何事物那里获得其本质。
>
>此外，称其为在积极活动中(*being in act*)也是恰当的，因为只能设想它没有原因而存在。

摩尔所列举的这些上帝与空间的共同"属性"相当精彩，我们不能不同意它们搭配得实在很好。这也难怪，因为这些属性毕竟都是关于绝对者的形式上的本体论属性。不过我们必须看到，摩尔的理智能量使他不能在由他的前提所得出的结论面前退却，他的勇气促使他向世界宣告了上帝的空间性和空间的神性。

这个结论是他无法避免的。无限蕴含着必然。无限空间是

---

① *Enchiridium metaphysicum*, c.Ⅷ, 12, p.72.

绝对空间,甚至就是一个绝对者。但是,不可能有两个(或许多)绝对且必然的东西。由于摩尔不能接受笛卡儿关于空间广延是无定限的解决方案,而必须使之成为无限,于是摩尔便面临一个两难困境:要么让物质世界成为无限,使之依凭自身,不需要、甚至也不承认上帝的创造行动;也就是说,最终干脆不需要、甚至不承认上帝的存在。

要么把物质和空间分离(这也是他实际做的事情),将空间提升到上帝的一种属性和一个器官的尊贵地位,上帝在空间之中并通过空间来创造和维系他的这个在空间和时间上都有限的有限世界,因为无限的造物是一个完全矛盾的概念。摩尔承认自己在年轻时没有认识到这一点,那时他受狂热的诗情驱使,在《柏拉图主义者德谟克利特》一文中吟咏世界的无限性。

证明物质世界在时间中有限并不困难。在摩尔看来,只要考虑以下这一点就足够了:任何事物,如果在它成为"现在"之后没有变成"过去",那它就不可能属于过去;如果一个事物在成为"现在"之前没有属于将来,那它就不可能成为"现在"。由此可见,所有过去的事物都曾在某一时刻属于将来,也就是说,存在着这样一个时间,那时所有事物都还不是"现在",都还不存在;一切事物都还处在将来,都还不是现实的。

然而,要想证明(物质)世界的广延在空间上有限就困难多了。大多数声称支持有限性的论证都相当弱。但我们可以证明,物质世界必定、或至少能够有终点,因而不是真正无限的。

为了不掩饰任何东西,这似乎就是证明世界的物质不可能绝对无限,而只能是无定限(如笛卡儿在某处所说的那样)的,从而把"无限"这一名称仅仅留给上帝的最佳论证。上帝的延续和广度也必须被断言为无限。这两者的确都是绝对无限的,而世界的延续和广度却只是无定限的……也就是说,其实是有限的。由此,上帝便被恰当地即无限地升至宇宙之上,而且不仅被理解为比世界还古老的无限永恒,而且也被理解为比世界更大、更广阔的无限空间。

圆已经闭合。这个被摩尔归于笛卡儿(尽管是错误地归于)并曾在年轻时激烈批判过的观念反倒证明了自己的优点。现在摩尔认识到,一个处于无限空间之中的、不受限定地巨大但却有限的世界,是唯一能使我们维持"偶然的受造世界"与"永恒而依凭自身的上帝"之间区分的想法。

然而,出于一种奇特的历史反讽,对摩尔而言,无神的原子论者的虚空(κενόν)却成了上帝自身的广延,也就是他在这个世界中行动的那个条件。

第七章　绝对空间、绝对时间及其与上帝的关系

——马勒伯朗士、牛顿和本特利

我已在上文说过，但我想再强调一下，摩尔关于空间是上帝的一种属性的观念，绝不是一种偏离正轨的、匪夷所思的发明，也不是失落在新科学世界中的一种新柏拉图主义的神秘"幻想"。恰恰相反，就其基本特征而言，它是那个时代认同新科学世界观的许多大思想家的共同主张。

斯宾诺莎自不用说。虽然斯宾诺莎否认虚空存在，而且坚持笛卡儿把广延与物质等同的看法，但他还是小心地区分了两种广延：一种是赋予感官并以想象呈现的广延，另一种是凭借理解力把握的广延——前者是可分的、可运动的（对应着笛卡儿的无定限延展的世界），构成了这个持续而多样的不断变化的有限世界；后者则是真正完全无限的，因而也是不可分的，它构成了那个依凭自身而存在的上帝的永恒而本质的属性。

无限不可避免地属于上帝，不仅是斯宾诺莎的那位非常可疑的上帝，而且还有基督教的上帝。因而，不仅斯宾诺莎这位毫不

虔敬的荷兰哲学家,而且连马勒伯朗士这位已经把握了几何空间本质无限性的极为虔敬的神父,也不得不把无限与上帝相关联。在马勒伯朗士的《基督徒的沉思》(Christian Meditations)①一书中,基督以一个对话者的身份出现,按照基督自己的说法,几何学家的空间或马勒伯朗士所说的"理智广延"是

> ……永恒的、无际的、必然的。它是神的无际性,能被有形的造物无限分有,是无限物质的代表;简而言之,它是可能世界的理智观念。它是当你思考无限时,你的心灵所沉思的东西。正是通过这种理智广延,你才认识了这个可见世界。

当然,马勒伯朗士并不想把物质归于上帝,并用摩尔和斯宾诺莎的那种方式把上帝空间化。因此,他把空间的观念、亦即他置于上帝之中的"理智广延",同上帝所创世界的粗重的物质广延区别开来:②

> 但你必须区分两种广延:一种是理智的,另一种是物质的。

理智广延是"永恒的、必然的、无限的",而③

---

① 参见 Nicolas Malebranche, *Méditations chrétiennes*, méd. IX, §9, p.172, Paris, 1926。关于马勒伯朗士,参见 H. Gouhier, *La philosophie de Malebranche*, Paris, 1925。

② Nicolas Malebranche, *Méditations chrétiennes*, méd. IX, §9, p.172.

③ Nicolas Malebranche, *Méditations chrétiennes*, méd. IX, §10, p.173.

……另一种广延则是受造的。它是建造世界的物质……这个世界有始有终,它必定有某些界限……理智广延则显现为永恒的、必然的、无限的;相信你所看到的,但不要相信世界是永恒的,或者构成世界的物质是无际的、必然的、永恒的。切莫把只属于造物主的属性归于造物,也不要把我的[基督的]实体同我的作品相混淆,前者是上帝因其存在的必然性而产生的,后者则是我和圣父、圣灵通过一种完全自由的操作而创造的。

正是由于混淆了理智广延和受造广延,一些人才会断言世界是永恒的,并且否认它是上帝所造。因为,①

还有一个原因引导人们相信物质不是被创造的;的确,当人们思考广延时,会不由自主地将它看成一种必然的东西。因为他们设想世界已被创造于无际的空间中,这些空间没有开端,就连上帝也无法摧毁它们。这样一来,由于混淆了物质与空间,把物质仅仅当作空间或广延,他们就把物质视为一种永恒的存在。

事实上,这个错误是相当自然的,马勒伯朗士没有忘记向他的神主(Divine Master)指出这一点;当然,他承认他的疑虑被打

---

① Nicolas Malebranche, *Méditations chrétiennes*, méd. IX, §8, p.171sq.

消了,他现在看到了这个以前没有注意到的区分。然而,①

> 我祈求你,难道我没有理由相信广延是永恒的吗?难道一个人不应根据他自己的观念来判断事情吗?或者还有可能以其他方式做出判断?再者,既然我会不由自主地把理智广延看成无际的、永恒的、必然的,难道我没有理由认为物质广延也有同样的属性吗?

绝对不能。虽然马勒伯朗士(在对话中扮演门徒的角色)暗示了笛卡儿的一个公理,根据这一公理,我们有权断言被我们清楚觉察到的观念所呈现的事物,然而,把无限和永恒赋予物质广延的推理却是不正当的。因此,神主这样回答:②

> 我亲爱的门徒,我们必须根据事物的观念来做出判断,我们只能据此来判断事物。但这关涉的是它们的本质属性,而不是它们的存在情况。既然你所拥有的广延观念向你呈现的广延是可分的、可运动的、不可入的,那就大胆地判断它本质上就具有这些属性。但是,切莫断定它是无际的或永恒的。它也许根本就不存在,或者可能拥有非常狭窄的界限。[对广延观念的沉思]并没有给你任何理由去相信哪怕一丁点物质广延的存在,尽管你心中已呈现出一个无限广大的理

---

① Nicolas Malebranche, *Méditations chrétiennes*, méd. IX, § 11, p.174.
② Nicolas Malebranche, *Méditations chrétiennes*, méd. IX, § 12, p.174 sq.

智广延；你更没有权利去断定世界就如一些哲学家所宣称的那样是无限的。也不要因为你把理智广延当成一个持续无始无终的必然存在，就断定世界是永恒的。因为你虽然应当根据呈现事物的观念来判断事物的本质，却不应据此判断其存在。

马勒伯朗士对话中的门徒心悦诚服——的确，在这样一位神主的教导之下，谁还会不信服呢？唉，可是别人并不信服。

阿尔诺（Antoine Arnauld）认为，马勒伯朗士对"理智广延"与"受造广延"的区分完全是伪造的，它只不过对应于笛卡儿对广延所作的区分：感官把握到的[真实]广延与作为纯粹理解力对象的真实广延。在他看来，马勒伯朗士的"理智广延"不过是物质宇宙的无限广延罢了。过了30年，德梅朗（Dortous de Mairan）又做了相同的责难，尽管他所采用的方式有所不同，而且更为辛辣：在他看来，马勒伯朗士的"理智广延"与斯宾诺莎的无甚区别。……①

然而，不仅哲学家或多或少地赞同摩尔的空间观，牛顿也是如此。鉴于牛顿在整个后续发展过程中无与伦比的影响，这一点的确格外重要。

乍看起来，把摩尔与牛顿联系在一起可能让人感到奇怪……

---

① 参见 Malebranche, *Correspondence avec J.J. Dortous de Mairan*, ed. nouvelle, précédée d'une introduction par Joseph Moreau, Paris, 1947。

然而，这种联系是完全有道理的。① 而且我们将会看到，摩尔的明确学说将会有助于我们理解牛顿思想的隐含前提。这种帮助十分必要，因为牛顿与摩尔、笛卡儿都不同，他既不像摩尔那样是一位职业形而上学家，也不像后者那样同为大哲学家和大科学家，而是一位职业科学家。尽管当时科学还没有完全从哲学中灾难性地分离出来，尽管物理学不仅被称作、而且也被看作"自然哲学"，但牛顿的主要兴趣的确是在"科学"领域，而非"哲学"领域。因此，他不是自认不讳地讨论形而上学，他需要形而上学只是为了建立一个基础，使之能对自然有意进行经验的和所谓实证的数学研究。因此，牛顿的形而上学声明并不多，而且，由于牛顿谨言少语的个性以及小心翼翼的文风，这些声明都相当含蓄谨慎。不过，它们还是足够清晰而不至于被其同时代的人所误解。

牛顿的物理学，或者更恰当地说，牛顿的自然哲学建立在绝对时间和绝对空间的概念基础之上。摩尔对笛卡儿发起的那场旷日持久的无情斗争正是为了这些概念。奇怪的是，笛卡儿关于这些以及相关概念只有相对性或关系性的思想竟然被牛顿斥为"粗俗的"、基于"偏见"之上。

于是，在《自然哲学的数学原理》(*Principia*)开头"定义"部分之后著名的"附释"中，牛顿这样写道：②

---

① 例如，可以参见 E. A. Burtt, *The metaphysical foundations of modern physical science*, New York, 1925; second ed., London, 1932。

② 参见 *Sir Issac Newton's mathematical principles of natural philosophy*, Andrew Motte 1729 年英译，Florian Cajori 校订, p.6, Berkeley, Calif., 1946。

迄今为止，我已对那些不太熟悉的词下了定义，并说明了我在下面论述中如何理解它们的意义。但我并没有对人所共知的时间、空间、位置和运动下定义。不过我必须看到，普通大众不是基于别的观念，而只是从这些量与可感事物的关系中来理解它们。这样就产生了某些偏见。而要想消除这种偏见，我们不妨把它们区分为绝对的和相对的，真实的和表观的，数学的和日常的。

于是，绝对的、真实的、数学的时间与空间——对牛顿而言，这些限定是等价的，而且确定了所讨论的这些概念以及与其相应的东西的本性——是与常识的时间与空间相对立的，我们已经在几个例子中看到了这种对立方式。事实上，它们也可被称为"理智的"时间与空间，从而与"可感的"时空相对照。的确，在"经验论者"牛顿看来，①"在哲学论述中，我们应当从我们的感官中抽离出来而只考虑事物本身，它们迥异于只是事物可感量度的东西"。因此，②

可能没有这样一种均匀运动的东西可以用来准确地测量时间。所有运动都可能是加速的或减速的，但绝对时间的流逝却不会有任何变化。无论其运动是快是慢，甚或根本不运动，事物存在的延续性或持久性总是一样的。因此，应该把延续性同仅仅是可感量度的东西区分开来。

---

① *Sir Issac Newton's mathematical principles of natural philosophy*, p.8.
② *Sir Issac Newton's mathematical principles of natural philosophy*, p.8.

时间不仅不与运动相关联(和之前的摩尔一样,牛顿也采取了反亚里士多德的新柏拉图主义立场),而且自身就是一种实在:①

> 绝对的、真实的和数学的时间本身,依其本性而均匀地流逝,与一切外在事物无关,

也就是说,时间并非如笛卡儿想让我们相信的那样,是某种仅仅属于外部物质世界的东西,以至于如果没有这个世界就不能存在,而是某种拥有其"自身本性"的东西(这是一个相当含混的危险说法,牛顿后来不得不把时空与上帝联系起来而加以修正),"也可以称之为延续性";也就是说,时间并非如笛卡儿想让我们相信的那样,是某种主观的、区别于延续性的东西(笛卡儿将延续性等同于受造物的真实量[amount of reality])。时间和延续性不过是同一种客观绝对的东西的两种称法而已。

当然,②

> ……相对的、表观的和日常的时间,是延续性的一种可感觉的、外部的(无论是精确的还是不均等的)、通过运动来进行的量度,我们通常就用小时、日、月、年等这些量度来代替真正的时间。

---

① *Sir Issac Newton's mathematical principles of natural philosophy*, p.6.
② *Sir Issac Newton's mathematical principles of natural philosophy*, p.6.

关于空间也是一样:①

> 绝对空间,就其本性而言与一切外界事物无关,处处相似,永不移动。

也就是说,空间并非笛卡儿那种动来动去的、被他等同于物体的广延,那顶多不过是相对空间,而笛卡儿主义者和亚里士多德主义者却都把它错误地当成了包含它的绝对空间。②

> 相对空间是绝对空间的某个可以运动的大小或部分,我们的感官通过它与物体的相对位置来确定相对空间,它通常被当作不动的空间。如地表以下、大气中或天空中的空间,就都是以其相对于地球的位置来确定的。绝对空间与相对空间在形状和大小上相同,但在数目上并不总是相同。

因为相对空间依附于物体,与物体一起穿过绝对空间。③

> 例如地球在运动,大气空间相对于地球总是保持不变,但在一个时刻大气通过绝对空间的一部分,而在另一时刻又通过绝对空间的另一部分,因此从绝对的意义上看,它总是

---

① *Sir Issac Newton's mathematical principles of natural philosophy*, p.6.
② *Sir Issac Newton's mathematical principles of natural philosophy*, p.6.
③ *Sir Issac Newton's mathematical principles of natural philosophy*, p.6.

可变的。

正如我们已经区分了不动的绝对空间和位于其中且在其中运动的相对空间,我们也必须区分物体在空间中占据的绝对位置和相对位置。于是,在阐述摩尔对此概念的分析以及他本人对于传统观念和笛卡儿观念的批评时,牛顿称:①

> 位置是物体所占空间的一部分,对应于空间的不同,它也有绝对与相对之分。我说的是空间的部分,而不是物体的情况,也不是其外表面。因为同等大小的立体,其位置总是相等;然而由于它们形状的不同,其表面也往往不等。确切地说,[地]点(positions)并无量可言;它们与其说是位置本身,不如说是位置的属性。整个物体的运动与其各部分的运动之和相同,也就是说,整个物体从其位置向外移动,与各部分从它们的位置向外移动之和是同一回事。所以,整个物体的位置也就与其各部分的位置之和相同,由于这个原因,位置是内在的,在整个物体之内。

于是,位置——处所——是某种在物体之中的东西,反过来,物体也在位置之中。并且,由于运动是物体改变其位置的过程,在运动中,物体不是带着位置一起运动,而是把位置留给其他物体,因此,绝对空间与相对空间的区别必然蕴含着绝对运动与相

---

① *Sir Issac Newton's mathematical principles of natural philosophy*, p.6.

对运动的区别,反之亦然:①

绝对运动是一个物体从某一绝对位置向另一绝对位置的移动,相对运动是从某一相对位置向另一相对位置的移动。比如在航行着的海船中,一个物体的相对位置就是这一物体所占据的船上的那个部分,或者是这一物体所填满的空隙,因而它是和船一起运动的;而所谓相对静止就是这一物体继续保持在船上的同一部分,或保持在它的空腔中不变。但真正的、绝对的静止,是指这一物体继续保持在不动的空间中的同一个部分而不动,而在这不动的空间中,船本身、它的空腔以及船所包含的一切却都在运动。因此,如果地球确实是静止的,那么相对于船静止的物体,就将真正和绝对地以船在地球上运动的速度运动;但如果地球也在运动,那么这一物体真正的和绝对的运动,一部分将由地球在不动的空间中真正的运动所引起,另一部分则由船在地球上的相对运动所引起;如果物体也相对于船运动,那么它真正的运动,将部分地由地球在不动的空间中真正的运动所引起,部分地由船在地球上以及物体在船上的相对运动所引起,而且由这些相对运动将形成物体在地球上的相对运动。比如,当船所在的地球上那个部分正以 10000 个单位的速度在真正向东运动,而帆满风顺的船正以 10 个单位的速度向西航行,船上一

---

① *Sir Issac Newton's mathematical principles of natural philosophy*,p.7. 笛卡儿在《哲学原理》中探讨了此航行者的例子(*Principia philosophiae*,Ⅱ,13,32)。

个水手正以 1 个单位的速度在向东走着；那么，这个水手就以 10001 个单位的速度在不动的空间中真正向东运动，而相对于地球则以 9 个单位的速度向西运动。

至于空间的内在结构，牛顿描述时所使用的术语很容易让我们想起摩尔所作的分析：①

正如时间各个部分的次序不可改变一样，空间各个部分的次序也是不可改变的。假定这些部分从它们所在的位置移动出去，那么这等于是它们从其自身中（如果可以这样表述的话）移了出去。因为时间和空间似乎都是它们自身的位置，同时也是所有其他事物的位置。所有事物在时间上都处于一定的连续次序之中，在空间上都处于一定的位置次序之中。从事物的本性或性质上说，它们就是位置，所以，如果说事物的基本位置是可以移动的，那是荒谬的。因而这些位置是绝对的位置，而离开这些位置的移动，只能是绝对的运动。

诚然，牛顿并没有告诉我们空间是"不可分的"或"不可分割的"，②但是显然，要想"分割"牛顿的空间，即真正和实在地将其各个"部分"分离开来，是与分割摩尔的空间一样不可能的。但这并不妨碍我们可以进行"抽象的"或"逻辑的"区分和分割，也不妨碍我们区分绝对空间中不可分离的各个"部分"，断言其无定限甚或

---

① *Sir Issac Newton's mathematical principles of natural philosophy*, p.8.
② 他的学生克拉克博士的确会这么做。

无限的"可分性"。事实上，对摩尔和牛顿而言，绝对空间的无限性和连续性是相互蕴含的。

绝对运动是相对于绝对空间的运动，一切相对运动都蕴含着绝对运动：①

> ……相对于运动位置的所有运动，只不过是整体的和绝对的运动的一部分；而每一个整体的运动，总是由物体相对于其原先位置的运动，以及此位置相对于原先位置的运动组合而成的；所以于此类推，一直要到我们像在上述那个水手的例子中那样，到达一个不动的位置为止。因此，整体的和绝对的运动，只能由不动的位置予以确定。正是由于这个原因，我才在前面总是把这种绝对运动看作是对于不动的位置的运动，而把相对运动看作是对于运动的位置的运动。然而只有那些从无限到无限，确实彼此之间处处都保持相同位置的位置，才是不动的位置，因此它必然永远静止不动，从而形成不动的空间。

"从无限到无限保持相同的位置……"这里的"无限"是什么意思呢？显然，它不仅是空间上的，而且也是时间上的：绝对位置从永恒到永恒保持它们在绝对空间、也就是无限和永恒的空间中的位置。正是相对于这一空间，物体的运动才被定义为绝对的。

唉！要确定绝对运动可真难，甚至是不可能的事。我们无法

---

① *Sir Issac Newton's mathematical principles of natural philosophy*, p.9.

感知空间,我们知道,空间是我们的感官所无法把握的。我们能够觉察到空间中的事物,它们相对于其他事物的运动,也就是它们的相对运动,却觉察不到它们相对于空间本身的绝对运动。而且,运动本身、运动状态,尽管与静止状态完全相对,却无法与后者绝对地区分开来(正如我们在匀速直线的惯性运动这一基本情况中清楚看到的那样)。

只有通过其原因和结果,才能对绝对运动和相对运动加以区分和确定:①

> 能把真实的运动与相对的运动彼此区分开来的原因是施加于物体使之运动的力。只有把力作用于运动物体之上,才能产生或改变真实的运动,但即使没有力作用于物体,相对运动也能产生或改变。因为只要施力于与该物体作比较的其他物体之上,那么由于那些物体的运动,就足以改变该物体先前所处的相对静止或运动的关系。再者,只要有力作用于运动物体之上,那么真实的运动总要发生某种改变。而相对运动则未必会因这种力的作用而发生什么变化。因为如果把同样的力类似地施加于与它作比较的其他物体之上,以使它们的相对位置保持不变,那么相对运动的情况也将保持不变。因此,当真实的运动保持不变时,相对运动可能发生变化;而当真实的运动发生变化时,相对运动却可以保持不变。因此,这样一些关系并不构成真实的运动。

---

① *Sir Issac Newton's mathematical principles of natural philosophy*, p.10.

因此，只有当我们并非基于物体相互关系的变化来确定施加于物体的力时，我们才能把绝对运动与相对运动或静止真正地区分开来。我们知道，直线运动并没有给我们提供这种可能性，但圆周运动或旋转运动却提供了这种可能。①

把绝对运动与相对运动区分开来的效应是在旋转运动中出现的离开转轴的力。因为在纯粹相对的旋转运动中并没有这样的力，而在真实绝对的旋转运动中，该力大小取决于运动的量。

旋转运动或圆周运动，无论发生在地上还是天上，都会产生离心力，对离心力的确定使我们能够认识到这种运动在给定物体中的存在，甚至可以测量它的速度，而不考虑旋转物体之外其他物体的位置或状态。在圆周运动的情况下，纯粹相对的观念暴露了自身的局限（以及对它的反驳）。同时，笛卡儿把这一观念拓展到天体运动的努力也现出了原形：这是一种不顾事实的拙劣尝试，是对宇宙结构的极大误解或错误表示。②

任何一个旋转物体都只有一个真正的旋转运动，与此相应，也只有一个倾向于从运动转轴脱离出去的力作为其恰当而充足的效应；但是这同一物体，依据它与外部物体的各种

---

① *Sir Issac Newton's mathematical principles of natural philosophy*, p.10.
② *Sir Issac Newton's mathematical principles of natural philosophy*, p.11. 与 Descartes, *Principia*, Ⅱ, 13 相反。

不同关系,可以有无数个相对运动;而且,和其他许多关系一样,除非相对运动可能参与那唯一的真正运动,它们是不会产生什么真正的效应的。因此,在这样一个系统中,我们的许多天空是在恒星天球之下旋转并带动行星一道运动的,这些天空的各个部分和许多行星,虽然在它们各自的天空中都处于相对静止的状态,但实际上却在运动。因为它们会改变彼此之间的位置(这在真正静止的物体是绝不会发生的),并且由于被它们的天空所带动,所以它们也参与了这些天空的运动;而作为旋转整体的各个部分,它们也就具有了远离运动转轴的趋势。

牛顿对旋转运动——与直线运动相对照——绝对特征的发现决定性地确证了其空间观念,使这种空间观念能为我们的经验知识所把握,同时没有剥夺其形而上学功能和地位,它确保了绝对空间作为一个基本科学概念的角色和地位。

正如我们所知,牛顿把圆周运动解释成"相对"于绝对空间的运动的做法,以及绝对空间的观念本身及其物理-形而上学含义,都颇遭后人诟病。两百多年来,从惠更斯和莱布尼茨直到马赫和迪昂,它都遭到了尖锐而激烈的批判。[①] 不过在我看来,它成功地经受住了所有攻击,顺便指出,这其实并不奇怪:实际上,这正是"天球解体"、"圆的打破"、空间几何化以及发现或主张惯性定律是首要运动定律或公理的必然结果。的确,如果惯性运动即匀速

---

① 参见 Ernst Mach, *The science of mechanics*, Chicago, 1902, pp. 232 sq. 以及 Max Jammer, *Concepts of Space*, pp. 104 sq.; 121 sq.; 140 sq.

直线运动——就像静止那样——成了物体的"自然"状态的话,那么从惯性定律的角度来看,在运动轨道的任一点上角速度不变、但却处处改变方向的圆周运动就不再被看作一种匀速的运动,而会被看作一种不断加速的运动。然而,与单纯的位移不同,加速一直是某种绝对的东西,直到1915年,爱因斯坦的广义相对论第一次在物理学史上剥夺了它的绝对性,这种观念才发生了动摇。但由于宇宙又重新封闭起来,空间的欧几里得结构遭到否定,这恰恰确证了牛顿观念的正确性。

因此,当牛顿声称我们无须参照一个处于绝对静止的物体,就可以确定物体的绝对旋转运动或圆周运动时,他是完全正确的,虽然他热诚地希望能够最终确定一切"真正的"运动是错误的。他所面临的困难不只是(如他所相信的那样)非常大而已,而是不可克服的。①

> 要发现个别物体的真实运动并将它与表观运动有效地区分开来,确是一件极为困难的事,因为这些运动所在的那个不动空间的各个部分绝不是我们的感官所能觉察到的。但情况也并非完全令人绝望,因为还是有一些论据可以用来作为我们的指导。这些论据部分来自表观运动,它们是真实运动之差,另一部分则来自力,它们是真实运动的原因与结果。例如有两个球,用一根绳把它们连在一起,并使它们之间保持一定距离,然后让两球绕其共同重心旋转,则我们可

---

① *Sir Issac Newton's mathematical principles of natural philosophy*, p.12.

以由绳的张力发现两球远离转轴的倾向，从而计算出它们旋转运动的量。接着，如果我们把任何两个相等的力同时作用在两球的交替面上，以增大或减小它们的圆周运动，那么从绳子张力的增加或减少，我们就可以推断它们的运动是增大还是减小，从而可以发现这些力应加在哪些面上才能使两球的运动增加得最多；也就是说，我们将会发现它们是两球最后的那些面，或者说，是在圆周运动中尾随在后的那些面。而知道了尾随在后的那些面，结果也就知道了与之相反的在先的那些面，同时我们也同样知道了两球运动的方向。这样，即使在巨大的真空中，那里没有任何外部的或者可感知的物体可以和两球作比较，我们也能确定这种旋转运动的量和方向。但是，如果在那个空间中放置一些遥远的物体，使它们彼此之间总保持一定的位置，就像我们区域中的恒星一样，那么，我们就确实无法从球在那些物体中的相对移动来确定这个运动属于球还是属于那些遥远的物体。但如果我们观察绳子，发现其张力正好是两球运动所要求的大小，则我们就可以得出结论说，球在运动而物体静止。最后，由两球在物体间的移动，我们还能确定其运动的方向。但是我们应该如何从它们的原因、效果及表观差别中去求得真正的运动，以及反过来从真正的运动中去求得这三者，所有这些问题都将在下面的论述中详加说明，而这正是我写作这本论著的目的。

空间与物质之间的实际区分虽然免不了要拒斥笛卡儿关于物质本质与广延的等同,但就我们所知,它并不必然暗示存在着一个实际的真空:我们已经看到,布鲁诺和开普勒都断言空间中处处充满了"以太"。至于牛顿,虽然他也相信有一种以太至少充满了我们这个"世界"(太阳系)的空间,但他的以太只是一种非常稀薄的、极富弹性的物质,一种极为稀薄的气体,而且它并没有完全充满宇宙空间。由彗星的运动就可以清楚地看出,它并不是无限地扩展自己:①

> ……因为它们尽管以偏斜的路径运行,有时其运动路线恰与行星相反,但它们在每条路径上都以最大的自由度运动,并且在极漫长的时间内保持了这种运动,即使在其运动路径与行星相反时也是如此。因此,太空中显然不存在阻力,

而无阻力的物质、即被剥夺了惯性力(*vis inertiae*)的物质是不可想象的,因此太空中显然也没有物质。而且,即使在牛顿的以太存在的地方,它也不具有连续的结构。它由极小的微粒组成,微粒之间当然就是真空。的确,弹性就暗示着真空。在笛卡儿的世界中,弹性是不可能的,因为它是一个由连续扩展的均匀物质所构成的世界。而且,假如所有空间都是同等充满的(根据笛卡儿

---

① *Sir Issac Newton's mathematical principles of natural philosophy*, book Ⅲ, *The system of the world*, Lemma Ⅳ, cor. Ⅲ, p.497.

的理论,空间必定如此),那么甚至连运动也是不可能的。①

所有空间并不是同等充满的;因为假如所有空间是同等充满的,那么考虑到物质的极端密度,充满空气区域的流体的比重就不会逊于水银、金或其他最大密度的物体;这样,无论是金还是其他任何物体都不会在空气中落下来;因为只有当物体的比重大于流体时,它们才会在流体中下降。而且,如果通过稀释作用,一个特定空间中的物质的量能够被减少的话,那么什么东西会阻碍它减少到无穷呢?

牛顿赞同其同时代人的原子论思想(他甚至以一种非常有趣的方式改进了这些思想),在他看来,物质本质上具有一种颗粒结构。它由坚实的微粒所构成,因此,②

如果所有物体坚实微粒的密度都相同,而且假如没有孔隙就不能变稀疏的话,那么我们就必须承认虚空或真空。

至于物质本身,牛顿赋予它的本质属性与摩尔、③古代原子论者、近代微粒哲学的支持者所列举的属性差不多:广延、硬度、不

---

① *Sir Issac Newton's mathematical principles of natural philosophy*, book Ⅲ, *The system of the world*, prop. Ⅴ, theorem Ⅵ, scholium, cor. Ⅲ, p.414.

② *Sir Issac Newton's mathematical principles of natural philosophy*, book Ⅲ, *The system of the world*, prop. Ⅴ, theorem Ⅵ, scholium, cor. Ⅳ, p.415.

③ 事实上,波义耳和伽桑狄也是这样列举的。与笛卡儿不同,他们主张不可入性是物体的一种不同于广延的不可还原的属性。

可入性、运动性，并且增加了一个最重要的属性——惯性，这里是就该词精确的、新的含义而言的。通过把反笛卡儿的经验论与本体论理性主义进行一种奇特的组合，牛顿只承认满足以下两个条件的属性为物质的本质属性：a)经验地给予我们，b)既不能增强也不能减弱。于是，他在第三条"哲学推理规则"（用以代替《原理》第一版中的第三条基本假说）中写道：①

物体的属性，凡既不能增强也不能减弱者，又为我们实验所及范围内的一切物体所具有者，就应当看作所有物体的普遍属性。

物体的属性只有通过实验才为我们所知，所以，凡是与实验完全符合而且既不会减弱也不会消失的那些属性，我们就会把它们看作是物体的普遍属性。当然，我们既不会由于自己的空想和虚构而抛弃实验证明，也不会取消自然的相似性，因为自然习惯于简单化，而且总是与自身和谐一致的。除非通过感觉，我们没有其他办法可以知道物体的广延，而我们的感觉又不能遍及所有物体；但是由于在一切可感觉的物体之中我们都觉察到广延，所以我们也普遍地把它归于其他一切物体。很多物体是坚硬的，这是我们从经验中知道

---

① *Sir Issac Newton's mathematical principles of natural philosophy*, rule Ⅲ, pp.398 sq. 我所提到的文本出现在《原理》的第二版中；不过鉴于它代表了牛顿的基本观点，而且影响了他的整个体系，我感到有必要在这里引述这段话。有关《原理》第一版和第二版的区别，参见我的论文"Pour une édition critique des oeuvres de Newton," *Revue d'Histoire des Science*, 1955 以及 "Expérience et hypothèse chez Newton," *Bulletin de la Société Française de Philosophie*, 1956。

的；由于整个物体的硬度来自其各个部分的硬度，所以不仅对我们所能感觉到的物体，而且对其他一切物体，我们都可以合理地推断说，它们不可分割的微粒具有硬度。一切物体具有不可入性，这不是理性的推断，而是感觉的总结。我们发现可触摸到的各种物体都是不可入的，从而得出结论说，不可入性是所有物体的普遍属性。我们只能从已看到的各种物体相同的属性中推断出一切物体都能运动，并且具有某种能使其保持在运动或静止状态中的力量（我们称之为惯性）。整个物体的广延、硬度、不可入性、运动性和惯性来源于其各个部分的广延、硬度、不可入性、运动性和惯性；因此，我们可以下结论说，一切物体的最小微粒也具有广延、硬度、不可入性、运动性，并且具有其固有的惯性。这是整个哲学的基础。此外，物体中已分割开而仍旧连在一起的微粒，可以彼此分离，这是一个可以观察到的事实；而那些尚未分割开的微粒，我们也能像数学上已证明的那样，想象它们可以分割为更小的部分。但是，这些按这种方式分割而实际未分割开的部分，自然力是否真能把它们分割开，并把它们彼此分离开来，我们自然不能断言。然而，只要有一个实验能够证明在敲碎一个坚硬的固体时，任何未被分割开的微粒都能够被分开；那么，我们就可以根据这条规则得出结论说，未被分割开的微粒和已被分割开的微粒是一样可以无限分割的，而且实际上是可以无限地把它们分离开来的。

最后，如果通过实验和天文学观测，普遍发现地球四周的所有物体都被吸引向地球，而且这种吸引正比于这些物体各自所含的物质之量；月球同样也按其物质之量而被地球所吸引；但另一方面，我们的海洋则被月球所吸引；所有的行星都互相吸引，而彗星也以同样的方式被太阳所吸引；那么，依据这条规则，我们必须普遍承认，无论何种物体，都具有一个原则，即它们能够互相吸引。因为依据这些表现而得出的所有物体普遍互相吸引的论证，要比它们的不可入性强有力得多；而对于不可入性，就天体各区域中的那些物体来说，我们既没有实验，也没有任何观察的方法。我不是要断言重力对物体而言是本质的东西；所谓物体的 *vis insita*（固有的力），我的意思只是指其惯性。惯性是不变的，而物体的重力则随其与地球的距离增加而减小。

于是我们可以看到，牛顿同伽利略和笛卡儿一样，并没有把重力或相互吸引包括在物体本质属性中，尽管事实上重力的经验基础远比不可入性之类的属性要强。牛顿似乎暗示，之所以把重力排除于本质属性之外，是因为相对于惯性的不变，重力是可变的。但事实并非如此。当物体远离地球时，它被"吸引"向地球的重量确实在减小，但地球——或其他任何物体——的吸引力却是恒定的，一如惯性的情形，与其质量成正比。著名的万有引力平方反比公式清楚地显示了这一点。这是因为，[1]

……假定指向物体的力必须依赖于物体的本性和量，这

---

[1] *Sir Issac Newton's mathematical principles of natural philosophy*, book Ⅰ, sect. Ⅺ, prop. LXIX, scholium, p.192.

是合理的，正如我们在关于磁性的实验中所看到的那样。当这种情况发生时，我们会通过把力分配于物体的每个微粒上，并找出这些力的总和，来计算出物体所受的引力。

176 因此，物体的引力是其各个（原子）微粒的引力的函数或总和，就像其质量是全同微粒质量的总和一样。但引力并不是物体或其微粒的"本质属性"。事实上，引力甚至不是它们的一种偶性；它根本就不是它们的属性，而是某种外力依据某一固定规则作用于物体所产生的效应。

众所周知，牛顿并不相信引力是一种真实的物理力。和笛卡儿、惠更斯或摩尔一样，牛顿也不承认物质能够发生超距作用，或者可以因一种自发的倾向而活动起来。对事实的经验确证并不能战胜这一过程在理性上的不可能。于是，就像笛卡儿和惠更斯那样，牛顿起初试图通过把引力还原为某种纯机械事件和机械力的效应来解释引力，或者说把它解释过去。不过，笛卡儿和惠更斯都相信可以设计出一种关于重力的机械理论，而牛顿却似乎确信这样一种尝试是徒劳无益的。例如，他发现要想解释引力，就必须为此而假设斥力。这也许好一点，但也好不到哪儿去。

幸运的是，牛顿很清楚，为了研究现象并用数学来处理它们，我们不必对某些效应的产生方式有清楚的概念。为了建立一种数学动力学而确定落体定律，伽利略不必提出一套重力理论——

177 他甚至宣称，他有权完全不考虑重力的本性。[①] 因此，就算没有为

---

① 参见我的 *Études Galiléennes*. II , *La loi de la chute des corps*, and III, *Galilée et la loi d'inertie*。

导致物体向心运动的真实的力提供一个说明,牛顿也可以不受阻碍地研究"吸引"或"引力"的定律。只要假定这些力——无论是物理的或是形而上学的——依据严格的数学定律而起作用(这一假设已为天文学观测和解释周全的实验所完全确证),并把这些"力"当作数学的力而非真实的力来处理,那就够了。尽管这只是任务的一部分,但却是非常必要的一部分;只有当这个准备阶段完成之后,我们才能进而探究现象的真实原因。

这恰恰就是牛顿在其著作中所做的工作;牛顿没有如笛卡儿那样把这部著作的书名称为《哲学原理》(*Principia Philosophiae*),而是意味深长地称为《自然哲学的数学原理》(*Philosophiae naturalis principia mathematica*)。他警告我们:[1]

> 我在这里使用"吸引"一词是广义的,是指物体所造成的相互靠近的倾向性,无论这种倾向性来自物体自身的作用,由于发射精神而相互靠近或推移;还是来自以太、空气或任何媒质,不管这媒质是有形的还是无形的,以任何方式促使处于其中的物体相互靠近。我使用"冲力"一词同样是广义的,在本书中我并不想定义这些力的类别或者物理属性,而只想研究这些力的量与数学关系,正如我先前在定义中所看到的那样。在数学中,我们研究力的量以及它们在任意设定条件下的比例关系;而在物理学中,则要把这些关系与自然

---

[1] *Sir Issac Newton's mathematical principles of natural philosophy*, book I, sect. XI, prop. LXIX,, scholium, p.192.

现象作比较,以便了解这些力在何种条件下对应吸引物体的类型。做完这些准备工作后,我们就更有把握去讨论力的物理类别、成因和比例关系。

在致本特利(Richard Bentley)的信中(写于《原理》出版五年之后),牛顿的语气就不那么矜持了,因为本特利就像几乎所有人那样,没有注意到上文的警告,而是用在 18 世纪通行起来的方式来解释牛顿,认为吸引和引力的物理实在性是物质所固有的。牛顿先是在第二封信里告诉本特利:①

> 你有时说到重力是物质的一种基本的、固有的属性。请不要把这种观点当作是我的见解,因为重力的原因是什么,我不能不懂装懂,而是需要更多时间去思考这个问题。

在第三封信中,牛顿实际上公开了自己的立场。虽然他没有告诉本特利引力的本性究竟是什么,但他这样说:②

> 没有某种非物质的东西从中参与,那种全然无生命的物质竟能在不发生相互接触的情况下作用于其他物质,并且发

---

① *Four letters from Sir Isaac Newton to the Reverend Dr. Bentley*, Letter II (Jan. 17, 1692–93), p. 210, London, 1756; 重印于 *Opera omnia*, ed. by Samuel Horsley, 5 vols., London, 1779–85 (vol. IV, pp. 429–442),以及本特利的著作 *Works of R. Bentley*, vol. III, London, 1838。我引用的是此版本。

② Letter III (Feb. 25, 1692–93), *Four letters from Sir Isaac Newton to the Reverend Dr. Bentley*, p. 211.

生影响,这是不可想象的;而如果依照伊壁鸠鲁的看法,重力是物质的本质属性和固有属性,那就必然如此。这就是为什么我希望你不要把重力是固有的这种观点归于我的理由之一。至于重力是物质内在的、固有的和本质的,因而一个物体可以穿过真空超距地作用于另一个物体,无需其他任何东西从中参与,以便把它们的作用和力从一个物体传递到另一个物体;这种说法对我来说尤其荒谬,我相信凡在哲学方面有思考才能者绝不会陷入这种谬论之中。重力必定是由某种遵循特定法则的动因(agent)所产生的,但这个动因究竟是物质的还是非物质的,我留给读者自己去思考。

我们看到,牛顿不再假装不知道重力的成因;他只是告诉我们,他不去回答这个问题,而是让读者自己去寻找答案,即这个"产生"重力的"动因"不可能是物质的,而必定是一种精神,也就是说,要么是他的同事摩尔的"自然精神",要么就是上帝本身。无论这个解答是对是错,总之牛顿太过小心而没有公布。不过,本特利博士不会——也没有——不理解。

至于本特利博士(或者更确切地说,文科硕士理查德·本特利先生——他在 1696 年成为神学博士),他受的是古典学训练,对物理学懂得不是很多,他显然没有把握牛顿自然哲学最终的言外之意。不过至少是在他理解的范围内,他全心全意地支持牛顿理论,并且在 1692 年的波义耳讲座《对无神论的驳斥》(*Confutation of Atheism*)中把它当成了反驳无神论的武器。

本特利紧密地遵循着牛顿的学说或训诫，甚至可以说是亦步亦趋——他几乎逐字逐句抄录了牛顿写给他的信，当然也补充了一些《圣经》内容和不少修辞用语——以至于可以认为他所表达的见解在很大程度上代表了牛顿本人的观点。

本特利对付的无神论者从本质上说是唯物论者，更确切地说，是伊壁鸠鲁派的唯物论者。然而有趣的是，本特利竟然接受了他们的基本观念，即物质的微粒理论，进而把物质存在还原为原子和虚空；而且他不仅不做牛顿那种表面上的犹豫和谨慎的保留，甚至还把它当成了某种毋庸置疑的东西而加以接受。他只是像前人那样认为这还不够，如果不给物质和运动加上某种非物质原因的有目的的作用，它们就无法解释我们这个宇宙的有序结构：原子偶然而无序的运动不能把混沌转变成一个井然有序的宇宙。

如果说他的推理方式仍然相当传统——但我们不要因此而责备本特利先生：这也是牛顿的推理方式，而且，康德不也在一个世纪后告诉我们，对上帝存在的自然哲学-目的论证明（physico-teleological proof）是唯一有价值的吗？——那他的论证内容则符合当时（本特利时代）科学哲学的水平。

例如，他不加批判地接受了布鲁诺宇宙观在当时的版本：一个拥有无数恒星的无限空间。当然，本特利坚持认为恒星的数目是有限的（他认为他可以证明这一点），甚至设想它们是为了构建一个"天穹"才如此安排的。倘若无法做到这点，他会接受恒星散布于无边无际的虚空中。本特利的确坚持虚空存在。他当然需要虚空，因为我们很快就会看到，它能够用来证明非物质、非机械的力——首先就是牛顿的万有引力——在世界中的存在和作用。但世界主要由虚空构成这一想法也使他有些得意洋洋、忘乎所以。他尽情做着各种计算,以表明宇宙中物质的量微乎其微,以至于根本不值一提:①

  那么,让我们假定我们太阳系的所有物质是整个地球质量的50000倍;假如我们还不够大方甚而在这个让步中不够慷慨,我们可以诉诸天文学。让我们再进一步假设,整个地球是完全坚实的、致密的,其中没有任何空隙,尽管前面提到的金的质地结构等表明这一点是不成立的。现在,尽管我们作了足够多的让步,我们还是会发现,太阳系的虚空比它所有的有形质量还要大得多。让我们继续假定,天穹以内所有的物质要比地球这个坚实的球体大50000倍;如果我们假设大轨道(地球在其中绕日运行)的直径只是地球直径的7000倍(尽管最近最准确的观测表明是三个7000倍),而天穹的直径只相当于大轨道直径的100000倍(尽管不会小于这个数目,而是可能大许多),那么在那方面作了如此大的让步,而在我们这方面又打了如此多的折扣之后,我们

---

① *Eight sermons preach'd at the Honourable Robert Boyle lecture in the first year MDCXCII*, By Richard Bentley, Master of Arts, London, 1693。第一篇布道证明《无神论和自然神论的愚蠢,即使是关于目前的生命》,第二篇证明《物质和运动无法思考》,第三、四、五篇表达了《从人体结构对无神论的反驳》,第六、七、八篇构成了该著作的第二部分:《从世界起源和构造对无神论的反驳》。我引用的是该书的最新版本(*Works*,v.Ⅲ),此前出过九个英文版和一个拉丁文版(Berolini,1696);参见 Part Ⅱ, sermon Ⅶ (Nov.7th,1692),pp.152 sq.

必须指出,天穹凹面内空虚空间的总和要比其中所有的物质大 6860 亿亿倍。

……

首先,天文学家假定每一颗恒星同我们的太阳一样具有相同的本性,而且很可能都有行星环绕其四周,尽管由于距离遥远,我们可能看不到这些恒星。我们将提出这样一个合理的假设,即,在恒星天球中我们太阳系区域所发现的虚空相对于物质的比例,可能对于一切宇宙空间都是适用的。在这类计算中,我注意到,我们不能把天球的所有容量都分配给我们的太阳系区域,而是让其直径的一半作为一些邻近恒星区域的半径;这样,就如最后的考虑所要求的那样,我们缩减了先前的数字;从特定的证明原则出发,我们可以可靠地宣布,我们的太阳系区域(包括了天空的半径距离)的虚空要比其中所有的有形物质大 857.5 亿亿倍。而且我们可以假定,同样的比例在整个宇宙范围内是适用的。

很清楚,在巨大的虚空支配下:[①]

……任一微粒四周都围绕着一个虚空球体,其大小要比该微粒大 857.5 亿亿倍。

因此,德谟克利特的原子,不论在空间中的初始情况如何,很

[①] *Eight sermons preach'd at the Honourable Robert Boyle lecture in the first year MDCXCII*, p.154.

快就会烟消云散,无法形成哪怕最简单的物体,遑论像我们太阳系这样精巧而秩序井然的体系了。幸好,原子不是自由和相互独立的,而是被相互间的引力维系在一起。

这已经是对无神论的反驳了(正如我们所看到的,本特利从牛顿那里学到,引力不能被归于物质),因为很明显,①

> 这种相互间的引力或自发的吸引既不是物质所固有的和本质的,也不是伴随物质而产生的,除非被某种神力施加并注入其中。

正因为超距作用②

> ……与常识和理性相违背,所以,如果没有非物质的东西作为中介,无生命的物质竟然不需要相互接触就能产生作用并发生影响;如果没有其他使作用力得以传递的东西介入,远距离的物体竟然会通过真空发生相互作用,这是完全不可想象的。我们不要把诸多原本清楚明白的语词弄得模糊复杂,这些语词必定是所有具有思考能力的人所允许的,并且要在最浅显的哲学原理中而非神秘事物中加以运用。现在,物体相互间的引力或吸引,根据我们目前对这些语词的接受情

---

① *Eight sermons preach'd at the Honourable Robert Boyle lecture in the first year MDCXCII*,p.157.

② *Eight sermons preach'd at the Honourable Robert Boyle lecture in the first year MDCXCII*,pp.162 sq.

况,与下述说法是一致的:它是远距离的物体在虚空中相互间的一种作用、性质或影响,而没有任何气体、流体或其他有形的介质来进行传递。因此,这种力不可能是物质所固有的和本质的;如果这不是本质的,那么很显然,除非某种非物质的神力施加并注入物体,否则它绝不会附带产生;因为它既不依赖于运动或静止,也不依赖于物体各部分的形状和位置,而这些正是物质变得多样化的种种方式。

现在,如果我们承认(我们也必须承认),这种相互吸引不能由任何"物质的和机械的动因"所解释,那么这种相互引力的无可置疑的真实性①

……就将是支持上帝存在的一个新的强有力的论据,是一个非物质的、活生生的心灵激活和发动死物质并支撑世界架构的一个直接而肯定的证据。

而且,即使相互吸引对物质是本质性的,或者如果它就是某种非物质动因的一种盲目的作用定律,那也不足以说明我们这个世界的实际结构,甚至不足以说明任何世界的存在。的确,在相互引力不可阻挡的影响之下,所有物质岂不都会集中到世界的中央?

本特利似乎对自己的以下发现颇感自豪:上帝不仅推拉着物

---

① *Eight sermons preach'd at the Honourable Robert Boyle lecture in the first year MDCXCII*, p.163.

体相互趋近,而且还在恒星处抵消他的作用(或者更简单地说,就是暂时中止这一作用),至少最外面那些恒星是如此,上帝以这种方式阻止它们离开自己的位置而使其保持静止。

唉,可惜牛顿向他解释说,他的推理过程蕴含着一个有限的世界,而我们没有理由否定世界可能是无限的;本特利在无限总和或级数的概念中发现的困难并不是矛盾;他对世界无限性(或永恒性)的反驳是一个谬误推理。然而牛顿证明,即使世界是无限的,仅凭单纯的重力作用也无法解释世界的结构;天体在空间中的实际分布,以及它们的质量、速度等等的相互调整,显然有选择和目的在其中:①

> 关于你的第一个疑问,我认为,如果构成我们太阳和行星的物质以及宇宙的全部物质都均匀地分布于整个天空,每个微粒对于其他一切微粒来说都具有其固有的重力,而且物质分布于其中的整个空间又是有限的;那么,处于这空间外面的物质,将由于其重力作用而趋向所有处于其里面的物质,而结果都将落到整个空间的中央,并在那里形成一个巨大的球状物体。但是,如果物质是均匀分布于无限空间中的,那么它绝不会只聚集成一个物体,而是其中的一些物质聚集成一个物体,而另一些物质则聚集成另一个物体,以致造成无数个巨大物体,它们彼此相距很远,散布于整个无限空间中。太阳和恒星很可能就是这样形成的,假如这种物质

---

① *Letters from Sir Isaac Newton to the Reverend Dr. Bentley*, letter Ⅰ, pp.203 sq.

还具有发光性质的话。但是，物质应当怎样把自己分成两类，而且凡适宜于形成发光体的那部分聚集成一个物体，造成一个太阳；而其余适宜于形成不透明体的那部分，则不像发光物质那样结合成一个巨大的物体，而是结合成许多个小的物体；或者可以这样说，假如太阳最初也像行星那样是一个不透明体，或者行星都像太阳那样是一些发光体；那么，为什么只有太阳变成了一个发光体而所有行星仍然是不透明的，或者为什么所有行星都变成了不透明体而唯独太阳保持不变，我认为这不是依靠纯粹的自然原因所能解释的；我不得不把它归于一个有意志的主宰的意图和设计。

······

对于你的第二个疑问，我的回答是，行星现有的运动不能单单出自于某一个自然原因，而是由一个全智的主宰来推动的。因为既然彗星落入了我们的行星区域，而且在这里以各种方式运动，运动的方向有时与行星相同，有时则相反，有时相交叉，运动的平面与黄道面相倾斜，其间又有各种不同的夹角；那么很明显，没有一种自然原因能使所有的行星和卫星朝着同一个方向和在同一个平面上运动，而不发生显著变化。这就必然是神的智慧所产生的结果。也没有任何自然原因可以给予行星或卫星以这样恰当的速度，使之与它们和太阳或其他中心体的距离成比例，这也是使它们能在这种同心轨道上围绕这些物体运动所必需的。

······

因此，要造就这个宇宙体系及其全部运动，就得有这样一个原因，它了解并且比较过太阳、行星和卫星等各天体中的质量以及由此确定的重力，也了解和比较过各个行星与太阳的距离，各个卫星与土星、木星和地球的距离，以及这些行星和卫星围绕这些中心体运转的速度。要在差别如此巨大的各天体之间比较和协调所有这一切，可见那个原因绝非盲目和偶然，而是非常精通力学和几何学的。

领会了牛顿的教诲之后，本特利这样写道：[①]

……我们断定，尽管我们可以允许物质相互间的引力作为其本质属性，然而处于无序状态的原子不可能为形成目前的系统而聚集起来；或者说，即使它们可以形成这个系统，但如果没有上帝的智慧与护持，这个系统既不能获得这种圆周运动，也无法维持它目前的状况。

因为首先，如果假定宇宙间的物质以及物质所遍及的空间是有限的（我认为可以对此作一证明，但我们已超出讲道的范围了），那么，既然每一个微粒都具有趋向其他微粒的固有引力，此引力与物质和距离成比例；很显然，处于无序状态的外层原子必然会趋向于内层运动，并从四面八方趋向整个空间的中央。因为就每个原子而言，在其中央质量最大，引力也最强；这些原子就会形成一个巨大的球状团块，也就是宇宙间唯一的物体。因此，很明显，根据这种假设，处于无序

---

① *A confutation of atheism from the origin and frame of the world*, p.165.

状态的物质不可能形成像目前世界中恒星与行星那样的分离而有差别的物体。

而且,即使无序的物质能够建立起行星这样的分离体,它们也"不可能获得目前这种沿着圆周轨道或偏心率极小的椭圆轨道所进行的旋转运动";最后,"即使认为这些圆周运动可以被自然地获得",也仍然需要有一种神力和庇佑来维系它们,以及更一般地维系这个世界的结构。因为即使我们承认惯性和重力的组合足以维持行星的轨道运动,那么是什么力量在维持恒星静止不动?是什么阻止它们聚在一起?"假如恒星……没有引力作用的能力,那当然便是上帝存在的明证",因为它表明了引力的非自然特征。"而倘若恒星有引力作用的能力,那也同样是上帝存在的明证。"因为如果是那样的话,只有神的力量才能迫使它们保持在既定的位置上。但是,假如世界不是有限的而是无限的,那又会怎样呢?在本特利看来,这并没有太大差别:①

> ……假如这种混沌无序是无限的,我们便的确很难确定,在这种假想的情形中,一种固有的引力定律会导致什么结果。但是为了迅速地得出结论,我们姑且承认,如世界的这个可见部分中的行星和恒星那样散布于各处的、彼此相距遥远的物质将聚集成数目无穷的庞然大物,那么无论是通过引力定律,还是通过周围物体的冲力,行星都不可能自然地

---

① *A confutation of atheism from the origin and frame of the world*, p.170.

获得这种圆周运动。很明显,在这一点上,世界是否有限并无差别;因此,我们先前的论证在这个前提下同样适用。

尽管有这些清楚的证据表明,上帝在世界中进行着有目的的活动,但正如我们所知,还是有人拒绝相信这一点,他们主张一个无限的世界可以没有任何目的。的确,无论用我们的肉眼还是用最好的望远镜都观察不到的无数星辰能有什么用呢?但本特利以基于丰饶原则的推理模式回答说,"我们不能把创造世界万物的目的仅仅限定在为了人类的用途和目的上",因为虽然它们不是为我们而创造的,但也肯定不是为它们自己而创造的:①

> 因为物质没有生命也没有知觉,不能意识到自身的存在,也不会感到喜悦,更不会赞美和崇拜它的创造者。因此,所有物体都是为理智心灵而产生的:既然地球主要是为了人的存在、活动和沉思而设计的,为什么其他行星就不是为了它们自己有生命、有理解力的居民的类似目的而创造的呢?如果任何人都可以使自己沉醉于思辨之中,他就不必为此而与天启宗教进行争论。《圣经》没有禁止他可以任意假设有许多体系以及许多居住者……上帝以其无比丰富的创造力,也许已经造出了理性心智的无穷秩序和等级;在自然的完美性上,其中有些心智要高于人,有些则逊之。

---

① *A confutation of atheism from the origin and frame of the world*, p.175.

一个存在于无限空间中、无定限延伸且拥有无数居民的世界,乃是一个被无处不在和无所不能的上帝的智慧所统治、被其力量所推动的世界,这就是正统的理查德·本特利——后来的沃切斯特主教和三一学院院长——的宇宙。毫无疑问,这也是异端的卢卡逊数学教授艾萨克·牛顿——皇家学会会员和三一学院成员——的宇宙。①

---

① 关于18世纪的宇宙乐观主义,参见 Lovejoy, *The great chain of being*, pp. 133 sq.; E. Cassirer, *Die Philosophie der Aufklärung*, Tübingen, 1932。

第八章　空间的神圣化

——拉弗森

据我所知,牛顿从未引用过摩尔的原话,也没有明确提到过他的学说。但是这两位剑桥学者理论之间的联系还是被当时的人注意到了。因此,在《自然哲学的数学原理》发表15年之后,一位很有前途的青年数学家——文科硕士、皇家学会会员约瑟夫·拉弗森(Joseph Raphson),①在1702年为其《对方程的普遍分析》(*Universal Analysis of Equations*)第二版补充的一个极有趣味和价值的附录中,②公开指出了牛顿与摩尔之间的这种联系,也就不足为奇了。

---

① 拉弗森主要以撰写牛顿之前的《流数史》(*Historia Fluxionum, sive Tractatus Originem et Progressum Peregregiae Istius Methodis Brevissimo Compendio (Et quasi synoptice) Exhibens*, Londini, 1715)而著称。

② *Analysis Æquationum Universalis seu ad Aequationes Algebraicas Resolvendas Methodus Generalis et Expedita, Exnova Infinitarum Serierum Methodo, Deducta et Demonstrata*. 第二版加入附录《无穷序列的无限性》(*Infinito Infinitarum Serierum*),后来又加入《论真实空间或无限存在》(De SPATIO REALI seu ENTE INFINITO), Authore JOSEPHO RAPHSON *A.M.* et Reg. Soc. Socio., Londini, 1702. 拉弗森著作的第一版出版于1697年,没有前面提到的附录。

在这个题为《论真实空间或无限存在》(*On the real space or the Infinite Being*)的附录中,拉弗森显然既不在主观上像牛顿那样吞吞吐吐、有所保留,也没有理由在客观上过于小心谨慎,而是就此问题做了详细阐述。

拉弗森先是对空间概念的发展作了历史概述,它始于卢克莱修,终于摩尔,这体现在摩尔批判笛卡儿把物质与广延等同起来,而以不可入性作为物质的特征,以及证明了一个不动的非物质广延的存在等等。拉弗森的结论是:①

> 于是,每一种运动(广延的和有形的)、甚至[仅仅]是可能的运动,都必然会导出一种不动的、无形的、有广延的[东西的存在],因为任何在广延中运动的物体都必然要穿越广延。真实运动的广延证明了这种不动的有广延的[东西]的真实存在,因为不然的话,运动既无法表示也无法设想;而且也因为我们不得不去设想的东西必定是真实的。我们也可以用同样的方式来探讨几何形体的假想的运动。这些运动的可能性表明,这种不动的有广延的[东西]是必要的假设,而物理运动的实在性则表明它是绝对的东西。

在拉弗森的术语和言谈方式中,有一种典型的斯宾诺莎主义气息。然而,尽管拉弗森深受斯宾诺莎的影响,但他绝不是一个斯宾诺莎主义者。恰恰相反,在他看来,摩尔对无限的、不动的、

---

① *De ente infinito*, cap. IV, p.67.

非物质的广延和物质的、运动的、有限的广延之间所作的区分,正是避免斯宾诺莎将上帝与世界等同起来的唯一方法。不过,我们还是继续讨论拉弗森对摩尔理论的表述。

的确,运动的存在不仅隐含着不动的非物质广延与物质广延之间的区分,从而否认笛卡儿将两者等同起来,而且还蕴含着拒绝接受笛卡儿对虚空的否认:在一个完全充满物质的世界上,直线运动是完全不可能的,甚至连圆周运动也很难实现。① 因此,可以认为虚空的真实存在得到了充分的证明。由此我们可以得出如下推论:②

> 1. 运动[物体](或者世界)的总体大小必定是有限的,因为由于虚空和运动性,每一个体系都可以被压缩到一个更小的空间中,这样就必然使得这些系统的总体也就是世界是有限的,尽管人类的心灵永远也无法达到它的界限。
>
> 2. 所有单独存在的有限[存在者]都可以用数来把握。也许没有一个受造的心智能够把握它,但对于计数的造物主而言,它们的数目仍然是有限的。这可进行如下说明:例如,假定(a)是可能存在物的最小者,那么(a)的无穷倍增就会变成无限;的确,如果这个总和是有限的,

那么真正的最小者(或原子)将不是(a),而是另一个无穷小的物体。然而,正如拉弗森所说,这"与假设不符"。当然,我们这里并

---

① *De ente infinito*, cap. IV, pp.57 sq.
② *De ente infinito*, cap. IV, pp. 70 sq.

不是在研究空间的组成,而是在讨论不可入的有广延的东西,也就是物体。

3. 由此,我们可以论证斯宾诺莎学说的错误。斯宾诺莎误用了其定义六,他使这个定义过于宽泛,以至于竟然用物质来表示那个无限存在的本质,并成为其属性之一。然而,我认识到,并且也可以证明,任何东西,只要本质蕴含着一个绝对的无限,就必定属于那个绝对无限的存在;正是通过这种方式,我才获得了我关于那个绝对无限的存在的观念,它包含着至高而绝对的必然性。

斯宾诺莎的错误就这样立即得到了澄清和纠正。拉弗森显然认为,斯宾诺莎遵循(笛卡儿的)原理,把所有本质上是无限的东西都归于上帝,这是完全正确的;他拒绝接受笛卡儿关于无限与无定限的区分,并且宣称上帝的广延是实无限而非潜无限,这也是正确的。但他接受笛卡儿把物质与广延等同起来的观点,却是错误的。由于摩尔对笛卡儿的批判,拉弗森认为通过把无限的、非物质的广延归于上帝,而把物质贬低到受造物的地位,就能避免斯宾诺莎的结论。

正如我们所知,拉弗森认为物质的特征就是其运动性(蕴含着有限性)和不可入性。至于非物质的广延或者说空间,它的属性、本质和存在都是拉弗森仿照几何学的方式"从简单观念必然而自然的关联中推导出来的"。①

---

① *De ente infinito*, cap.v, p.72.

空间被定义为①"最内在的有广延的[东西](无论它是什么),这首先是出于本性,最终是由连续的分割和分离而获得的";拉弗森告诉我们,就定义的对象而言,这是一个不完美的定义或描述,它并没有告诉我们关于其本质的任何东西;但另一方面,它却有利于人们的立即接受,认为它指称着某种存在性明确无疑的东西。而且,分析这个定义中所使用的观念会把我们引向一个重要的结果,即肯定一种真正有别于物质的真实空间的存在。

这项研究始于一个公设,根据这一公设,一个"既定观念"总能使我们从中导出对象的属性,甚至是抽象出其存在。此外还有三个推论,这些推论告诉我们:②

一切有限的有广延的东西都可以被分开(只要通过心灵),或者说都可以设想被分开。

它是可移动的(即使只是在概念上),而且有实际的形体。

[它的]各个部分可以彼此分离或者被移开(只要通过心灵),或者设想其被移开。

接下来是一条公理:③

在彼此分离或移开的事物之间总有一段距离(无论是大

---

① *De ente infinito*,Del.I.
② *De ente infinito*,Scholium,p.73.
③ *De ente infinito*,Scholium,p.73.

是小），此即某种有广延的东西。

紧随其后的是一系列命题：①

1）空间（或最内在的有广延的东西）就其本性而言是绝对不可分的，而且也不能设想被分开。
——如果分意味着分离和各个部分的相互移开，也就是说，可分性意味着可分割性，那么，这当然是前引推论的一个令人信服的结论。

2）空间在绝对意义上和就其本性而言是不动的。
——运动的确蕴含着可分性。

3）空间是实无限的。
——反过来，这也必然蕴含着它的绝对不动性。

4）空间是纯粹的作用（act）。
5）空间无所不包，无所不入。

为了方便进一步的展开，也就是把空间等同于上帝的属性，拉弗森又说，②

---

① *De ente infinito*, pp.74 sq.
② *De ente infinito*, Scholium, p.76. 关于犹太秘教哲学卡巴拉的空间理论，参见 Max Jammer, *Concepts of Space*, pp.30 sq.

……毫无疑问,这就是希伯来人称这种无限为 Makom 的原因。圣保罗说,"它比我们自己更接近于我们"指的也是它。对于这个无限,想必涉及了《圣经》中的大量篇章,以及古希伯来人在论及"无限者"(Ensoph)那至高而不可思议的广阔时背后所隐藏的智慧;还有异教徒关于渗透一切、包容一切者的学说等等。

但是,不要认为空间是一种非物质的东西——显然,拉弗森想拿空间与摩尔的精神相对照:①

空间显然不被任何东西所穿透:无限而不可分的空间,依其最内在的本质而穿透一切,因此其自身不能为任何东西所穿透,甚至也不能设想被穿透。

于是很清楚,②

6) 空间是无形的。
7) 空间是不变的。
8) 空间是一本身(one in itself),[因此]……它是最单纯的东西,不是由任何东西所构成,也不能分割成任何东西。
9) 空间是永恒的,[因为]实无限不能不如此……换言之,"它不能不如此"对实无限而言是本质的。因此它总是

---

① *De ente infinito*, corollarium.
② *De ente infinito*, corollarium.

如此。

这就意味着,空间是一种必然的存在,或者空间有一种必然的存在。无限的永恒与无限的存在是一回事,两者都蕴含着同样的必然性。①

> 10)空间不能被我们理解。[因为它是无限的。]
> 11)空间在其种类上是最完美的。
> 12)如果没有空间,有广延的东西既不能存在也不能设想。因此
> 13)空间是第一因的一种属性(即无际性)。

在拉弗森看来,最后一个命题可以用一种更为简单和直接的方式予以证明。的确,由于第一因②

> ……既不能给予任何它所不具备的东西,也不能成为它所不包含(如果不是以更高的程度,也是以同等程度包含)的任何完美性的原因;而且就事物的本性而言,除了广延物和非广延物以外,别无它者;加之我们已经证明广延是一种无处不在的完美,甚至是无限的、必然的、永恒的等等,因此,它必定能在广延[物]的第一因中找到,否则,广延[物]就不可能存在。要证明这一点是很恰当的。因为呈现

---

① *De ente infinito*, p.78.
② *De ente infinito*, p.80.

各种形态的、真正的实无限的真正原因就存在于那个最绝对的统一体中,反之亦然,那个统一体的最高理性也在无限中达到极致并全神贯注于无限。因为无论什么东西,只要表现了最绝对的实无限,就必定表现了第一因的本质,即造物主的本质。

拉弗森竟然用笛卡儿的、甚至是斯宾诺莎的逻辑和推理模式来推进摩尔的形而上学学说,这实在很奇怪。但不可否认,借助于这些手段,拉弗森成功地赋予了该理论以更大程度的一致性。的确,摩尔只是为我们列出了一个"名号"的清单,这些名号既可用于空间,也可用于上帝。拉弗森则表明了它们的内在关联;而且,通过把无限等同于最高的完美,以及把广延本身变成完美,他使得把广延归于上帝在逻辑和形而上学上都成为不可避免的。

在把无限空间(它在抽象意义上是几何学的对象,在实在意义上则是上帝的无际性)归于第一因之后,拉弗森开始更仔细地思考两者之间的关联:①

> 当代已经有许多人认识到,其[第一因的]真实而本质的在场是一切事物本质存在和实际存在的一个必要前提。然而,这种本质而密切的在场如何能够用[第一因的]非广延假设进行解释而不致产生明显的矛盾,却从未搞清楚过,

---

① *De ente infinito*, cap. Ⅵ, p.82.

而且永远也不会搞清楚。的确，要依其本质而存在于各个彼此远离的位置，例如在月球、地球以及这两者之间的空间中，它除了自我延伸还会是什么呢？现在，我们已经证明这种广延是真实的、不可分的、非物质的（或精神的，如果你愿意的话）。要想推论出它的这种完美、崇高和无限（在它是无限存在的一个不充分概念的情况下），难道还需要别的什么东西吗？

拉弗森的结论是，除了广延或空间，我看不出还有其他什么名称能够表示第一因的这种本质上的无处不在。

当然，哲学家们把不完美的、可分的、物质的广延从第一因中去除是正确的。然而，由于从中拒斥了一切种类的广延，他们便为许多人开启了通往无神论甚或物神论的大门，因为那些人不想被暧昧迂回的说法所包围，也不想被模糊而无法理解的概念术语所困扰。比如霍布斯等人就是如此：由于在世界任何一个地方都找不到这种无限而永恒的、非广延的至高存在，他们就认为它根本不存在，并且鲁莽地向世人公布自己的观点。还有一些古人也是如此，他们坚称至高存在是不可理解的。在拉弗森看来，所有这些偏差都起因于对广延本质的误解，误把广延当成某种不完美的、完全缺乏统一性和实在性的东西。然而事实上，广延本身是某种实际的东西，代表着一种非常真实的完美。因此，由于一般来说[1]

---

[1] *De ente infinito*, p.83.

> ……在事物的本质中，但凡作为事物主要基本属性的实质物，如物质中的广延等，都必定真实地出现于第一因中，并且是以最完美的方式、以无限卓越的程度出现，

所以无限广延必须被实实在在地、而非只是隐喻式地归于第一因。

于是，就像经院哲学家们所说的那样，第一因以一种卓绝而超越的方式包含了造物，它似乎是造物完美性的双重根源或缘由。①

> 因为(如他们所说)，除了它本身(以一种更完美的方式)所有的，它不给予任何东西。

于是，他们断言上帝是一种思想的存在：的确，一种思想的存在(如我们自己)怎么可能出自于一种非思想的存在呢？但我们也可以反过来问：一种广延的存在又怎么可能出自于一种非广延的存在呢？当然，经院哲学家们希望第一因以超越的方式同时包含两种完美性。至于广延，比如物质中的广延，他们正确地主张它是不完美的。然而，与绝对无限者的思维或思想相比，我们却认为(人类心灵或受造精神中的)思维或思想同样是不完美的。我们可以引证有分量的权威来支持这个观点，比如马勒伯朗士神父。虽然有限思想者中的思维也许要比物质中的广延完美得多，

---

① *De ente infinito*, p.83 sq.

但两者无疑都与第一因中的完美根源隔着同样的距离也就是无限的距离;与第一因相比,两者都同样不完美。①

广延的无限广大表现了第一因中存在的无际扩散性,或是其无限的、真正无尽的本质。这种[广大]就是原初的广延的(extensive)完美,我们已经在物质中发现了它那不完美的复制品。

这种处处不可分的、无限的(无论它是什么)最完美的能量,产生万物并且永远保全着万物(再怎么赞美也不为过的这一系列神圣推理[Divine Ratiocination],也就是自然的整体结构,后验地充分证明了这一点),它就是这种内涵的(intensive)完美。而我们作为无限原型的可怜范例,尽管在类别和程度上与它相距无限间隔,却自诩在模仿它。

从字面来看,拉弗森所主张的是:广延本身就是一种完美,即使粗大的物质广延也是如此。它在物体中实现的样式(modus)肯定有很大的缺陷,正如我们散漫的思想是一种很有缺陷的思维样式一样;然而,我们的思想尽管散漫,却仍是对上帝思维的模仿与分有,同样,尽管我们的身体广延是可分的、可动的,却仍是对上帝自身完美广延的模仿和分有。

至于后者,我们已经证明:②

---

① De ente infinito, p.85.
② De ente infinito, pp.90 sq.

……这种内部的或最内在的处所，依其本质穿透万物，并且因其不可分而最密切地出现在万物之中；它不能、甚至不能想象为任何东西所穿透，它是无限的、最完美的、单一的和不可分的。所以很明显，其他一切事物都不过是昙花一现的存在，与它的差距是何等无限；用先知（《以塞亚书》第40节）优雅的表达来说，与这一无限而永恒的本质（οὐσιότατον）存在相比，它们什么都算不上。它们就像真实存在的轻影，即使无处不在，也丝毫无法表达我们所理解的第一因中那个最真实的无限。

因此，即使物质是无限广延（事实上并非如此），物质也绝不会等同于神的广延，也绝不可能成为上帝的一种属性。拉弗森是如此陶醉于对无限观念的沉思，以至于我们可以把摩西·门德尔松（Moses Mendelssohn）对斯宾诺莎的描述用在他身上（尽管做了些修改）：他沉醉于无限之中。拉弗森走得如此之远，竟会——悖谬地——拒斥摩尔对"哪里"这个范畴或问题的基本有效性的重申。对无限而言，这个问题是没有意义的。无限者不仅是一个中心无处不在、界限处处不在的球体，而且也是某种中心处处不在、既无界限亦无中心的东西。关于它，我们无法回答"哪里"这样的问题，因为对它而言，处处也就是无处。①

相对于这个无际的处所，一个有限物体的体系，无论有

---

① *De ente infinito*, p.91.

多么巨大，也说不上是在何处。事实上，它是完全无法度量的；"这里"、"那里"、"在中间"等，在其中完全消失不见。

拉弗森显然是正确的。在这无限而同质的空间中，所有的"处所"都是完全等价的，而且无法互相区分：相对于整体，它们都有相同的"位置"。①

> 关于这一点，著名的盖里克在其《马德堡实验》(Magdeburgian Experiments)一书的第65页写得很明白：在这无际的空间中（没有起点，没有终点，也没有中间），假使有人行进了无限长的[时间]，穿越了不可胜数的距离，但相对于这无际的空间，他仍然处于同一个位置；即使他重复这个行为，行进了原先路程的十倍，他在这一无际空间中也仍然处于同一条路、同一个位置，没有靠近终点一步或更加实现他的意图，因为在这无法估量的（无际）中，不存在关系。在它之中，一切关系都是以我们自己或其他造物为参照的。这无际的处所确实无处不在；任何拥有有限的"哪里"的东西（他们习惯于说精神），都与另一种有限的[事物]有关系；但是相对于这无际的空间，它的确说不上所在何处。

然而，就算拉弗森如此强调非受造空间的无限性与受造世界的有限性之间的强烈对比，他的意图也绝不在于把确定的或可

---

① *De ente infinito*, p.91.

(由我们)确定的大小指派给后者。恰恰相反,无限空间足以容纳一个大小不确定的、无定限大的世界。于是,拉弗森告诉我们,①

>……绝对没有任何理由能够说明[世界]怎么能延伸到其无际处所的无限,因为它是由各个可运动的部分组成的,不具有绝对的丰饶性……而绝对无限则是全然不动的,它绝对一体、自我完满……[然而,]……宇宙究竟有多大或者延伸有多远,我们却全然不知。

拉弗森本人②

>……很可能会认为,相对于我们的理解力而言,宇宙是无法度量的,而且我们永远也无法理解它。事实上,这并不意味着我们可以通过我们的认知而理解所有不是无限的量值,或者在头脑中把它描绘得如此巨大,以至于连宇宙都不能比它更大。举例来说,我们可以设想一列数字排成直线,从地球一直延伸到天狼星或银河系中的任何一颗星,或者任何可见的界限,这些[数字]的统合就表示地球与该界限的距离;我们还可以设想把这个数字平方、立方、四次方等等,直到幂指数与第一个数或者它的一次方根相等;最后,我们可以把这个幂当成以同样方式计算出来的其他数的根。也许没有什么东西可以同宇宙的大小相比,它可以、而且的确可能超出

---

① *De ente infinito*, pp.91 sq.
② *De ente infinito*, p.92.

了包括我们在内的任何有限的计算[心智]的能力,除了广大无边的造物主,谁都不能理解它。但是,就它被认为是事物无际的处所而言,它肯定无法像第一因那样,以绝对的方式成为无限的。

由此,我们很清楚地看到:无限与有限之间的区别并不是"多"与"少"之间的区别;它不是量的区别,而是质的区别。尽管数学家们也在研究这种区别,但它从根本上说是一种形而上学的区别。只有充分理解这个区别,我们才不致犯下把造物主与受造世界混淆起来的泛神论错误;也正是这个区别,才为我们提供了一个坚实的基础来研究种类近乎无限的造物。事实上,那些①

不仅从书本上来[研究]宇宙的可见部分,而且也愿意勤奋阅读并认真思索[自然之书]的人,运用他对天空构造的观察和分析,一定会认识到,不仅可能存在着多个世界,而且的确存在着近乎无限数目的体系、各种运动定律,展现着各种(近乎不可胜数的)现象和造物。

嗬,就连这地球上都有如此众多各式各样的造物,它们资质各异,其中有些甚至可能全然不为我们所知。在其他地方由这位无限的建筑师以无穷的组合技艺创造出来的东西,可能还有更多更多吧!

---

① *De ente infinito*, p.93.

真正能够引领我们认识宇宙的唯有观察和经验。借助于观察，我们接触到了世界的可见运动体系；借助于经验，我们发现了各种力、物体的可感性质和相互关系。数学（数学物理学）和化学是建立在这些经验基础上的科学。至于超出经验数据的"假说"，也许表面上是合理的，有时甚至有助于探求真理，但却会滋生偏见，从而弊大于利。对假说的狂热、发明新的假说属于臆想的诗性哲学，而不是对知识的追寻。

关于后者，在拉弗森看来，牛顿这位最伟大的哲学家在《原理》中建立起来的方法就在于，通过实验和理性力学来研究自然现象，并把它们还原为各种力，这些力的作用是显而易见的，虽然我们对力的本性还不甚了了。

正如我们看到的，经验论与形而上学，甚至是一种非常明确的形而上学——神创论，被紧密地联系在了一起。的确，除了观察与经验，我们还能用什么方法来研究由一位无限的上帝所自由创造的世界呢？因此，拉弗森的结论是：[1]

> 人类的哲学无法在理论上组合出最小的老鼠或最简单的植物，人类的实践也无法造出它们，遑论整个宇宙了。只有创造这些事物的太初智慧和力量才有资格解决这些问题。至于我们，它们所提供的只是对事物本身以及永远在做几何学的上帝的认识的长久进步。

---

[1] *De ente infinito*，p.95.

第九章　上帝与世界：
空间、物质、以太和精神

——牛顿

很难说是什么原因促使牛顿在《光学》(*Opticks*)拉丁文版(译本)的第三卷里扩充了"疑问"(*Queries*)的数目；此外还补充了两篇极为重要和有趣的长文，与英文第一版中纯技术性的疑问不同，它们探讨的不是光学问题，而是方法论、认识论和形而上学的问题。①

拉弗森那本书的出版不可能是这件事的动机：《论真实空间或无限存在》出版于 1702 年，《光学》的拉丁文版出版于 1706 年，而《光学》的英文版在 1704 年就问世了，所以倘若牛顿要澄清他

---

① 奇怪的是，1706 年《光学》拉丁版中序号为 17—23 的这些"疑问"似乎并没有引起牛顿研究者的注意，他们通常把这些疑问归于 1717 年《光学》(英文)第二版。举例来说，L. T. More，*Isaak Newton*，New York-London，1934，p.506 写道："第二版(八开本)1717 年广告，1718 年出版……它新增加了一些疑问，序号从 17 开始"。只有 Leon Bloch，*La philosophie de Newton*，Paris，1908 以及当代的 H. G. Alexander ed. *The Leibniz-Clarke Correspondence*，Manchester University Press，1956 是可敬的例外。

对于拉弗森的立场,他本可以在 1704 年就这么做。我认为——不过,这仅仅是一个猜测——很可能是乔治·切恩(George Cheyne)博士《自然宗教的哲学原理》(*Philosophical Principles of Natural Religion*)一书的出版给了牛顿一种少有的激励,使其公开宣布自己的立场。①

即便如此,正是这些疑问(奇怪的是,贝克莱似乎忽视了这些

---

① *Philosophical principles of natural religion*, by George Cheyne, M.D. and F.R.S, London, 1705. 切恩此书的修订增补第二版题为《宗教的哲学原理:自然的和启示的》(*Philosophical principles of religion, natural and revealed*, London, 1715),它包括两个部分:第一部分,"自然哲学的基本原理以及源于自然哲学的自然宗教之证明";第二部分,"无限的本性和种类,算术和用法,以及启示宗教的哲学原理,现在首次发表"。令人奇怪的是,总标题页以及第二部分的标题页都写着 1715 年的日期,而第一部分写的日期却是 1716 年。事实上,或者至少是依据从牛顿本人那里获此信息的 David Gregory 的说法,正是切尼博士的著作《逆流数法》(*Fluxionum methodus inversa sive quantitatum fluentium leges generales*)的出版,才促使牛顿发表了《关于曲面体的种类和数量的两篇论文》(*Two treatises on the species and magnitudes of curvilinear figures*),即《曲面积分》(*The quadrature of curves*)和《三阶线的列举》(*The enumeration of the lines of the third order*)(参见 David Gregory, *Isaak Newton and their circle*,选自 David Gregory's *Memoranda* edited by W.G.Hiscock, pp.22 sq., Oxford, 1937)。在同一份《备忘录》(*Memoranda*)中(所署日期为 1705 年 12 月 21 日),我们还发现了下面这段有意思的话:"牛顿爵士和我在一起,他对我说,他已经为其讨论光与颜色的著作的新拉丁文版补充了 7 页附录。他以疑问的方式解释了火药的爆炸以及一切主要的化学作用。他表明,光既非运动的传递,亦非压力的传递。他倾向于认为光是被投射的微粒。在那些疑问中,他解释了冰晶石的双折射。他犹豫自己是否应该提出最后一个疑问:没有物体的空间中充满着什么?他显然认为,上帝实实在在是无处不在的。正如物体的影像传入大脑我们就感知到物体一样,上帝也必定因为密切地呈现于万物而感知万物;因为他假设,由于上帝在空无一物的空间中在场,所以上帝也在有物体的空间中在场。但是如果这种提问方式过于大胆的话,他打算这么问:古人指派给重力的原因是什么?他认为古人把上帝看作重力的原因,也就是说,任何物体都不是原因,因为任何物体都有重量。""牛顿爵士相信光线进入到大多数自然物的组成当中,光是以光线的形式从明亮物体中投射出来的小微粒,就像易燃物体的情况那样。"有关牛顿对光与物质关系的看法,参见 Helène Metzger, *Newton, Stahl, Boerhaave et la doctrine chimique*, Paris, 1930.

问题)成了莱布尼茨与克拉克之间那场著名争论的主题。的确,正是在这些疑问中(疑问21和22)而不是在其他地方(也包括《原理》第二版的总释),牛顿才更准确、更清楚地表明了哲学的目的和目标,同时也提出了他的一般世界观:一个非常有趣和一致的"微粒哲学"体系(该体系在他给本特利的信中已经初具雏形)。该体系主张,光与物质从根本上是统一的,构成宇宙的物质是坚硬而不可分的微粒,各种非物质的引力和斥力持续作用其上。于是,疑问20(第二版中的疑问28)详细说明了充满物质的空间在物理学(天文学)上是不可接受的(一个完全充满的空间将对运动构成强大的阻力,使得运动根本不可能,而且会在很久以前便已停止),而充满稀薄以太的太空在物理学(天文学)上则是可接受的,以太的密度可以小到任何程度(在70、140、210英里的高空,空气密度不是比在地球上稀薄十万倍、一千亿倍或一百兆倍吗?),这就暗示了这种以太的微粒结构、真空的存在以及对连续介质的拒斥。牛顿的结论是:[1]

要拒斥这样一种介质,我们有古希腊和腓尼基的一些最古老、最著名哲学家的权威的支持。他们把真空和原子以及原子的重力作为他们哲学的基本原则,暗中把重力看作由其他原因而不是由致密物质所引起。后来的哲学家们都把对这样一种原因的考虑排斥于自然哲学之外。为了用力学来

---

[1] *Optice* ... l.Ⅲ, qu.20, pp.312 sq.; London, 1706;英文版疑问28;参见I. Bernard Cohen编的 *Opticks*, New York, 1952, p.369。由于英文版给出了牛顿的原文,我在引用时会首先给出拉丁文本的页码,然后是英文本的页码。

解释一切事物,他们就虚构了一些假说,而将其他一些原因让形而上学去解释。然而,自然哲学的主要任务是不杜撰假说而从现象来探讨问题,并从结果中推导出原因,直到我们找到第一因为止,而这个原因肯定不是机械的;自然哲学的任务不仅在于揭示宇宙的结构,而主要在于解决下列这些以及类似的问题。在物质几乎空无的地方有些什么,太阳和行星之间既无稠密物质,它们何以能相互吸引?为何自然界不做徒然之事,我们在宇宙中看到的一切秩序和美又从何而来?出现彗星的目的何在?为何行星都同样是在同心轨道上运动?是什么阻止一颗恒星下落到另一颗恒星上面?动物的身体怎么会造得如此巧妙,它们的各个部分各自为了什么目的?没有光学的技艺,能否造出眼睛?没有声学知识,能否造出耳朵?身体的运动如何依从意志的支配,而动物的本能又从何而来?动物的感觉中枢是否就是敏感物质所在的地方?也就是通过神经和脑把事物的各种可感种相传出去的地方?在那里,它们是否能够因直接呈现在敏感物质之前而被感知?这些事情都是这样井井有条,所以从现象来看,是否好像有一位无形的、活的、最高智慧的、无所不在的上帝,他在无限空间中,就像在他的感觉中一样,仿佛亲眼看到形形色色的事物本身,深刻地理解并全面地领会它们,因为事物就直接呈现在他的面前。只有这些事物[在视网膜上]的图像经由我们的感觉器官传送到我们小的感觉中枢,并在那里为我们负责感觉和理性的东西所看到。虽然这种哲学中每一真正的步骤并不能直接使我们认识到第一因,但却使我们更接近于它,所以每一个这样的步骤都应受到高度的评价。

至于疑问 23(31),则以这样一个问题开始:①

物体的微粒是否具有某种能力、效力或力量,借此能对远离它们的东西发生作用,不仅能作用于光线使之反射、折射和偏折,而且也能彼此相互作用,产生为数众多的自然现象?众所周知,物体能通过重力、磁力和电力的吸引而发生相互作用;这些事例显示了自然界的一种趋向和进程。但是,除此之外还可能有更多的吸引力,因为自然界本身是和谐一致的。

正如在《原理》中那样,牛顿在此并没有坦率地告诉我们这种种不同的"能力"究竟是什么,而是使其悬而未决,尽管我们知道,他坚持认为它们是非机械的、非物质的、甚至是"精神的"能力。②

至于这些吸引是如何实现的,我不想在此讨论。我所说的"吸引",可以通过推力或者其他我不知道的方式来实现。我在这里用这个字眼不过是想一般地表示任何一种能使物体彼此趋近的力,而不管其原因如何。因为我们在追究这种

---

① Optice …, pp.322 sq.; Opticks, pp.375-76.牛顿在《原理》序言中已经断言了物体"微粒"之间各种"推"力和"斥"力的存在。

② Opticks, p.376.

吸引得以实现的原因之前,必须先通过自然现象弄清楚哪种物体能够彼此吸引,而这种吸引作用的定律和性质又是什么。重力、磁力和电力的吸引可以达到相当可观的距离,所以用肉眼就能观察到。但可能还存在其他某些吸引力,它只能到达相当小的距离,以致迄今为止,还没有被我们观察到;或许电力的吸引在没有因摩擦而引起时,就只能达到这样小的距离。

无论这些"能力"是什么,它们都是真实的力,是解释(即便是假设性的)物体的存在——即解释构成物体的物质微粒是粘在一起的——所不可或缺的;纯粹唯物论的自然模式是不可能的(像卢克莱修和笛卡儿那样的纯粹唯物论或机械论的物理学也是不可能的):①

所有同质而坚硬的物体,它的各个部分彼此完全接触而十分坚固地黏结在一起。为了解释其所以能如此,有人设想存在着一种带钩的原子,这是在回避问题的实质;另一些人告诉我们说,静止使物体黏合在一起,也就是说靠一种隐秘性质,或者不如说靠虚无使物体粘在一起;还有一些人说,它们之所以粘在一起,是由于它们的运动一致,即由于它们之间的相对静止。我则从它们的内聚性出发,宁愿说它们的微粒是由于某种力而互相吸引,这种力在微粒直接接触时极其

---

① *Optice* ... , p.355; *Opticks* , pp.388 sq.

强大;在短距离处,它起着前文所述的那些化学作用;而在远离微粒的地方,它就没有什么可以感觉到的效应。

211 当然,我们可以说(莱布尼茨就曾这样论证过),牛顿坚持认为物质的最终成分是硬的、不可入的和不可分的是错误的,这种古典原子论观念蕴含着极大的动力学困难。的确,要想说出两个绝对坚硬的物体相撞会发生什么,乃是不可能的事。例如,我们让两个完全相似的、绝对坚硬的(也就是绝不发生弯曲和变形的)物体以同样的速度相互靠近。这是动力学中的经典情形。它们在碰撞之后会发生什么情况?像弹性物体那样弹回?或者像非弹性物体那样彼此停止下来?事实上,两者都不是,但也不会出现第三种情况。我们知道,笛卡儿为了保留能量守恒原理,断言物体会弹回。但他显然错了。而如果我们容许它们会彼此停止下来,即运动在每次碰撞后都失去,那么世界机器岂不是很快就会慢下来并停止运动?为了避免这些困难,难道我们不应完全抛弃原子论观念,承认物质是无限可分的,或者其"最终"成分不是坚硬的原子,而是软的、有弹性的微粒甚或"物理单子"?于是,牛顿继续说:[①]

> 所有物体似乎都由坚硬的微粒所组成,否则流体就不会凝结,像水、油、醋和矾油或矾精经冷冻而凝结,像水银被铅气所固结,像硝酸精和水银通过水银的溶解以及黏液的蒸发

---

① *Optice* ... , pp. 355 sq; *Opticks*, pp.389 sq.

而凝固,像酒精和尿精通过提炼、混合而凝固,以及尿精和盐精混在一起升华变成硇砂而凝固。甚至光线也好像是坚硬的物体,否则它们就不能在它们的不同侧面中保持其不同的性质。因此,坚硬性可以看作是所有非化合物质的通性。看来这一点至少和物质普遍具有不可入性一样明显。因为经验表明,所有物体都是坚硬的,或者是可以变硬的;而对于物质普遍的不可入性,我们除了没有实验例外的大量经验外,也没有其他证据。就化合物而言,我们知道,有些化合物虽有许多孔隙,并且仅由堆砌在一起的各个部分所组成,尚且如此坚硬;那么,没有孔隙而且还不曾被分开的简单微粒就必然更为坚硬。由于这样硬的一些微粒堆在一起,它们只能在几个点上彼此相接触,所以把这些微粒分开需要的力要比破坏一个坚硬的微粒小得多;因为一个坚硬微粒的各个部分彼此全面相接触,又没有细孔或间隙以减弱它们的内聚力,而当这些很坚硬的微粒不过堆在一起,又只是在几个点上互相接触,要是不借助于某种东西使它们互相吸引或彼此压紧,而能如此坚固地粘聚在一起,这是很难设想的。

正如我们所知,以及上述引文所表明的那样,这"某种东西"不可能是其他更小的"以太"微粒,至少最终不是。因为同样的问题,即它们之间的相互作用问题,显然也可以针对"以太"微粒本身而提出来,而且也不能通过假设一种超以太来回答,因为这样做又蕴含了一种超超以太的存在,如此等等以至无穷。因此,吸

引力和排斥力尽管是非物质的,却是基本的自然要素:①

> 因此自然界的动因使物体微粒通过强大的引力粘聚在一起。而实验哲学的任务就是把它们找出来。

于是我们又一次看到,好的、经验的和实验的自然哲学并不从世界的结构和天空的组织中排除非物质或超物质的力量。自然哲学只是不去探讨它们的本性,而把它们看作是可观察结果的原因,以数学的自然哲学的观点,把它们视为数学原因或数学力、即数学概念或关系来处理。与此相反,希腊原子论者(他们至少容许了虚空的存在甚至是重力的非机械特征)和笛卡儿的先验哲学却错误地排除了这些力,并且无谓地试图用物质和运动来解释一切。至于牛顿本人,他对这些非物质的(在此意义上是超物理的)力的实在性确信无疑,这种信念促使他为物质存在的一般结构设计了一种非同寻常的、先知式的图景:②

> 现已明了,最小的物质微粒可以通过最强大的吸引而粘聚在一起,并组成效力较弱的较大的微粒;几个这样的较大微粒又可以粘聚成效力更弱的更大微粒;如此类推下去,直到终于组成决定化学作用和天然物体颜色的最大微粒时,它们就会粘聚在一起,组成其大小可以感觉的那些物体。如果一种物体是坚实的,并且当受到挤压而弯曲或收缩时各部分

---

① *Optice* ⋯ , p.337; *Opticks*, p.394.

② *Optice* ⋯ , p.337 sq.; *Opticks*, p.394.

之间不出现滑移,那么它就是坚硬的弹性体,能靠各部分之间的相互吸引而恢复其原先形状。如果各部分之间能互相滑移,那么这物体就是柔软的范性体。如果各部分很容易滑脱,并且其大小适当,可以为热所激发,而这个热又大到适以使它们保持在搅动之中,那么这物体就是流体;而如果它容易粘附在其他物体之上,那么它就是湿润体;并且每一种流体的液滴由于其各部分之间的相互吸引而成为球形,正如具有陆地和海洋的地球由于各部分之间的重力作用发生相互吸引而成为球形那样。

而且,正如我先前所暗示的那样,容许各种非物质的力量按照严格的数学定律作用或分布于物体或微粒之上(或者用更现代的方式来表述:容许与物体及微粒相关的不同力场的存在),将使我们能够把它们一一迭加起来,甚至将它们转变成其反面,这有极大的好处。的确,[1]

> 既然溶解在酸中的各种金属只吸引少量的酸,那么它们的吸引力只能达到离它们很近的地方。像在代数学中正数变到零时就开始出现负数那样,在力学中当吸引变为零时,接着就应该出现排斥的效应。而这种效应的存在,似乎也可以从光线的反射和折射中看出。因为,在这两种情况下光线并不直接与反射体或折射体相接触,但都能为物体所排斥。

---

[1] *Optice* ... , p.338 sq; *Opticks*, pp.395—396.

这种效应的存在似乎也可以从光的发射中看出；光线由于发光体中各部分的振动而立即由发光体射出，因为它们射出的速度极大以至于超出了引力的范围。这是因为在反射时足以使光线返回的那个力也足以把它发射出去。这种效应的存在似乎还可以从空气和蒸汽的产生中看出；由于加热和扰动而从物体中抛出去的那些气体微粒，一旦超出物体的引力所能及的地方，就以很大的力离开这物体，并彼此相分离，以致有时要占据比它们原来在密集物体中所占据的大一百万倍以上的空间。这样巨大的收缩和膨胀，如果假想气体微粒是弹性的和分岔的、或者像环那样卷起来的、以及其他不同于排斥力的方式来说明，似乎都是无法理解的。

因此，容许非物质的"效力"，就为物体的"弹性"这一最重要的关键问题提供了一种便捷而优雅的解答；反之亦然，这一解答也证明了不可能用纯机械的方法来解释物体的这种性质（如笛卡儿和波义耳试图做的那样），由此也表明纯粹的唯物论无论是对于一般的哲学还是自然哲学都是不充分的。事实上，如果没有非物质的力量和效力，就不会有可以作为哲学探讨材料的自然了，因为那样就不会有内聚力、统一和运动；或者即使一开始有这些东西，它们也会在很久以前就停止了。相反，如果我们承认自然具有物质和非物质双重结构，那么，①

---

① *Optice* ..., pp.340 sq; *Opticks*, pp.397 sq.

……大自然本身是很一致的,并且是很简单的,天体的巨大运动是由天体之间的引力相互平衡来完成的,并且这些天体微粒的几乎所有的微小运动,都是由作用于这些微粒之间的某些别的引力和斥力来完成的。惯性力是一种被动的本原,各个物体由于这个本原而保持运动或静止。它们所获得的运动和加于其上的力的大小成正比,它们所抗拒的运动则和它们所受到的阻力相当。如果仅有这样一个本原,世界上就永远不会有任何运动了。要使物体运动就得有某种别的本原;而物体现在已经在运动,就需要有某种别的本原使这个运动保持下去。因为从两个运动的各种合成来看,可以肯定地说,世界上运动的量并不总是一样大小的。如果用一根细杆连接两个球,以均匀速度围绕它们的共同重心旋转,而这个重心又在它们圆周运动的平面内作匀速直线运动;那么,当这两个球处在它们的共同重心运动所描绘的直线上时,其运动之和将超过处于这条直线的垂直线上时的运动之和。从这个例子似乎可以看出,运动可以获得,也可以失去。① 但是由于流体的粘性及其各部分之间的摩擦,以及固体中的微弱弹性,失去运动要远比获得运动容易得多,因而运动总是处于衰减之中。因为绝对坚硬的物体或柔软得完全没有弹性的物体相碰,彼此就不会弹回去。不可入性使它们只能停止不动。如果两个相同的物体在真空中直接相遇,那么按照运动定律,它们就要在相遇的地方停下来,失去它

---

① 当然,这个推理是完全错误的。令人惊讶的是,牛顿居然犯了这个错误,而且无论是他本人还是他的编者都没有注意到这个错误。

们的全部运动,并将保持静止。除非它们有弹性而从其弹力中获得新的运动。

217 然而,即使它们有弹性,它们也不可能是绝对弹性的,于是在每一次碰撞之后,总有一些运动(即动量)会失去。假如世界是充满的,如笛卡儿主义者所设想的那样,那么笛卡儿所设想的"涡旋"运动就会迅速停止下来,因为①

……除非有一种完全没有粘性、各部分间没有磨损,又不转移运动(可是不能做这样的假定)的物质,否则运动总要不断衰竭下去。所以,在看到我们世界上所发生的各种运动都总是在减少之后,就有必要用一些主动的本原来保持并弥补这些运动,

这归根到底是通过全在全能的上帝在世界中的持续作用。因此,牛顿继续写道:②

考虑到这一切之后,我看上帝开始造物时,很可能先造结实、沉重、坚硬、不可入而易于运动的微粒,其大小、形状和其他一些性质以及空间上的比例等都恰好有助于达到他创造它们的目的;由于这些原始微粒是些固体,所以它们比任何由它们合成的多孔的物体都要坚硬得无可比拟;它们甚至

---

① *Optice* … , p.343; *Opticks* , p.399.
② *Optice* … , pp.343 sq.; *Opticks* , p.400.

坚硬得永远不会磨损或碎裂,没有任何普通的力量能把上帝在他第一次创世时所创造的那种物体分裂。当这些微粒继续保持完整的时候,它们可以组成在任何时候性质和结构都是一样的物体;但是如果这些微粒可以磨损或碎裂,那么由它们组成的物体的性质就将改变。现在由已经磨损的微粒和微粒的碎块组成的水和土,其性质和结构就会和开始用完整的微粒组成的水和土不同。所以,这些性质是永恒不变的,有形物质的变化只是这些永恒微粒的不同分离、重新组合和运动而已;复合物体容易破裂,但不是在坚实微粒的中间破裂,而是在这些微粒聚集在一起时互相接触的几处破裂。

进一步来看,这些微粒不仅有惯性力以及由这种力自然导致的被动的运动定律,而且它们还被某些主动的本原所推动……

正是这些本原的作用,或者更确切地说,是上帝通过这些本原的作用,赋予了世界以结构和秩序,而正是这种结构和秩序使我们认识到这个世界是选择的结果,而不是出于偶然或必然。于是,自然哲学——至少是好的自然哲学,即牛顿的而非笛卡儿的自然哲学——超越了自身并把我们引向上帝:[①]

……借助这些本原,所有物质似乎都由上述这些坚硬的

---

① *Optice* … , p.345; *Opticks*, p.402.

固体微粒所组成，都是依照一个智慧者的设计在第一次创世时通过这些微粒的不同组合创造出来的。因为把它们安排得井井有条，这是和它们的创造者相称的。假如他创造了一切，那么再去寻找世界的其他起源，或者认为世界只是按自然定律从混沌中产生出来的，就不合乎哲学了；虽然它一旦被创造之后，就会由于这些自然定律的作用而可以持续许多世纪。既然彗星能在偏心率极大的轨道上以各种不同位置运行，盲目的命运就绝对不可能使所有行星都以同样方式在同心圆的轨道上运行，除非有一些意想不到的不规则性；这些不规则性可能来自彗星与行星之间的相互作用，而且还将倾向于变大，直到这行星系需要重新改组为止。行星系的这种奇特的均一性，一定是精心选择的结果。动物身上的均一性也应当是这样……

此外，[1]

……只能出自于一个全能的永恒存在的智慧和技巧。神是无处不在的，他能用他的意愿在他无边无际的统一的感觉中枢里使各种物体运动，从而形成并改造宇宙的各个部分，这比我们用意愿来使我们身体的各个部分运动容易得多。然而，我们不应该认为世界是上帝的身体，或者认为世界的某些部分就是上帝的某些部分。上帝是一个统一的整

---

[1] *Optice* …, p.346; *Opticks*, p.403.

体,没有器官,没有四肢或部分,虽然这些都是他的创造物,从属于他,并为他的意愿服务;他不是这些创造物的心灵,正如人的心灵不是各种物体的心灵一样;这些物体经过人的感觉器官被带到心灵能感觉的地方,在那里,心灵由于它们的直接出现而感觉到了它们,不用任何第三者的参与;感觉器官并不能使心灵去感觉其感觉中枢中的各种物体,而仅仅是把它们带到那里。上帝不需要这样的器官,他在任何地方总是出现在各种事物的面前。由于空间是无限可分的,而物质不一定在各处都存在,所以,也可以认为上帝能创造各种大小和开端不同的物质微粒,它们同空间有各种比例,或许还有不同的密度和力,从而出现不同的自然定律,并在宇宙各个不同的部分造出各种不同的世界。在这些方面,至少我看不出有什么矛盾。

牛顿本可以补充说,在《原理》中,他已经说明(尽管没有坚持),引力的平方反比律这一实际定律并不是唯一的可能(虽然是最方便的),如果上帝愿意,他也可以采用另一个定律。牛顿也本可以引用他的朋友波义耳的观点,后者相信上帝的确在不同的世界中试用过不同的运动定律,或者引用拉弗森的类似观点。但牛顿并没有引用他们,就像他在把无限空间变成上帝的感觉中枢时没有引用摩尔一样。

第十章 绝对空间与绝对时间：
上帝的行动框架

——贝克莱和牛顿

贝克莱主教在 1710 年出版《人类知识原理》(*Principles of Human Knowledge*)时,心中想到的必定是拉弗森的解释,或者更确切地说,是拉弗森对于牛顿主义形而上学背景的揭示。在这部著作中,贝克莱不仅强烈反对绝对空间和绝对时间这些基本概念,而且从神学角度指出了这些概念所蕴含的巨大危险。在贝克莱看来,他所拥护的激进的非唯物论和感觉主义经验论的一个主要优点就是:它使我们有可能抛弃这些东西,[①]

……一本著名的力学论著:在这篇备受尊重的论著的开头,时间、空间和运动被区分为绝对的和相对的、真实的和表观的、数学的和流俗的;根据这位作者所做的详细说明,这种

[①] George Berkeley, *Principles of human knowledge*, §110; p.89 (*The Works of George Berkeley Bishop of Cloyne*, ed. by A. A. Luce and T. E. Jessop, vol. Ⅰ, Edinburgh, 1949).

区分其实假定了那些量在人类心灵之外的存在;它们通常被设想为与可感事物有关联,但就其本性而言,这种关联根本不存在。

贝克莱对自己所要批判的理论作了非常精确的阐述(主要是用牛顿的话),他继续说道,"这位著名的作者"认为①

……有一个不为感官所知觉的绝对空间,它本质上保持相似和不动;而相对空间则是其量度,是可动的,由相对于可感物体的位置情况来定义,在常识上被当作不动的空间。

当然,贝克莱并不接受这个理论;一种无法知觉的实在是无法想象的,而且,"对运动的哲学思考并不意味着绝对空间的存在——一个迥异于可被感官知觉的、与物体相关的空间的存在",尽管牛顿作了与此相反的断言。而且,最后的但并非最不重要的,②

这里所提出的东西似乎解决了学者们关于纯粹空间本性的争议和困难。但是,由此产生的主要好处在于,我们从那个危险的两难困境中摆脱出来;某些思考这个问题的人或者认为真实的空间就是上帝,或者认为上帝旁边有某种永恒的、非创造的、无限的、不可分的和不变的东西。这两者都可

---

① George Berkeley, *Principles of human knowledge*, §111, p.90.
② George Berkeley, *Principles of human knowledge*, §117, p.94.

以被公正地视为有害的和荒唐的观念。的确有不少重要的神学家和哲学家发现很难设想空间的界限或空间的消失,因而推论说空间必定具有神性。而最近有人特别想表明,上帝的不可交流的属性是与空间一致的。无论这些说法对于神的本性而言是多么没有价值,只要我们固执于这些已有的意见,就无法澄清这点。

尽管贝克莱的抨击肯定不像研究牛顿的某些史家认为的那样强烈影响了牛顿,但这似乎是促使牛顿在《原理》第二版中加入著名的"总释"的原因或原因之一(另一个原因是,莱布尼茨指责牛顿经由万有引力理论而把一种无意义的隐秘性质引入了自然哲学);[①]"总释"强有力地表达了支持《原理》经验-数学结构的宗教观念,从而揭示了其"哲学方法"的真实含义。在我看来,牛顿

---

① 1673年2月18日,科茨致信牛顿(参见 *Correspondence of Sir Isaak Newton and Professor Cotes* … ed. J.Edleston, London, 1850, pp.153 sq.):"……我认为加入一些内容是合适的,这样就可以澄清一些偏见,有些人努力制造偏见来反对你的书,比如说它抛弃了机械因,建立在奇迹的基础上并且诉诸那些神秘的质。如果你翻阅一下 Ann Baldwin 在 Warwick 街销售的周报《文坛纪事》(*Memoires of Literature*),你也许会认为答复这样的反对意见是必要的。在1712年5月5日出版的周报第二卷第18号上,你会发现莱布尼茨先生致哈特索克(Hartsoeker)先生的一封特别的信,它证实了我所说的内容。"的确,在这封标有"汉诺威,1711年2月10日"的信中,莱布尼茨把牛顿的重力比作"神秘的质","神秘"到甚至连上帝都无法澄清;而事实上,莱布尼茨在他的《神正论》(*Essai de Théodicée, Discours de la Conformité de la Foi avec la Raison*, §19, Amsterdam, 1710)中已经抨击了牛顿。众所周知,莱布尼茨和惠更斯都不接受牛顿的引力或吸引观念。参见 René Dugas, *Histoire de la mécanique au XVII siècle*, Neuchatel, 1954, cap. XII, *Retour au Continent*, pp.446 sq. cap. XVI, *Réaction des Newtonians*, pp.556 sq.。

很可能是想撇清自己与贝克莱所暗示的某个危险同盟①的关系，通过以自己的方式阐释自己的观点，来证明——就像本特利试图做的那样——他的自然哲学并不必然导致对上帝存在及其在世界中行动的否定，而是相反地导致肯定。同时，牛顿显然并不想否定或拒斥它们，尽管有贝克莱的警告，他仍然断言绝对时空的存在及其与上帝的必然关联。

与牛顿写给本特利的信相比，牛顿在"总释"中的宣言，至少是有关上帝在世界中行动的部分，并不十分明确。特别是如果将它与本特利对此的阐释、以及牛顿自己在《光学》疑问集中所做的阐释相比较，就更是如此。牛顿并没有告诉我们，为了维系世界的结构，上帝必然要持续不断地作用；他甚至似乎承认，天体的运动一旦开始就将永远持续下去，只是在开始的时候，上帝的直接干预才是不可或缺的。另一方面，世界（也就是太阳系）的实际结构当然被认为源于一种有意识的理智选择：②

> ……在这些天体中，由于没有空气能够阻碍物体的运动，所以所有物体都将以最大的自由运动；行星和彗星都将遵循上面所阐明的定律，在具有给定形式和位置的轨道上经久不息地运行；不过，虽然这些天体确实可以仅仅由于那些重力定律而持续地在其轨道上运行，但这些轨道本身有

---

① 首先是摩尔和拉弗森。

② 参见 *Mathematical principles of natural philosophy*, translated into English by Andrew Motte in 1729, revised by Florian Cajori, *General Scholium*, pp.543 sq., Berkeley, Cal., 1946。

着规则的位置,无论如何是不能预先从这些定律中推导出来的。

六颗主要行星都在以太阳为中心的同心圆上绕着太阳运转,运转的方向相同,并且几乎位于同一个平面之内。有十颗卫星都在以地球、木星和土星为中心的同心圆上围绕这些行星旋转;它们的运动方向相同,并且大致位于这些行星的轨道平面上。但是,既然彗星能以偏心率很大的轨道穿越天空的所有部分,就不能设想单靠机械原因会产生这么多的规则运动;因为它们以这种运动轻易地穿越了各行星的轨道,而且速度极大;在远日点处,它们运行最慢,滞留时间最长,相互间距离也最远,因而它们受到相互吸引的干扰也最小。这个由太阳、行星和彗星组成的最完美的体系,只能来自一个全智全能的主宰者的设计和统治。如果恒星是其他类似的天体系统的中心,那么由于这些系统也是按照同样睿智的设计所形成,它们必然也都服从于这唯一主宰者的统治,特别是因为恒星的光与太阳光性质相同,而且来自每一天体系统的光都会传送到其他天体系统上去;为了避免一切恒星系统会由于它们的引力而彼此相撞,他就把这些系统分置在相距极为遥远的地方。

牛顿的上帝不只是一位"哲学的"上帝,亚里士多德主义者所说的非人格的、冷漠的第一因,或者——在牛顿看来——笛卡儿那个完全冷漠的、与世无涉的上帝,而且也是——或牛顿想让他

是——一位《圣经》中的上帝,是他所创造的世界的主宰和统治者:①

> 这个主宰者不是以世界灵魂,而是以万物主宰的面目来统治一切的。他统领一切,因而人们惯常称之为"我主上帝"或"宇宙的主宰"。因为"神"是一个相对词,是相对于他的仆人而言的,而神性就是指上帝的统治,但不是像那些把上帝想象为世界灵魂的人所幻想的那样,指他对他自身的统治,而是指他对他的仆人们的统治。至高无上的上帝是一个永恒的、无限的、绝对完美的主宰者,但一个主宰者,无论其如何完善,如果没有统治权,也就不成其为"我主上帝"了。所以我们总是说"我的上帝"、"你的上帝"、"以色列的上帝"、"诸神之神"、"诸王之王";而不说什么"我的永恒者"、"你的永恒者"、"以色列的永恒者"、"诸神中的永恒者";我们也不说什么"我的无限者"或"我的完美者";所有这些称呼都没有涉及仆人。"上帝"一词通常是"主"的意思,但不是所有的主都是上帝。上帝之所以为上帝,就是因为他作为一个精神的存在者有统治权;真正的、至高无上的或想象中的统治权,就构成一个真正的、至高无上的或想象中的上帝。由于他有真正的统治权,所以上帝才成为一个有生命的、有智慧的、有权力的主宰者;而由于他的其他一切完美性,所以他是至高无上的,也是最完美的。他是永恒的和无限的,无所不能和无

---

① *Mathematical principles of natural philosophy*, pp.544 sq.

所不知的;就是说,他的延续从永恒直达永恒,他的在场从无限直达无限;他支配一切,对所有已经做的和可能做的事物都是无所不知的。

他的延续从永恒直达永恒,他的在场从无限直达无限……很明显,牛顿的上帝并不在时空之上:他的永恒是永久的延续,他的无处不在是无限的广延。由此就很清楚牛顿为什么会坚持认为:①

他不是永恒或无限,但却是永恒的和无限的;他不是延续或空间,但却延续着和在场着。

然而,就像摩尔和拉弗森的上帝那样,他不仅"永久持续、处处在场",而且正是"通过总是存在和处处存在,他才构成了延续和空间"。因此毫不奇怪,②

万有之主必然永远存在、处处存在,因为空间的每一个微小部分都是永存的,延续的每一个不可分的瞬间都是处处存在的。每一个有知觉的灵魂,虽然存在于不同的时间之内,具有不同的感觉和运动器官,但他总是同一个不可分割的人。延续有其相继的部分,空间有其共存的部分,但不论前者或后者都不存在于人的本性或其思想本原之中,更不存

---

① *Mathematical principles of natural philosophy*, p.545.
② *Mathematical principles of natural philosophy*, p.545.

在于上帝的思维实体之中。每个人,从他有知觉这一点来说,在他整个生命过程中,在他所有的和每一个感觉器官中,他总是同一个人。

而且,①

> 上帝无所不在,不仅就其实效而言如此,而且就其实质而言也是如此,因为没有本质就没有实效。一切事物都包容于上帝之中,并在其中运动,却不相互影响:上帝并不因为物体的运动而受到什么损害,物体也并不因为上帝无所不在而受到阻碍。所有的人都承认至高无上的上帝是必然存在的,而正是由于这种必然性,他又是永远存在、处处存在的。

因此,"我们生活、运动并存在于上帝之中",并非如圣保罗所意指的那样是形而上学的或隐喻意义上的,而是就其固有的字面意义来说的。

我们——也就是世界——在上帝之中,在上帝的空间和时间之中。正因为与万物时时处处同在,上帝才能实施对万物的统治;正是这种统治,或者更确切地说,这种统治的结果,向我们揭示了上帝原本不可知的、不可理解的本质。②

> 我们只能通过上帝对万物的最睿智、最巧妙的安排以及

---

① *Mathematical principles of natural philosophy*, p.545.
② *Mathematical principles of natural philosophy*, p.546.

最终的原因，才会对上帝有所认识；我们因为他的至善至美而景仰他；因为他统治万物，我们是他的仆人而敬畏他、崇拜他；如果上帝没有统治万物之权，没有护佑人类之力，没有终极的原因，那就不成其为上帝，而不过是命运和自然而已。那种盲目的形而上学的必然性，当然同样是永远存在、处处存在的，但它并不能产生出多种多样的事物来。我们在不同时间、不同地点所看到的各种各样的自然事物，只能源于一个必然存在的上帝的思想和意志。但是，我们可以用一个比喻来说，上帝能见，能言，能笑，能爱，能恨，能有所欲，能给予，能接受，能喜，能怒，能战斗，能设计，能工作，能营造；因为我们关于上帝的一切观念都是从与人的行为相比拟而得出来的，这种比拟虽不完善，但终究有某种近似性。以上就是我关于上帝所要说的一切；从事物的表象来论证上帝，无疑是自然哲学所要做的工作。

关于上帝（或者说关于贝克莱）已经说得够多了。至于重力（或者关于莱布尼茨），牛顿解释说，他并没有把"隐秘性质"或不可思议的原因引入哲学，而是恰恰相反，他把他的研究限制在对可观察的明显现象的分析和研究上，而且放弃了（至少是暂时放弃了）对基于实验或经验建立起来的定律作因果解释：①

　　迄今为止，我们已用重力解释了天体以及海洋的种种现

---

① *Mathematical principles of natural philosophy*, pp.546 sq.

象，但是还没有把这种力量归于什么原因。可以肯定，这种力量只能来自这样一个原因，它能穿过太阳和行星的中心，而不因此受到丝毫的减弱；它不是(像机械原因所惯常的那样)按照它作用于其上的微粒表面的量，而是按照它们所含固体物质的量而发生作用的，并且在所有方向上它总是把它们的作用按照与距离平方成反比而减弱地传播到非常遥远的地方。……但是直到现在，我还未能从现象中发现重力之所以有这些属性的原因，我也不杜撰任何假说；因为凡不是从现象中推导出来的任何说法都应称之为假说，而这种假说无论是形而上学的还是物理的，无论属于隐秘性质还是机械性质，在实验哲学中都没有位置。在这种哲学中，特殊的命题总是从现象中推论出来。然后用归纳法加以概括而使之具有普遍性的。物体的不可入性、运动性和冲力，以及运动和重力定律，都是这样发现的。但对于我们来说，能知道重力确实存在，并且按照我们所已说明的那些定律起着作用，还可以广泛地用它来解释天体和海洋的一切运动，就已经足够了。

"我不杜撰假说"①(*Hypotheses non fingo*)，这一说法变得极为出名，它与几乎所有被断章取义的著名言论一样，完全背离了它的原意。"我不杜撰假说。"当然不。牛顿为什么要"杜撰假

---

① Cajori 教授跟 Andrew Motte 一样，把 Newton 的"fingo"译为"构造"(frame)。但似乎旧的术语"杜撰"(feign)(牛顿本人就用了这个词)更加准确，更能表达原意。

说",即杜撰那些不是从现象中演绎出来的、虚构的、幻想的、因而没有现实基础的概念呢？假说,"无论属于隐秘性质还是机械性质,在实验哲学中都没有位置"。——当然没有,因为这种假说从定义来看,要么是错误的,要么至少是无法付诸实验,并为实验所检验和证实(或否证)。重力不是一种假说,或一种"隐秘的"性质。就重力陈述了物体的行为,或者陈述了向心力的存在导致物体不沿直线运动(根据惯性定律本该如此)而沿曲线偏折而言,重力的存在是明摆着的事实。把决定行星运动的宇宙"力"等同于导致物体下落的力,也就是朝地心运动的力,这肯定是一项重要的发现。但是,假设物体中存在着某种力,使物体能够作用于和吸引其他物体,这也并非假说,甚至也不是利用了隐秘性质的假说。它纯属无稽之谈。

至于"机械"假说,也就是笛卡儿、惠更斯和莱布尼茨的那些假说,它们在实验哲学中之所以没有位置,完全是因为它们试图做一些不可能做到的事情,正如牛顿在"总释"开头所一般暗示的那样,"涡旋假说困难重重"。牛顿的学生和著作编者科茨(Roger Cotes)在为《原理》第二版所写的序中明确指出,机械的——杜撰的——假说是笛卡儿主义者特别偏爱的东西,而且,这些假说还导致他们假定了真正"隐秘的"属性和实在。于是,说明了亚里士多德自然哲学和经院自然哲学的无效性之后,科茨继续写道:[①]

> 另一些人则舍弃了那堆无用而芜杂的(经院自然哲学

[①] *Principles*, preface, p.XX.

的)词藻,努力从事那些会给我们带来益处的工作。他们假定所有物质都是同质的,而物体外表上的千差万别,只是由于其成分微粒之间的某些非常明显而简单的关系所引起。当然,如果他们把这些原初的关系归诸自然界所给定的而不是别的什么关系,那么他们从一些简单的事物出发,而后过渡到复杂事物的这种思想方法也就是正确的。但是,当他们放肆地、随心所欲地想象一些未知的形状和大小、以及物体各部分的不确定的状况和运动,甚至假定有一种隐秘性质的流体,它能自由地渗入物体孔隙,并具有一种万能的精细性,它能为隐秘的运动所激发,这时,他们便陷入到梦幻和想象中去,忽略了物体的真实构造。这种构造,在我们不能用最确实的观察来获得时,当然是不能从错误的猜想中把它推导出来的。那些把假说看作他们思辨的第一原则的人,尽管他们从这些原则出发,然后用最严密的方法进行工作,但事实上他们写的只是一部精巧的传奇,但传奇终究只是传奇而已。

至于莱布尼茨,科茨没有点名,但却略带讽刺地暗示,他比笛卡儿主义者好不到哪里去,兴许还要更糟,因为他假定"在彗星和行星的周围有大气存在,它们依其本性围绕太阳旋转,并且描绘出圆锥曲线"(无疑是指那位伟大的德国数学家和牛顿老对手的"和谐运转"[harmonic circulation])。科茨称这个理论同笛卡儿

的涡旋一样荒诞不经,对此他作了一个机智而辛辣的讽刺:①

> 伽利略曾经指出,石块抛射出去时将沿着抛物线运动,它之所以会从直线路径偏转到这条曲线上来,是因为石块为重力所吸引而朝向地球的缘故,也就是说,是由于一种隐秘性质。可是,现在可能有一个比伽利略还要聪明的人,他想用此种方式来说明这个原因:他假定有某种精细的物质,它既不能为我们的目光所看见,也不能为我们的触觉所发现,也不能为我们的其他感官所感觉到。这种物质充满着地面附近的空间,并以不同的方向沿着各种不同的甚而往往相反的轨道作抛物线运动。现在我们来看,他将多么容易说明上面说到的那块石头的偏转运动。他说,石块漂浮在这种精细的流体之中,因此只能跟着流体的轨道运动而不能选择其他曲线。这种流体是沿着抛物线运动的,所以石块当然也必须沿着抛物线运动。这位哲学家竟能从机械原因、物质和运动中如此清楚地推导出自然界的各种现象,而使最无知的人也能懂得这种道理,这样,我们岂不是可以说他是一位聪明绝顶的人物吗?但是当我们看到这样一位新的伽利略不厌其烦地用了这么多数学,把已经有幸从哲学中排除掉的那些隐秘性质又搬了回来,老实说,难道我们不应该把他看成一个可笑之人吗?但我想还是不再讲下去为好,因为我花了这么多时间来谈论这种琐屑之事,真是感到羞耻万分。

---

① *Principles*, preface, p. XXIX.

琐屑之事？事实上，我们并不是在讨论琐屑之事。"假说"的使用的确对自然哲学的确切意义和目标构成了一种深刻而危险的歪曲：①

> 真正的哲学的任务就在于从真正存在的原因中推导出事物的性质，以及探求那些为伟大的造物主所实际选定，并且作为建造这个无比美丽的世界的法则，而不是去探求那些他一时兴起就可以拿来创造世界的法则。

但是机械假说的坚定支持者，也就是笛卡儿主义者和莱布尼茨，不仅忘记了这条基本规则，而且还进一步地否认虚空的可能性，从而把某种确定的行为方式强加于上帝，限制其能力和自由，并因此使上帝屈从于必然性；最后，他们等于从根本上否定了世界是上帝的自由创造。这些说法不仅可耻，而且虚妄（如牛顿所表明的那样）：②

> 这样，他们最终会堕落到一群无耻之徒的队伍中去，这些人梦想所有事物都为命运而不是为神意所控制，认为物质总是而且处处是因其本性的必然而存在，所以是无限的和永恒的。但是如果承认这些说法，那么物质必然处处均匀一致，因为形式的多样性与必然性是完全不相容的。物质也必须静止不动，因为如果说它必须在某一方向上以任一确定速

---

① *Principles*, preface, p. XXVii.
② *Principles*, preface, pp. XXXi sq.

度运动,那么它就同样有必要在另一方向上以另一速度运动;然而它绝不能同时在不同方向上以不同的速度运动,所以它只好静止不动。在我们所看到的这个世界中,各种形式是如此绚丽多彩,各种运动是如此错综复杂,毫无疑问,它不可能是别的,而只能出于引导和主宰万物的上帝的自由意志。

正是从这个源泉里涌现出了我们称之为自然法则的那些定律,在这些定律里确实显现出许多最高智慧的迹象,至于必然性则连影子都没有。因此,我们不应从不确定的猜测中去探求这些定律,而应从观察和现实中去把它们推导出来。如果有这样一个人,以为单凭他自己心灵的力量和他内在的理性之光就能发现物理学的真正原理和自然事物的定律,那他就未免过于自大了;他必然或者要假定说,宇宙是由于某种必然性而存在,这一必然性服从假设的定律;或者,如果自然秩序是由上帝的意愿所创造的,那么他就要说,只有他,只有他这个可怜的小爬虫本身,才能分辨出怎样做才最合适。一切健康的和真正的哲学都建立在事物的现象之上;而假如这些现象无论我们是否愿意,总是不可避免地要把我们引向一些最清楚不过的原理,它们由全智全能的上帝以其最杰出的远见和至高的权威向我们显示,那么我们不应该仅仅由于某些人可能不喜欢这些原理而将其弃置一旁。这些人可能称它们为奇迹或者隐秘性质。但用名称来恶意中伤,根本无损于事物本身,除非这些人倒过来说,所有哲学都应该建立在无神论的基础上。但哲学绝不会因依从这些人而倒下去,因为事物的秩序是不变的。

现在我们清楚地看到为什么我们不应该杜撰假说了。假说,尤其是机械假说,蕴含着对虚空的拒斥和对物质无限性和必然性的断言,所以不仅是错误的,而且还直接导致无神论。

关于重力的机械假说事实上否定了上帝在世界中的行动,把他逐出了世界。可以肯定,重力的真正终极原因是上帝"精神"的作用,这一认识使"杜撰假说"变得毫无意义。因此,牛顿在"总释"中作了这样的结论:①

> 现在,我们不妨再谈一点关于能够渗透并隐藏于一切粗重物体之中的某种异常精细的精神。由于这种精神的力量和作用,物体中各微粒在距离较近时能互相吸引,彼此接触时能互相凝聚;带电体施其作用于较远的距离,既能吸引也能排斥周围的微粒;由于它,光才被发射、反射、折射、偏折,并能使物体发热;而一切感觉被激发,动物四肢遵从意志的命令而运动,也正是由于这种精神的振动沿着动物神经的固体纤维,从外部感官共同传递到大脑并从大脑共同传递到肌肉的缘故。但是,这些都不是寥寥数语就可以讲清楚的事情;而且要准确地确定和论证这种带电的和弹性的精神发生作用的定律,我们还缺乏必要和充分的实验。

---

① *Mathematical principles of natural philosophy*, p.547. 关于17世纪的"精神"概念,参见 E.A.Burtt, *op. cit.* 以及 A.J.Snow, *Matter and gravity in Newton's philosophy*, Oxford, 1926。

第十一章　工作日的上帝和安息日的上帝

——牛顿和莱布尼茨

牛顿对"空间充实论者"的隐蔽反击以及科茨的公开反击并非一直没有回应。确切地说，如果笛卡儿主义者没有作出回应，那么莱布尼茨在 1715 年 11 月写的一封致威尔士公主的信中，[①]则通过向其尊贵的通信者表达他的某种担忧，而对科茨的指控作出了回应。莱布尼茨对于英格兰的宗教式微、唯物论和无神论哲学肆虐等现象颇感忧虑：一些人不仅把物质性归于灵魂，甚至还归于上帝；洛克则对灵魂的非物质性和不朽提出质疑；而牛顿爵士及其追随者也在宣扬关于上帝智慧和能力的低俗而无价值的观念。莱布尼茨写道：[②]

[①] 即后来的卡罗琳娜女王，生为勃兰登堡-安斯帕赫（Brandenburg-Anspach）公主，1705 年嫁给汉诺威选帝侯格奥尔格·奥古斯都（George Augustus）。此后她开始与莱布尼茨亲密交往；正如莱布尼茨自己所说，她从普鲁士的索菲·夏洛特（Sophie Charlotte）那里"继承"了他。

[②] 参见 "An extract of a letter written in November 1715,"§§3 and 4,发表在《已故博学的莱布尼茨先生于克拉克博士在 1715 及 1716 年有关自然哲学及宗教的原

艾萨克·牛顿爵士说，空间是上帝用来知觉事物的器官。但如果上帝需要某种器官来知觉事物，那就意味着，事物并不完全依赖于上帝，也不是上帝的产物了。

牛顿爵士及其追随者还有一种对上帝工作的很好笑的意见。照他们的看法，上帝必须不时地为他的"钟表"上紧发条，否则它就会停下来。他似乎缺乏足够的预见力以使其"钟表"能够运转不息。而且，在这些先生们看来，上帝所造的这个机器是如此不完美，以至于他不得不时时通过一种非常规的协助来给它清洗，甚至要加以修理，就像钟表匠修理钟表那样；这个钟表匠越是时常需要把他的钟表进行修理和矫正，他就越是个蹩脚的钟表匠。在我看来，同样的力量和活力是永远在世界中继续存在的，只是遵照自然法则和美妙的前定秩序从一部分物质传递到另一部分物质而已。

莱布尼茨提出的这种指控当然不可能不招致反驳。然而，亲自出马进行反驳与艾萨克爵士的尊严和地位不符，再说，他也厌

（接上页）

理的往来书信集》(*A Collection of papers, which passed between the late learned Mr. Leibniz and Dr. Clarke. In the years 1715 and 1716 Relating to the Principles of Natural Philosophy and Religion. With an Appendix*, pp.3–5, London, 1717)。当然，莱布尼茨用的是法语，克拉克用的是英语。不过莱布尼茨在原文后加了对其"论文"的英译（可能是他自己译的）以及他所作"答复"的法译（可能是 Abbé Conti 译的）。他还给文本加上了一系列关于牛顿著作相关段落的脚注。现在这场争论已经有了一个优秀的版本：G.H.Alexander, *The Leibniz-Clarke correspondence*, Manchester Univ. Press, 1956；也可参见 René Dugas, La mécanique au XVII siècle, cap. XVI，§3, pp.561 sq.

恶一切公开和非公开的争论,所以这个任务就落在了牛顿忠实的学生兼朋友克拉克(Samuel Clarke)博士肩上。正是克拉克把牛顿的《光学》译成了拉丁文,[1]而且早在 1697 年,他就把罗奥(Rohault)的笛卡儿派的《物理学》译了出来,并且在其中添加了许多

---

[1] 克拉克博士的选择是相当明显的。克拉克博士作为西敏寺圣詹姆士教区长,不仅是一位哲学神学家——1704-5 年他主持波义耳讲座——而且也是安妮女王的前任宫廷牧师。说实话,他其实是由于缺少正统性(他实际上是阿里乌斯教徒)才被免除这一职务的。不过,安妮女王去世之后,他成了卡罗琳娜公主的亲密朋友。应后者的要求,他每周与她进行哲学探讨,其他一些喜爱讨论哲学问题的先生也参与其中。所以正如德梅佐(Des Maizeaux)在《书信集》的法文版前言中(Recueil de diverses pièces sur la philosopie, la religion naturelle, l'histoire, les mathématiques etc., 2 vols., Amsterdam, 1720, p.II)告诉我们的:"卡罗琳娜公主对研究哲学的喜好,随着寄给克拉克先生的信越来越抽象和崇高,她让克拉克先生看了此信并希望其作一答复……她把克拉克的答复寄给莱布尼茨先生,并把新的困难之处或莱布尼茨先生提出的例子转达给克拉克先生。"的确,作为牛顿的密友和具有长期影响力的牛顿派学者,克拉克博士可以认为代表了牛顿本人的哲学观点。但我以为,我们必须作进一步的思考:在没有得到牛顿委托的情况下,也就是说在没有这位大人物的合作或至少是赞同的情况下,克拉克竟然会接受作为牛顿哲学发言人(和捍卫者)的角色,这是完全不可想象的。

因此,我认为克拉克肯定向牛顿通报了莱布尼茨的来信以及他对这些信件的答复。我们确实无法想象,在同莱布尼茨争夺微积分发明优先权的白热化阶段,这位曾经"援助"凯尔和拉弗森攻击莱布尼茨,并在数年之后"援助"德梅佐筹备出版《书信集》(该书第二卷选译了《通信集》[Commercium epistolicum]中的几段,从而包含了微积分的争论史)的牛顿,竟然会在莱布尼茨指责其宗教观是无神论时,保持中立和漠不关心的态度。事实上,威尔士公主曾经告诉莱布尼茨,他的猜测是正确的,这些信件的确出自牛顿的授意(卡罗琳娜致莱布尼茨,1716 年 1 月 10 日,载 O.Klopp, Die Werke von Leibniz, Hanover, 1864-84, vol.XI, p.71,引自 The Leibniz-Clarke correspondence, Manchester Univ. Press, 1956, p. 193)。也许很奇怪,"精确"代表牛顿形而上学观点的克拉克文章的重要性一直未获承认,这导致牛顿和莱布尼茨的研究者们完全忽视了对它们的研究。例如,L.T.More, Isaak Newton, New York-London, 1934, p.649 写道:"莱布尼茨对《原理》造成反基督教影响的攻击,可能要比发明微积分的争论更加激怒牛顿。为了证明自己的正当性,牛顿指导德梅佐筹备出版莱布尼茨与克拉克关于牛顿哲学宗教意义的长期争论。为此,他把有关这场争论的文件交给了作者,而且帮他准备了一份回顾整个事件历史的前言。"

牛顿派的脚注。一场旷日持久的、极为有趣的通信由此拉开序幕,直到莱布尼茨去世才结束。它为两位哲学家(莱布尼茨和牛顿)相互冲突的立场和基本争议提供了生动的说明。

克拉克博士承认,在英格兰和其他地方,确实有人否认自然宗教,甚至要彻底破坏它,这是一个沉痛的事实,但他解释说,这要归咎于错误的唯物论哲学的蔓延(它也要对莱布尼茨提到的灵魂和上帝的物质化负责);他指出,这些人已经遭到了数学哲学最有效的驳斥,数学哲学是唯一能够证明物质是宇宙中最小和最不重要部分的哲学。① 至于牛顿爵士,他并没有说空间是上帝用来知觉事物的一种器官,也没有说上帝需要任何方法来知觉事物。恰恰相反,他说无所不在的上帝通过在空间中的直接在场来知觉事物。正是为了说明这种知觉的直接性,牛顿爵士——把上帝对事物的知觉与心灵对观念的知觉相比较——才说,无限空间就好比是无所不在的上帝的感觉中枢。②

从牛顿派学者的观点来看,莱布尼茨指责他们迫使上帝修理这座世界大钟并为其上紧发条,从而贬低了上帝的能力和智慧,这是不公正和不正当的。恰恰相反,正是由于上帝持续而警醒的行动,通过赋予世界以新的能量以防止它陷入无序和死寂,上帝才显示了他在世界中的在场以及他的天恩庇佑。而笛卡儿的上帝或莱布尼茨的上帝,却只对一旦设定并赋予一定能量就会永远运转下去的机械钟感兴趣,这样的上帝无异于一位缺席的上帝。

---

① 参见 *The Leibniz-Clarke correspondence*, pp.181-89。
② 事实上(参见 *The Leibniz-Clarke correspondence*, p.209),牛顿至少曾一度把空间等同于上帝的感觉中枢。

因此，克拉克尖锐地指出，认为世界是一架完美的大机器，无需上帝插手就能继续运转，①

……这是唯物论和宿命的观念，它倾向于（在使上帝成为一个超世界的心智的借口下）把神意和上帝的统治实际上排除在世界之外。根据同样的理由，一位哲学家就可以把一切事物表现为从创世之初就如此进行，无需神意的任何统治和干预；而一位怀疑论者还会很容易往后推论得更远，设想事物亘古如斯（如它们现在所进行的一样），根本没有什么真正的创世，也没有什么最初的造物主，而只有他们所称的全智而永恒的自然。假如一个国王拥有一个王国，而王国中任何事情无需他的治理和干预，或者他的维护和命令，就能持续进行下去，那么对国王而言，他的王国就只是名义上的，他实际上根本不配享有国王或统治者的称号。就像那些硬说国中事务无须国王本人下令和处置便可完美进行下去的人，可以合理地被怀疑为大概很想把国王弃置一旁一样，无论谁要是主张世界的进程无须上帝这位最高统治者的持续引导也能进行下去，他的学说实际上就是要把上帝排除在世界之外。

克拉克的这种回应相当意外地迫使莱布尼茨必须为自己辩护，反击克拉克的含沙射影。莱布尼茨指出，"数学"原理与德谟

---

① "克拉克博士的第一次答复," *A collection of papers* …, pp.15 sq.

克利特、伊壁鸠鲁和霍布斯所宣扬的唯物论不是对立的,而是一致的。它所讨论的问题不是数学的,而是形而上学的。与纯粹数学不同,形而上学必须建立在"充足理由律"的基础之上。把这个原理运用于上帝,就必然蕴含着上帝在计划和创造宇宙时的智慧。反之,忽略这个原理(莱布尼茨虽未明说,但他暗示牛顿派学者就是这样),就会直接导致斯宾诺莎的世界观,或者导致类似于索齐尼教派(Socinians)的那种上帝观念,①该教派的上帝完全缺乏预见力,以致必须"每日营生"。牛顿派学者指出,与唯物论者的看法不同,他们认为物质是宇宙最不重要的部分,宇宙主要是由虚空构成的。但毕竟,德谟克利特和伊壁鸠鲁也像牛顿那样承认虚空,如果说他们与牛顿的区别之处在于相信世界上存在着更多的物质,那么在这方面,他们要比牛顿更可取。的确,更多的物质意味着上帝有更多的机会来施展他的智慧和能力,正因如此(或至少是原因之一),宇宙中其实根本没有虚空,空间中处处充满了物质。

回到牛顿。尽管他的朋友们为他作了各种解释,莱布尼茨仍然写道,②

> 在牛顿爵士的《光学》附录里,明明白白可以找到这样的话:空间是上帝的感觉中枢。但"感觉中枢"一词总是意指感觉器官。让他和他的朋友们现在作完全别样的解释吧,对此我并不反对。

---

① 索齐尼教派并不相信宿命或三位一体。
② "莱布尼茨先生的第二篇论文",*A collection of papers* …, p.25。

240　　对于指责莱布尼茨把世界变成了一台自足的机器,以及把上帝降格到一个超乎尘世的理智(*intelligentia supra-mundana*)的地位,莱布尼茨的回答是,他从未这样做过,他从不否认受造的世界需要上帝进行持续的整合,而只是说,世界是一个无须修理的钟表,因为上帝在创造它之前,就已经看到或预见到了一切事情;他从未把上帝排除在世界之外,尽管他没有像他的对手那样,把上帝变成世界灵魂。的确,如果上帝必须不时纠正世界的自然发展,那么他或者是用超自然的手段,也就是奇迹(但是用奇迹来解释自然事物和过程是荒谬的),或者是通过自然的方式:假如是这样,上帝就被纳入了自然,成为世界灵魂。最后,①

把上帝比作一位君王,在他那里任何事情都无需他的干预便可顺利进行,这个比喻也不恰当;因为上帝始终维持着每一个事物,没有他,任何事物都无法继续存在,所以他的王国并不是名义上的。

否则,难道我们会说,一位把臣民教育得非常好,好到从不违犯他的法律的君王,只是一个名义上的君王?

到目前为止,莱布尼茨还没有表达他对牛顿的最终反驳,但基本的冲突是显而易见的:莱布尼茨的上帝不像牛顿的上帝那样随心所欲地创造世界,并持续地作用于它,就像《圣经》中的上帝

---

① *A collection of papers* … , p.33.

在创世六日中所做的那样。如果继续作这个比喻，那么莱布尼茨的上帝就是《圣经》中安息日的上帝，他已经完成了自己的工作，发现这个世界是一切可能世界中最好的，因此不再作用于这个世界，或者在其中行动，而只是保持它，维护它的存在。同时，这位上帝——又一次迥异于牛顿的上帝——还是至高的理性存在，是充足理由律的体现。正因如此，他只能根据这一原理而行动，以产生最大的完美与丰饶。因此，他不可能创造一个有限的宇宙，也不可能容许世界之内或之外有虚空的存在——这与布鲁诺的上帝（尽管是一位数学家和科学家）有许多共同之处。

毫不奇怪，在读完莱布尼茨对他批评的回复后，克拉克博士感到必须作出回应：莱布尼茨的暗示太具有破坏性了，[①]他的腔调太过盛气凌人，而且他对"感觉中枢"这个牛顿不幸用得有些匆促的术语紧抓不放，实在太具威胁性，以至于克拉克不能袖手不管，任由莱布尼茨说了算。

于是，克拉克从一开始就解释说，[②]"数学哲学的原理"不仅绝对不同于唯物论的原理，而且是完全与之对立的，因为它们否认可以对世界作纯粹自然主义的说明，而且认为（或证明），创世乃

[①] 特别是他暗指了索齐尼教派，因为事实上，相比于既定教会的教义，牛顿和克拉克更接近于索齐尼教派；的确，他们两人都不接受上帝三位一体的观念，他们——以及洛克——都是一位论者。参见 H. McLachlan, *The religious opinions of Milton, Locke and Newton*, Manchester, 1941；关于牛顿的形而上学和宗教观，参见 Helene Metzger, *Attraction universelle et religion naturelle*, Paris, 1938；还有 E.W. Strong, "Newton and God," *Journal of the History of Ideas*, vol. XIII, 1952。

[②] 或至少是宣称。

是源于一个自由的智慧存在者的有目的的行动。至于莱布尼茨诉诸充足理由律,的确,任何事物的存在都有其充足的理由:没有原因,就没有结果,但所谓的充足理由只能是上帝的意志。如果有人问,为什么某一系统或物质在这里被创造,另一系统或物质却在那里被创造,而不是反过来,那么除了上帝的纯粹意志,我们别无理由。倘若不是这样(也就是说,像莱布尼茨那样把充足理由律绝对化),而且主张除非被某个原因事先决定,否则这个意志就不会发生作用,就如同一架天平只有改变砝码的重量才能运动起来,那么上帝就没有选择的自由,自由将被必然性所取代。

事实上,克拉克博士巧妙地暗示,莱布尼茨实际上剥夺了上帝的一切自由,他禁止上帝创造有限量的物质……然而,同样的论证也可以用来证明人或任何造物的数目应当是无限的(这当然就意味着世界的永恒和必然)。

至于(牛顿的)上帝,他既非尘世之智,亦非超世之智,也不是世界灵魂,而是一个无处不在的智慧。他既在世界之中,又在世界之外,既在每一事物之中,又在每一事物之上。而且,他没有莱布尼茨所坚持的那种器官。①

"感觉中枢"一词并非专指"器官",而是指感觉的处所。眼睛、耳朵等等都是器官,但感觉中枢不是。

---

① "克拉克博士的第二次答复",*A collection of papers …*,p.41;"超世之智"(*Intelligentia supramundana*),或者更准确地,"世界之外"(*extra mundana*),乃是莱布尼茨的表达方式;参见 *Théodicée*,§217。

而且，牛顿并没有说处所是一个感觉中枢，而是以比喻的方式来称呼它的，这是为了表明上帝真正是在知觉事物本身，在事物所在的地方呈现自己，而不是纯然超越于事物——上帝是在场的、作用着的、塑造着的和重塑着的（同"矫正"一样，这最后一个术语必须相对于我们或上帝的作品来理解，它并不意味着上帝在设计上的改变）。所以，如果①

> 按照现有的运动定律运动的太阳系（举例来说），其现有结构将在某一时刻陷于混乱，此后或许将被修改或植入一种新的形式，

那么这种形式对我们或对其自身而言是新的，但对上帝而言却不是新的，在他的永恒计划中其实包藏着这样一个在正常事件进程中的干预行为。禁止上帝这样做，或者宣称上帝在世界中的一切行为都是奇迹的或超自然的，就意味着把上帝排除在世界的统治者之外。克拉克承认，假如这样，上帝仍然是世界的创造者，但肯定不再是世界的统治者。

克拉克的第二篇论文令莱布尼茨大为光火。莱布尼茨抱怨说，他们虽然承认这个重要原理，即如果没有"为什么事情是这样而非那样"的充足理由，任何事情都不会发生，但他们只是在口头上承认，而不是事实上承认。而且，他们还用莱布尼茨本人反驳

---

① *A collection of papers*…, p.45.

"真实的绝对空间"的证明来攻击莱布尼茨,这真实的绝对空间是某些现代英格兰人的"偶像"(培根意义上)。莱布尼茨当然是正确的:克拉克说,上帝的意志本身就是任何事物的充足理由,这便是拒斥了这个原理,也拒斥了支持这一原理的彻底的理性主义。以同质的、无限的、真实的空间为基础来证明上帝的自由(也就是无动机的、非理性的)意志可以(甚至必须)被看作事物的"充足理由",这是对理智的侮辱;他们还迫使莱布尼茨讨论空间问题(这是他不太想做的事情):①

> 因此这些先生们坚持认为空间是真实而绝对的存在。但这给他们招致了很大困难,因为这种存在必须是永恒和无限的。所以有人认为它就是上帝本身,或者是上帝的一种属性,即他的无际性。但由于空间是由各个部分组成的,它就不是一种能够属于上帝的东西。

我们知道,所有这些都是完全正确的。不过,莱布尼茨对牛顿派学者的批判,或者更一般地说,对绝对论者空间观念的批判,忘记了这样一个事实:主张绝对空间的人否认空间是由各个部分组成的,他们还反过来断言,空间是不可分的。莱布尼茨在作以下断言时,也是完全正确的:②

> 空间是某种绝对均一的东西;如果空间中不放入物体,

---

① "莱布尼茨的第三篇论文",*A collection of papers* ..., p.57。
② *A collection of papers* ..., p.59。

那么空间中一点与另一点是绝对没有区别的。因此,假定空间除了是物体之间的秩序以外本身还是某种东西的话,就不可能有一个理由说明,为什么上帝在保持着物体之间同样位置的情形下,会以某一特定的方式把物体放在空间中,而不是其他放法;以及为什么每一物体没有被以相反的方式放置,比如,把东边和西边加以调换。

然而,莱布尼茨和克拉克从同样的假定事实出发,却得出了截然相反的结论。莱布尼茨认为,如果缺乏选择的理由,上帝就不会做什么;反之亦然,从上帝选择和行动的事实出发,他导出了对存在绝对空间这个基本假说的拒斥。他宣称,空间和运动一样,是完全相对的,甚至比运动还要相对;空间不是别的,而就是物体共存的秩序,没有物体,空间就不会存在,正如时间只不过是事物和事件的接续秩序,没有事物和事件,时间就不会存在。

而另一方面,牛顿派学者却得出了上帝自由的结论,也就是说,上帝在做选择和行动时,无需一个决定性的理由或动机。当然,对莱布尼茨来说,这种无动机的选择是茫然的冷漠,是真正自由的反面;但在牛顿派学者看来,莱布尼茨的上帝出于绝对动机的行动与必然无异。

牛顿派学者断言,如果听之任之,宇宙的动力就会减少直至最后消失。但莱布尼茨反驳说,[1]

---

[1] *A collection of papers* …, p.69.

如果依据上帝所确立的自然法则,宇宙间的活力会衰减,以致需要上帝做一次新的推动以恢复这种力,就像一位技师维修他不完善的机器那样,那么不仅相对于我们会发生混乱,而且相对于上帝本身也会发生混乱。他本可以阻止它,以更好的措施来避免这种缺陷:因此,他确实这么做了。

牛顿派学者抗议莱布尼茨说他们把自然变成了一个永恒的奇迹。然而,假使上帝想让一个自由物体围绕某个固定的中心转动,而没有其他造物作用于它,那么他将不得不以一个奇迹来达到这个目的,因为这种运动是无法用物体的本性来解释的,一个自由物体会自然地沿着曲线的切线脱离开去。正因如此,物体之间的相互吸引是某种奇迹的东西,是不能用其本性来解释的。

从这时起,争论开始往纵深发展。"论文"越写越长,小冲突演变成了激烈的口诛笔伐。在很大程度上,他们其实只是重复或阐述了同样的论证而已。(我曾经说过,哲学家们很少能说服对方,两个哲学家之间的争论往往像是"聋子的对话"。)然而,他们的争论越来越公开,基本议题也越来越明显。

例如,克拉克在他的第三篇论文中再次反驳莱布尼茨说,让上帝服从严格的动机,并且剥夺他在两个相同事件中作出选择的能力,这是荒谬的。的确,当上帝在某个地方而不是其他地方创造一个物质微粒,或者,当他以某一次序而非其他次序安放三个相同的微粒时,除了他的纯粹意志,不可能再有其他理由。作为物质微粒的同一性和空间同构性的结果,事件的完全等价既不能成为否认上帝选择自由的理由，也不能成为反对存在一个真实而无限的绝对空间的理由。至于被莱布尼茨错误表述的空间与上帝的关系，克拉克陈述了正确的牛顿学说（也就是摩尔的学说）：①

> 空间不是一种存在物，一种永恒和无限的存在物，而是一种属性，或者永恒而无限的存在物的一种结果。无限空间是无际的，但无际并不是上帝；因此，无限空间并非上帝。这里所谓空间有许多部分的说法也没有任何困难，因为无限空间是一，是本质上绝对不可分的；假定空间被分成部分，这是术语上的自相矛盾，因为分割本身中也必定有空间，这是设想它同时既被分开又没有被分开。上帝的无际或无所不在，并不是他的实体被分成了各个部分，正如他的延续或者存在的持续，也并不是他的存在被分成各个部分。这里并没有什么困难，而只有"部分"一词在比喻上的误用所引出的那些问题。

导致困难和荒谬的不是牛顿对绝对空间的认可，而是莱布尼茨对它的拒绝。的确，如果空间只是相对的，只是事物的秩序和排列，那么仅仅把一个物体系统从一个地方移到另一个地方（比如把我们这个世界移到最远的恒星区域），将会根本没有变化，而

---

① "克拉克博士的第三次答复"，*A collection of papers …*，p.77。克拉克博士在其"答复"以及对莱布尼茨"论文"的译文中，用的是"性质"（property）这个词——我们不难理解他为什么不用更准确的术语"属性"（attribute）：正因为莱布尼茨提到了斯宾诺莎。但莱布尼茨本人使用的是"attribute"，而且在经克拉克本人审阅并认可的"答复"的法文翻译中用的也是"attribute"而非"property"。

且由此可得，两个位置将是同一个位置……①同样也可以得出这样的结论：倘若上帝沿一条直线移动整个世界，那么无论这个运动的速度有多大，世界仍将保持在同一个地方，如果这个运动突然停止，也不会有任何事情发生。②

如果时间只是前后相继的秩序，那么就会推论出，即使上帝的创世提早了数百万年，世界也将在同样的时间被创造出来。

我们在后面会看到莱布尼茨对克拉克的推理所作的驳斥（莱布尼茨认为它们毫无意义）；对我们而言，我们不得不承认，它们绝非初看起来那样荒谬，它们只是表达或蕴含了莱布尼茨所崇信的哲学-神学传统的一个形式上的缺口（已经由摩尔完成）：我们知道，牛顿派学者并未把时空归因于创世，而是归因于上帝，他们不把上帝的永恒无限对立于时空上的永恒无限，而是把两者等同起来。克拉克这样说道：③

> 上帝是无处不在的，他在本质上和实质上都实在地呈现在一切事物上。他的在场的确通过其自身的起作用来显示，但如果他不在那里就无法起作用。

的确，不在那里，任何东西都不能起作用，即使上帝也是如此；超

---

① 克拉克博士的例子相当糟糕，因为假如这样，就会有"我们这个世界"相对于恒星的相对位移。
② 在对上帝能否直线移动世界这个老问题的讨论中，对惯性原理的运用相当巧妙。（参见我的前引论文，cap.Ⅲ，n.43。）
③ "克拉克博士的第三次答复"，*A collection of papers…*，p.85。

距作用不存在，连上帝也概莫能外。但上帝是无处不在的，他能够而且确实作用于每一个地方，因此，尽管莱布尼茨作了相反的断言，但上帝无需奇迹，只要通过他自己的（或某些造物的）作用，就可以让一个物体偏离切线，或者让一个物体围绕某一固定中心转动，而不是沿切线脱离。为了产生这个结果，上帝究竟是自己作用，还是通过某个造物作用，已经无关紧要：两种情况都不是莱布尼茨所说的奇迹。

在克拉克看来，莱布尼茨的断言——以及他对世界动力会衰减这种"不完美性"的否认——显然是建立在自然必然自足这一假设基础之上；我们知道，这一观念在牛顿派学者看来是完全不可接受的，他们认为这一观念会把上帝排除在世界之外。

让我们回到克拉克对莱布尼茨空间观念的反驳。克拉克的第一个论证并不是很好，因为对于恒星聚集体而言，他所想象的位移不仅是绝对的，而且也是相对的。但第二个论证是完全有效的：在牛顿物理学的无限宇宙中，任何物体都可以被认为在沿某一方向作匀速直线运动，或者没有作这样的运动。虽然两种情况完全不可区分，但从一种情况过渡到另一种情况却伴随着非常确定的结果。如果这个运动不是匀速的，而是加速的，我们甚至应该能够知觉到它（如果运动和空间只是相对的，那么就不可能发生）：所有这一切都是牛顿惯性原理的必然推论。

当然，克拉克并没有就此止步。对他（以及本特利和拉弗森）来说，彻底区分物质和空间蕴含着宇宙可能是有限的，甚至实际是有限的。的确，为什么占据空间这么小部分的物质会是无限的呢？我们为何不反过来承认，上帝只创造了一定量的物质，刚好满足这个世界的需要,也就是刚好足以实现他的创世目标?

莱布尼茨的第四篇论文直接把我们引向了最深的形而上学问题。莱布尼茨一开始就竭力强调充足理由律的绝对权威性:没有选择就没有行动,没有确定的动机就没有选择,没有相互冲突的可能性的差异就没有动机。因此,我们就得到了一个非常重要的断言:世界上不可能有两个完全相同的物体或两种完全等价的情形。①

至于空间,莱布尼茨同样强烈地重申,空间与物体有关,没有物体就没有空间。②

> 使世界之外的空间成为虚构的同样理由,也可以证明一切虚空都是虚构的;因为它们之间只有大与小的区别。

当然,在莱布尼茨看来,这并不意味着世界和空间在广延上都是有限的,就像那些谈论世界"之外""虚构"空间的中世纪哲学家们所认为的那样;恰恰相反,无论在世界之中还是在世界之外,虚空纯属虚妄,空间处处都是充满的。的确,③

> 没有什么可能的理由能够限制物质的量,因此这样的限制是不会有的。

---

① 对莱布尼茨而言,现实性与个体性是不可分的。
② "莱布尼茨先生的第四篇论文",*A collection of papers* …, p.97。
③ *A collection of papers* …, p.103。

让我们设想一个完全空的空间,上帝本可以在其中放入一些物质而无损于其他一切事物;因此他就确实把它放进去了:因此就没有什么完全空的空间,一切都是充满的。① 同样的论证可以证明,没有什么不可再分的微粒。②

不仅如此,虚空的观念在形而上学上就是不可能的,莱布尼茨对虚空的反驳类似于(或许也源自于)笛卡儿反驳摩尔的论证:③

如果空间是一种性质或属性,那么就必定是某一实体的属性。然而,和我争论的那些人假定的处于两个物体之间的有界虚空,究竟是什么实体的性质或属性呢?

这是一个合理的问题,但摩尔已经给出过回答,只是莱布尼茨选择了漠视。他继续说道:④

如果无限空间是无际的,那么有限空间就对立于无际,

---

① 于是,莱布尼茨和笛卡儿实际上完全一致。
② "莱布尼茨先生的第四篇论文", *A collection of papers …*, pp.105 sq.
③ *A collection of papers …*, pp.105 sq.
④ *A collection of papers …*, pp.105 sq. 莱布尼茨将在他的第五篇论文 n.48 中提到摩尔:"总之,如果空无一物的空间(作者这样臆想)不是完全空的,那么其中充满了什么呢? 或许充满了有广延的精神,或者是能够自我扩展和收缩的非物质实体,在那里毫无困难地彼此穿透,就像墙面上两个物体的影子那样相互穿插渗透吗? 我看到摩尔博士和其他一些人的那种古怪想法又复活了,他们幻想那些精神只要乐意就可以使自己成为不可入的。"

也就是说,它是可测量性或有界的广延。然而,广延必定是某个有广延之物的性质。但是如果空间是空的,这种属性就将是一种没有主体的属性,一种无广延之物的广延。因此,通过使空间成为一种属性,该作者就赞同了我的观点,使空间成为事物的一种秩序,而不是某种绝对的东西。

绝非如此;当然,没有实体就没有属性。但我们知道,对"该作者"而言,那个实体就是上帝。莱布尼茨不承认这一点,他从绝对主义者的观念中导出了令人尴尬的结论:①

> 如果空间是一种绝对的实在,而不是一种与实体相对立的属性或偶性,那么它就会拥有比实体本身更大的实在性。上帝不能毁灭它,甚至也不能对它做任何改变。它不仅整体上是无际的,而且每一部分也都是不变的和永恒的。这样一来,除上帝以外,就还会有无数永恒的事物了。

我们知道,这正是牛顿或摩尔那一派的学者所主张的,他们当然否认空间是在上帝"之外"的某种东西。但在莱布尼茨看来,他们的学说隐含着矛盾:②

> 说无限空间没有部分,就是说它不是由有限空间构成的,而当所有的有限空间都归于无之后,那无限空间还能继

---

① *A collection of papers* … , pp.105 sq.
② *A collection of papers* … , pp.105 sq.

续存在。这就好像在说,在笛卡儿所设想的一个物质的、有广延的、无界的世界中,当构成这个世界的一切物体都归于无之后,这个世界仍将继续存在一样。

绝非如此;莱布尼茨不理解他本人的空间观——一系列定量关系——与牛顿的空间观之间的区别。对牛顿而言,空间是个统一体,它先于在其中所能发现的一切关系,并使之成为可能。或者,既然很难设想有什么东西是莱布尼茨所不能理解的,那么更有可能的是,他的确理解牛顿的观念,但不愿意承认。他写道:[1]

> 如果空间和时间是某种绝对的东西,也就是说,如果它们是事物的某种秩序之外的其他东西,那么我所说的就是矛盾。但既然情况不是这样,那么那种假说[空间和时间是某种绝对的东西]就是矛盾的,换句话说,它是一种不可能的虚构。

至于克拉克博士所举的例子和反对意见,莱布尼茨以相当随便的方式作了处理。他重申,那些幻想世界动力会自行衰减的人根本不懂自然的基本法则。想象上帝沿直线推动世界乃是强迫他做某种毫无意义的、莫名其妙的事情,不能把这种行动归于上帝。最后,对于克拉克力图把引力归于自然界中真实存在的力

---

[1] *A collection of papers* … , p.101.

量,莱布尼茨重申:①

> 物体无需任何中介,便能从远处相互吸引,这是超自然的;物体沿着圆周运行而不沿切线方向离去,虽然没有任何东西阻止它这样离去,这也是超自然的。因为这些结果都是无法用事物的自然本性来解释的。

不用说,莱布尼茨反复地诉诸充足理由律,并没有使克拉克信服或得到安抚。在克拉克看来,这反倒印证了他最坏的忧虑。在第四篇答复中,克拉克这样写道:②

> 假设动机与一个有理智的动因的意志之间的关系等同于砝码和天平之间的关系,这种观念将导致普遍必然性和定命;正如天平在两边砝码重量相等时不会移动,一个有理智的动因对两件绝无区别的事物也不能做出选择。但这里的区别在于

莱布尼茨所忽视的一个区分:自由的、有理智的、能够自我决定的动因不同于一个单纯的机器(归根到底是被动的)。如果莱布尼茨关于不可能有多个相同事物的说法是正确的话,那么任何创造都是不可能的;的确,物质的本性是相同的,我们总是可以假定它

---

① *A collection of papers*⋯, p.101.
② "克拉克博士的第四次答复",*A collection of papers*⋯, p.121.

的各个部分有相同的大小和形状。① 换句话说，原子论与莱布尼茨的观念完全不相容。这当然是事实。对莱布尼茨而言，世界上不可能有两个完全相同的事物；而且，和笛卡儿一样，莱布尼茨也否认存在着最终的、不可分的、坚硬的物质微粒，而没有它们，牛顿物理学是无法设想的。

在克拉克看来，莱布尼茨把空间（和时间）与世界联系起来，并且断言虚空和"虚"时的虚构（想象）特征，这完全不合理，而且充满了危险。显然，②

> 世界之外的空间（假如物质世界大小有限）不是想象的，而是实在的。世界中的虚空也并非只是想象的。

对时间而言也是一样：③

> 如果上帝只是在此刻创造了世界，那么世界就不是在它曾被创造的那个时间被创造出来了。

否认上帝可能推动世界也不能令人信服：④

> 如果上帝已经使（或能够使）物质大小有限，那么物质宇

---

① 如果我们想把原子论同数学哲学联系起来，我们甚至不得不这样假设。
② *A collection of papers* … , p.125.
③ *A collection of papers* … , p.125.
④ *A collection of papers* … , p.125.

宙就必定在本性上是可动的,因为没有什么有限的东西是不可动的。

在克拉克看来,莱布尼茨对虚空概念的批判,乃是基于对其本性的完全误解以及对形而上学概念的误用:①

> 空无一物的空间,是一种无形实体的性质[属性]。空间不受物体的限制,而是同等地存在于物体之内和之外。空间不是包容在物体之间,而只有存在于无界空间中的物体本身受限于自己的大小。
>
> 虚空,并不是一种没有主体的属性,因为所谓虚空,并不意味着空无一切的空间,而只是没有物体罢了。在一切虚空中,上帝肯定是在场的,而且可能还有许多其他非物质的实体,它们既不能触摸,也不是我们感官的对象。
>
> 空间不是一种实体,而是一种性质(属性);如果它是某种必然事物的性质,那么(如同所有其他必然事物的性质),它将因此比那些并非必然的实体本身更必然地存在,尽管它本身并非实体。空间广大无边,永恒不变;延续也是如此。但不能由此推论说,有什么在上帝之外的永恒的东西。因为空间和延续并不是在上帝之外,而是由上帝的存在造成的,是他的存在的直接而必然的结果。要是没有空间和时间,他的永恒和无所不在就失去了。

---

① *A collection of papers* …, p.127.

第十一章 工作日的上帝和安息日的上帝　277

建立了空间作为上帝属性的本体论地位之后,克拉克进而证明把空间归于上帝并不构成对上帝完美性的玷污:它并没有使上帝成为可分的。物体是可分的,也就是说可以被分成各个部分,①

> 然而,无限空间虽然可以被我们部分地把握,也就是说可以在我们的想象中被设想成由各个部分所构成,但这些部分(不确切地说)在本质上是不可分割的,②相互之间也不能移动,而且所谓可分在术语表达上也是矛盾的,因此空间在本质上是一,是绝对不可分的。

这个空间是运动的前提,而真正意义上的运动就是绝对运动,即相对于这个空间的运动。空间中的各个位置尽管完全相似,却各不相同。这种运动的实在性同时也证明了绝对空间的实在性:③

> 牛顿爵士在他的《原理》(定义 8)中,从对运动的性质、原因和结果的考察出发,表明了真实运动(或一个物体被从空间的一部分带到另一部分)与相对运动(那只是物体相互次序或位形的改变)之间的区别。

时间问题与空间问题完全类似:④

---

① *A collection of papers* … , p.131.
② 看到克拉克使用摩尔的著名概念和术语,真是有意思。
③ *A collection of papers* … , p.127.
④ *A collection of papers* … , p.135.

对上帝而言,比他实际所做的早些或晚些创造这个世界,并没有什么不可能;同样,他把世界比它实际将被毁灭的早些或晚些加以毁灭,也不是完全不可能的。至于世界永恒的概念,那些把物质和空间设想为同一的人,必须假定世界不仅是无限和永恒的,而且是必然如此,甚至是和那不仅依赖于上帝的意志,而且依赖于上帝的存在的空间和延续一样必然的。但那些相信上帝是以他所喜欢的特定的量、特定的时间和空间来创造物质的人,在这里并未陷入任何困难,因为上帝的智慧可以有很好的理由在他所做的那一时间创造这个世界。

克拉克的推理遵循着惯常的思路:无限蕴含着必然。因此:①

说上帝不能限制物质的量,这个论断太过重要,不能没有证明就予以接受。如果他也不能限制物质的延续,那么物质世界就必然是无限和永恒的,并且不依赖于上帝。

于是,我们又一次看到:把绝对空间当作上帝的一种属性,当作万物的普遍容器或接收器,乃是避免物质的无限性(即自足性),挽救创造概念的(唯一)方法:②

空间是一切事物和一切观念的位置,就像延续是一切事

---

① *A collection of papers* …, p.139.
② *A collection of papers* …, p.139.

物和一切观念的延续那样……这并无倾向使上帝成为世界灵魂。

在克拉克看来,只有牛顿的观念才能使上帝完全和真正地独立于世界,使他真正完全地自由,而绝非使上帝内在于世界,并如莱布尼茨所影射的那样依赖于世界:①

上帝与世界之间并无联合。也许可以较为恰当地说,人的心灵是他所知觉到事物的影像的灵魂,但却不能说上帝是世界灵魂。上帝呈现于世界各处,随意作用于世界,却不被世界所作用。

正因为上帝独立于世界,所以②

……即使没有造物存在,上帝的无处不在和持续存在也将使时间和延续同现在一样。

最后,克拉克回到了莱布尼茨对牛顿引力理论的持续误解,以及把它变成一个奇迹的企图(他指出,莱布尼茨本人关于彼此不交流、不相互作用的心与物之间"前定和谐"的理论才更蕴含一个永恒的奇迹),克拉克解释说,③

---

① *A collection of papers* …, p.141.
② *A collection of papers* …, p.149.
③ *A collection of papers* …, p.151.

> 一个物体没有任何中介就能吸引另一物体，这其实不是一个奇迹，而是一个矛盾。因为这是假设某物在它不在的地方发生作用。但两个物体借以相互吸引的中介可以是不可见和不可触的，属于和机械作用不同的本性；而规律且恒常的作用完全可以被称为自然的；与从未被称为奇迹的动物运动相比，它反而不那么令人惊奇。

事实上，只有从笛卡儿-莱布尼茨严格的心物二元论来看，非机械和非物质的动因对自然的干预才成为一个奇迹，因为心物二元论否认一切居间的东西，并把物质世界还原为一个纯粹的、自我维系、自我永存的机器。对于克拉克以及他的前辈摩尔来说，这种二元论当然是无法接受的。物质并不能构成整个自然，而只是自然的一部分。因此，自然既包括严格意义上的机械力，又包括非机械力和各种作用，后者和纯机械力一样"自然"；物质的东西与非物质的东西"充满"和遍布于空间，没有它们，就没有世界的统一和结构，或者更恰当地说，就没有世界。

当然，世界并不像动物那样是一个有机体，它没有"灵魂"。但世界和动物一样，都不能像笛卡儿主张的那样被还原为一个纯粹的机器。

克拉克竭力（在莱布尼茨看来是顽固不化）为其（站不住脚的）立场辩护：他满怀自信地不仅接受了莱布尼茨由空间永恒的前提所导出的（荒谬且具破坏性的）结论，而且通过公开宣称空间

（和时间）是上帝必然的、非受造的属性，从而超越了这些结论。由于缺乏洞见（或是刻意歪曲），他始终误解和歪曲莱布尼茨的充足理由律，把最完美上帝的最高自由（他只能按照其最高智慧行事，以实现他在无数可能世界中确认的最好的那个世界）等同于一个完美机器的宿命性、必然性和被动性；这一切都使莱布尼茨确信，他必须用更多的篇幅和精力来驳斥他的对手，纠正后者对莱布尼茨本人观点的表达。

莱布尼茨写给威尔士公主的第五篇论文（也是最后一篇论文）成了一篇冗长的专论，对其进行全面的分析将使我们离题太远。对我们来说，指出此文一开始就针对动机与真实原因之间的差别给出了精彩说明就够了：动机是指没有强迫性的倾向，因此保有主体的自发性和自由；而真实原因则必然会产生其结果。此外，完全由动机引发的行为具有道德的（即自由的）必然性，而机器却只有不自由的被动的必然性。

事实上，对莱布尼茨以及大多数哲学家而言，自由就意味着去做好的或最好的事情，或者一个人应当做的事情，而不只是做他想做的事情。① 外行人——哎，牛顿比他们好不到哪里去——不明白这种区别，他们没有在上帝行动的绝对确定中认识到自由。因此，外行人和神学家指责哲学家拒斥自由而支持必然性，把与上帝根本不相配的行动归于上帝。然而，即使严格说来上帝能够实施这样一些行动（他是全能的），让上帝以一种无目的的、非理性的方式行动也明显是不合理的。举例来说：②

---

① 后一种行为常被贴上"任意武断"的标签。
② "莱布尼茨先生的第五篇论文"，*A collection of papers* …，p.181。

绝对地讲,上帝似乎能够使物质宇宙在广延上有限,但相反的情况似乎更符合他的智慧。

当然,沿一条直线来推动这个世界更加不"符合他的智慧"——的确,上帝为什么要做这样一件毫无意义的事情呢?①

因此,认为有一个有限的物质宇宙在无限的虚空中运行,这种虚构是不能承认的。它是完全不合理的和不可行的。因为,在物质宇宙之外并无真实的空间,而且这样一种行动也是毫无目的的,那只是做无用功,做徒劳无益之事,也不会发生人们可以观察到的变化。这是那些思想不全面的哲学家们的想象,他们把空间变成了一个绝对的实在。

莱布尼茨已经在他前一篇论文中以更加强烈的措辞谈到了这一点。然而在那篇论文中,他并没有给出他拒斥这种运动的所有理由。他没有提到最重要的一个理由,那就是,这样的运动是无法观察的。显然,如果我们承认可观察性原理,那么由于人们都认为绝对运动或绝对的匀速直线运动是不可观察的,它们就会因为毫无意义而被排除,只有相对运动才是可接受的。但假如这样,牛顿所提出的惯性原理就是不可能的了,它会被视为毫无意义而被拒斥。惯性原理说,不论其他物体如何变化,一个物体总

---

① *A collection of papers* …, p.181.

会保持静止或匀速运动状态，即使其他物体都不存在，或者所有物体都被上帝毁灭，它也仍将保持其运动或静止状态。但是既然惯性原理只有在这种情形下才是完全有效的，那么不仅是牛顿对惯性原理的表述，甚至连这个原理本身都成了无意义的。这些都是一个看似单纯的原理所引出的深远结果，它们完全被近来关于相对性的讨论所印证。事实上，这些讨论正是17世纪那场在很大程度上被遗忘了的讨论的余波。

当然，莱布尼茨并不要求任何运动都能被实际观察到。但在他看来，运动必须可能被观察到。这乃是基于一个相当奇怪的理由，该理由向我们显示了莱布尼茨是在何种深度反对牛顿的，也表明了莱布尼茨对古老的亚里士多德观念的忠诚，而近代科学竭力拒斥和改造的正是这些观念：对莱布尼茨而言，运动仍被认为是一种变化，而不是一种状态：①

> ……运动的确不依赖于被观察到，但确实依赖于可能被观察到。如果没有可以观察到的变化，就没有运动。而如果没有可以观察到的变化，那就根本没有变化。相反的观点乃是基于对一个真实的绝对空间的假设，这一点我已经通过事物需要充足理由的原理进行了驳斥。

可观察性原理更加证实了运动与空间的相对特征，但是关系却没有"真实的"存在，而只有"理想中的"存在（这是又一个意义

---

① *A collection of papers…*, p.211.

深远的陈述)。因此,①

由于空间同时间一样,本质上是理想中的事物,所以正如经院哲学家们承认的那样,世界之外的空间必定是虚构的。世界之内的虚空也是如此,基于以上提到的理由,我也把它看作是虚构的。

说实话,经院哲学家们所要表达的意思与莱布尼茨有很大不同,而莱布尼茨其实比别人更了解这一点:经院哲学家们设想世界是有限的,而且想否认世界之外的真实空间(和时间)的存在;莱布尼茨则相反,他否认宇宙有界限。但在某种意义上,他诉诸经院哲学家是正确的。因为时间和空间都是尘世之中的东西,没有这个世界之外(或独立于这个世界)的存在。的确,时间本质上怎么可能是某种真实的或永恒的东西呢?②

我们不能说一定的延续是永恒的,但可以说一直延续的事物是永恒的。一切存在的时间和延续,总是在持续不断地消亡。而一个(严格说来)从未存在过的事物,又怎么可能永恒存在呢?因为一个事物,如果它的任何部分都从未存在过,它又怎能存在呢?时间从来都是作为一些瞬间而存在,而瞬间本身却并非时间的一部分。谁要是考虑一下这些观

---

① *A collection of papers* … , p.183.
② *A collection of papers* … , p.207.

察到的情况，都会很容易理解，时间只不过是一种理想中的东西。时间和空间的类比也很容易使人得出判断，两者同样都是理想中的。

但我们不能过分强调空间与时间之间的平行性，以免受此诱惑而承认时间是无限的，即世界是永恒的，或者有限宇宙是可能的：①

> ……世界有一个开端无损于它随后无限地延续，但宇宙的界限却有损于其广延的无限。因此，承认世界有一个开端要比承认世界有界限更合理；这样，在两方面都可以保持一位无限的造物主的品格。
>
> 然而，那些曾经承认世界永恒性的人，或至少是（像一些著名神学家做过的那样）承认永恒世界的可能性的人，并没有否认它依赖于上帝，正如该作者在这里毫无根据地指责他们的那样。

当然，牛顿派学者是不会接受莱布尼茨的这些"公理"的（我们已经看到，他们完全有理由这样做，因为这些"公理"会从根本上推翻他们的物理学），他们试图通过把绝对空间与上帝相联系来拯救它。因此，莱布尼茨提醒我们注意他所提出的反驳；他重复这些反驳，是虔诚地希望能够最终成功地说服他的对手（或者

---

① *A collection of papers …*, p.231.

至少是威尔士公主),认清虚空绝对存在是多么地错误。①

我曾经反驳说,空间若被当作某种没有物体的真实而绝对的东西,就会是一种永恒的、不变不动的、独立于上帝的东西。该作者通过宣称空间是上帝的一种属性,来回避这一困难。

我也曾进一步反驳说,如果空间是一种属性,而无限空间就是上帝的无际性,那么有限空间就是某种有限事物的广延或可测量性。这样的话,被一个物体占据的空间就将是该物体的广延。而这当然是荒谬的,因为一个物体可以变换空间,却不能离开其广延。

看到莱布尼茨用摩尔反对笛卡儿的论证来反对克拉克,真是有意思。我们继续往下看:②

如果无限空间是上帝的无际性,无限时间就将是上帝的永恒性,那么我们就得说,凡在空间中的东西,就在上帝的无际性中,并因此在他的本质中;同样,凡在时间中的东西也在上帝的本质中。这些都是很奇怪的说法,它们清楚地表明,该作者是误用了有关术语。

---

① *A collection of papers* ..., p.189.
② *A collection of papers* ..., p.193.

确实如此,至少如果我们遵循传统的经院哲学概念的话。但正如我们所知,牛顿派学者对这些术语做出了新的解释,他们明确把上帝的无际性与无限的广延等同起来,把上帝的永恒与无限的延续等同起来。因此,他们不必把一切事物都纳入上帝的本质当中,就会承认一切事物都在上帝之中。但莱布尼茨坚持说:①

> 我再给出一个例子。上帝的无际性使他实际存在于一切空间中。但如果上帝是在空间中,那又怎么能说空间是在上帝中,或者是上帝的一种性质[属性]呢?我们经常听说,性质[属性]在其主体中,却从未听说过,主体在其性质[属性]中。同样,上帝存在于所有时间中,那么时间又怎么能在上帝中,它又怎么能是上帝的一种性质[属性]呢?这些都是错误的说法。

牛顿派学者再次提出反驳:介词"在……中"(in)显然是在两种不同的意义上被使用的。没有人会把实体中的属性解释为一种空间关系;而且,他们只是拒绝承认上帝的实体与他的能力之间有分隔,因此断言上帝本质上无处不在,进而从人人都承认的上帝的无所不在和单纯性中得出了一个正确的结论。他们会否认莱布尼茨的以下观点:②

> 这位作者似乎把"无际或事物的广延"与"据以把握广延

---

① *A collection of papers* ⋯, p.195.
② *A collection of papers* ⋯, p.195.

的空间"混淆起来了。无限的空间并非上帝的无际,有限的空间也并非物体的广延,就像时间并非事物的延续一样。事物保持着它们的广延,但却并不总是保持着它们的空间。任何事物都有它自己的广延和延续,但却没有它自己的时间,也并不保持它自己的空间。

当然不。但是对牛顿派学者来说,这恰恰意味着时间和空间并不属于事物,也不是建立在事物存在上的关系,而是事物处于其中、事件发生于其中的框架,是属于上帝的。莱布尼茨当然知道这一点,但他无法接受这个观念:①

> 空间并非一切事物的处所,因为它不是上帝的处所。否则就会有一样事物和上帝同样永恒,而且独立于上帝;而且,如果上帝需要处所的话,连他也会依赖于它。
> 如果空间与时间的实在性对于上帝的无际和永恒是必要的,如果上帝必定在空间中,而且在空间中是上帝的一种性质[属性],那么他就会在某种程度上依赖于时间和空间,而且一直需要它们,因为我已经预先阻止了时空是上帝性质[属性]这一遁词。

尽管如此,莱布尼茨知道他自己的立场也蕴含着困难(这些困难并非为莱布尼茨的立场所固有,而是整个经院传统的困难):

---

① *A collection of papers* … , p.235.

如果空间和时间只是内在于世界的东西，在创世之前并不存在，我们难道不是必须要假定，创世带来了上帝的变化，而且在创世之前，上帝既非无际、亦非无所不在吗？如此一来，在他自己的思想中，上帝不就依赖于造物了吗？于是莱布尼茨写道：①

> 的确，即使没有造物，上帝的无际和永恒也将继续存在，但这些属性将既不依赖于时间，也不依赖于处所。如果没有造物，就不会有时间和处所，因此也就没有实际的空间。上帝的无际性不依赖于空间，正如上帝的永恒性不依赖于时间一样。这些属性只是表明，上帝将与一切会存在的事物共存和同在。

一个完美的回答……可惜那位牛顿派学者不会接受它，而且还会坚持说，尽管上帝不能与不存在的事物共在，但它们是否存在并不影响上帝在场的多或少——事物一旦被创造出来，就将与上帝共存。

在讨论了有关空间和时间的一般问题之后，莱布尼茨转而重新考察引力这个特殊的问题。克拉克博士的解释非但没有使他满意，而且适得其反。奇迹不应通过事件的例外和罕有来定义，而应通过事件的本性来定义。不能作自然解释的事物，亦即不能从自然力（即源于事物本性的力）的相互作用中产生的事物，就是

---

① A collection of papers …, p.259.

一个奇迹。既然事物的本性并不容许超距作用,那么引力就是一个奇迹,尽管是一个永恒的奇迹。而且在莱布尼茨看来,克拉克试图用非机械的、"精神的"力的作用来解释引力,那只会更糟;的确,这将意味着回到笛卡儿之前,放弃科学而支持魔法。我们又一次看到了这场辩论中所表现出来的两种自然观和科学观之间的尖锐对立:莱布尼茨既不能接受牛顿关于物质自然不充分性的观念,也不能接受其"数学哲学"观念的那种暂时的实证主义:①

> 我曾反驳说,引力严格说来,或者经院哲学意义上的引力,是一种无需任何中介介入的超距作用。该作者的回答是,一种没有任何中介介入的引力的确是个矛盾。很好!那么当他说太阳可以通过虚空吸引地球时,他究竟是什么意思呢?是上帝自己完成了这一切吗?但那将是一个奇迹,这样的事肯定超出了造物的能力。
>
> 或许是某些非物质的实体,或某些精神性的射线,或某种无实体的偶性,或某种意向种相(Species Intentionalis),或者其他我不知是什么的东西,应该是这种所谓的中介吗?该作者头脑中似乎还有一大堆诸如此类的东西,却没有充分加以解释。
>
> 那种沟通的中介(据他说)是不可见、不可触和非机械的。他不妨再加上一些:不可解释的、不可理解的、捉摸不定的、没有根据的、没有例证的。

---

① *A collection of papers* …, pp.269 sq.

如果造成引力的这种中介是恒常的,同时又是造物的力量所不能解释的,却又是真实的,那它必定是一个永恒的奇迹,否则就是假的。这是一种虚妄的奇想,是一种经院哲学的隐秘性质。

旋转的物体不沿切线方向离去,也属于相同的情形,尽管丝毫没有什么能解释的东西阻止它这样离去。这是我已经提到过的例子。然而该作者却宁愿不去作答,因为它清楚地显示了两方面的差异:一方面是真正自然的东西,另一方面是经院哲学的那种虚妄的隐秘性质。

克拉克博士再次作了答复。不消说,他并没有被说服。莱布尼茨的精妙区分并不能成功掩盖这样一个赤裸裸的事实:他的上帝服从于一种严格的、无可逃避的决定论。他不仅缺乏属于精神存在的真正自由,甚至还缺乏属于动物的自发性(而且在克拉克看来,莱布尼茨混淆了这两者):他只是受制于绝对必然性的一台纯粹的机器。假如克拉克博士有预知事物的才能,他就会说:仅仅是一台正在做计算的机器!

莱布尼茨对牛顿的时间、空间和运动观念所发起的新的攻击并不更成功。①

有人断言,运动必然蕴含着一个物体相对于另一物体的相对的位置改变;然而那样一来,我们将无法避免以下荒谬

---

① "克拉克的第五次答复",*A collection of papers* …, pp.295 sq.。

的结论：一个物体的运动性将依赖于其他物体的存在；任何单独存在的物体将不能运动；一个旋转物体（比如太阳），倘若在外部环绕着它的物质全部消失，则它的各个部分就会失去其圆周运动所产生的离心力。有人断言物质的无限是上帝意志的结果。

然而，如果笛卡儿关于有限宇宙是矛盾的说法是正确的话，那么这样一来，岂不是说上帝无法限制物质的量，因此他既没有创造物质，也不能毁灭物质吗？的确，①

> 如果物质宇宙有可能通过上帝的意志而是有限的和可动的（那位博学的作者发现自己不得不承认这一点，尽管他一直把它看成一种不可能的假设），那么空间（运动在其中进行）显然就独立于物质。但是反过来，如果物质宇宙不是有限的和可动的，而且空间也不独立于物质，那么（我说）很显然，上帝现在不能、过去也从来未能为物质设立界限，因此物质宇宙必定不仅是无界限的，而且也是永恒的，并且独立于上帝的意志。

至于空间、物体和上帝之间的关系，克拉克极为清晰地重申了他的立场：②

---

① *A collection of papers* …, p.313.
② *A collection of papers* …, pp.301 sq.

物体所占据的空间并非物体的广延,而是有广延的物体存在于这个空间中。

没有有界的空间那样的东西,而是我们想象在空间中有这样一个部分或一个量以便于思考,而事实上,空间没有、也不可能有任何界限。

空间并不是一个或多个物体的属性,也不是任何有界物体的属性。它不能从一个主体过渡到另一个主体,它始终是一个总是保持不变的无际存在者的无际性。

有界空间并非有界实体的属性,它们只是有界实体存在于其中的无限空间的部分。

如果物质是无限的,那么无限空间也不是这个无限物体的一个属性,正如有限空间不是有限物体的属性那样。但是这样一来,无限物质就会像有限物质那样处于无限空间中。

*无际性*和*永恒性*都属于上帝本质的东西。*无际性*的各个部分(与有形的、可分割的、可分离的、可划分的、可移动的各个部分判然有别,它们是可朽性的基础)并不妨碍*无际性*本质上是一,就像*延续*的各个部分不妨碍*永恒性*本质上是一一样。

上帝自己不会因为在他之中生活、运动和存在的事物的多样性和变化而发生任何改变。

这一奇特的学说乃是圣保罗的明确断言,也是自然和理性的清楚声调。

上帝不在空间中,也不在时间中,但他的存在却是空间和时间的原因。当我们用通俗的语言说,上帝存在于一切空间和一切时间中时,这话的意思只是说上帝是无所不在的和永恒的,也就是说,无界限的空间和时间是上帝存在的必然结果;而不是说,空间和时间是与上帝完全不同的东西,或者上帝存在于空间和时间中。

而且,①

说无际性并不意指无界限的空间,永恒也不意指无始无终的延续或时间,(我认为)就是断言,语词没有任何意义。

至于对引力的批评,克拉克当然坚持他自己的观点:奇迹是上帝为确定的理由而造就的罕见的有意义事件,永恒的奇迹明显是一个矛盾。否则的话,莱布尼茨的前定和谐就是一个更大的奇迹了。而且(克拉克对莱布尼茨不理解这一点很是惊讶),在牛顿的科学或数学哲学中,引力(无论对它作了什么最终的物理说明或形而上学说明)只是作为一个现象、一个一般事实和一种数学表达而出现的。因此,②

把引力称作奇迹和非哲学的术语是非常不合理的;我们已经明确主张,使用"引力"这个术语并不是要表示物体彼此趋向的原因,而只是要表示由经验所发现的结果、或现象本身,以及那种趋向的定律或比例。

---

① *A collection of papers* …, p.349.
② *A collection of papers* …, p.367.

这清楚地表明，

> 太阳通过居间的虚空吸引地球，那就是说，地球和太阳彼此吸引，或者彼此以一种力趋向对方（无论这种趋向的原因是什么），而这种力与其质量、或体积与密度的乘积成正比，与其距离的平方成反比。

当然，在莱布尼茨反对引力的背后，除了不愿接受"数学"哲学的观点，不愿让经验论强加给我们的无法理解和无法解释的"事实"进入科学，莱布尼茨的真正目标其实是世界机器的自足性，而用活力守恒定律来实现它无疑要比笛卡儿的运动守恒定律更好。

牛顿的世界——一个渐趋停止的钟表——需要上帝不断地赋予其能量，而莱布尼茨的世界则是完美的，不需要上帝对其永恒运动做任何干预。因此毫不奇怪，对克拉克来说，捍卫虚空、坚硬的原子和绝对运动就意味着捍卫上帝的统治和在场。他问莱布尼茨，为什么[1]

> ……费这么大心力来排除上帝对世界的实际统治？而且除了同意让所有事物根据本身作为纯机器来运作之外，不容许上帝做更进一步的庇佑？

---

[1] *A collection of papers* …，p.335.

第十二章　结语:神圣的技师和无所事事的上帝

到底是为什么?* 对道德和人比对物理学和宇宙更感兴趣的莱布尼茨可能会这样回答:这是避免上帝为我们这个世界实际的管理或管理不善负责的唯一方法。上帝只是没有做他想做或愿意做的事情。有一些定律或规则是上帝不会改变或擅自更改的。事物有一些本性是上帝不会修改的。他已经创造了一台完美的机器,不会干预其运作。他不会去干预,也不应去干预,因为这个世界是他所能创造的所有可能世界中最好的一个。因此,上帝不应对他所不能阻止或改变的恶负责。毕竟,这个世界只是最好的可能世界,而不是一个尽善尽美的世界;那是不可能的。

莱布尼茨也许会这样来答复克拉克。但是他没有看到克拉克的第五篇答复,他在收到这篇答复之前就去世了。于是,他们之间的这场为了上帝的荣耀而进行的争论突然画上了句号,就如同它开始那般突兀。这场英勇的争斗并没有决出胜负。正如我们所看到的,双方的立场都没有丝毫改变。然而,在此后数十年间,牛顿科学和牛顿哲学赢得了越来越多的阵地,并且逐渐克服

---

* 指上一章结束时提出的问题。——译者注

了笛卡儿派和莱布尼茨派的抗拒。笛卡儿派和莱布尼茨派虽然在许多方面相互对立,却因为共同的敌人而联合在了一起。

到了18世纪末,牛顿取得了全面胜利。牛顿的上帝在绝对空间的无限虚空中行使着最高的统治,在这个空间中,万有引力把茫茫宇宙中由原子构成的物体联系在一起,使之按照严格的数学定律而运动。

但我们也可以说,这是一场付出了极大代价才赢得的胜利。例如,对牛顿而言,引力证明纯粹的机械论是不充分的,证明有更高的非机械力量存在着,彰显了上帝在这个世界中的在场和行动,但现在引力已经不再扮演这个角色,它成了一种纯粹的自然力,成了物质的一种属性,它非但没有取代机械论,反而丰富了它。正如切恩博士合理说明的那样,引力无疑不是物体的本质属性,但上帝为什么不能把这种非本质的属性赋予物质呢?或如摩尔和科茨(以及后来的伏尔泰)所指出的,既然我们没有关于事物实体的知识,对于实体与属性的连接环节也一无所知,即使是对于硬度和不可入性的情况也是如此,那么我们就不能否认引力属于物质,因为我们不理解引力如何发生作用。

至于物质宇宙的大小,由于充足理由律和丰饶原则的无情压力,已经和空间本身同广延了。牛顿派学者起初是把物质宇宙与绝对空间的实无限对立起来的,而莱布尼茨则设法用上述两条原理来影响其对手。上帝,即使是牛顿的上帝,也显然不会限制其创造行动,不会以截然不同的方式对待无限同质空间中的某一部分(虽然可以把它与其余部分区分开来)。这样一来,尽管物质宇宙只占据着无限虚空的很小一部分,却变得与后者一样无限。防止上帝在空间中限制其创造行动的同样理由也适用于时间。不能设想一位无限的、不变的、永恒的上帝会在不同时间以不同的方式行动，或者会把他的创造行动局限在一小段时间内。而且，一个无限的宇宙只存在一段有限的时间，这似乎是不合逻辑的。于是，受造的世界在时间和空间上都是无限的。但是，正如克拉克强烈反对莱布尼茨的那样，一个无限而永恒的世界几乎不容许创造。它无需创造，它正是借着这种无限而存在。

不仅如此，在新哲学的冲击下，传统的本体论逐渐瓦解了，这削弱了从属性推断实体的有效性。结果，空间逐渐丧失了其属性或实体特征。空间从构成世界的最终质料（笛卡儿的实体空间）或上帝的属性、上帝在场和行动的框架（牛顿的空间），逐渐变成了原子论者的虚空，它既非实体亦非偶性，成了无限的、非受造的无，成了一切存在物不在场的框架，结果也就成了上帝不在场的框架。

最后，神圣的技师制造的世界钟远比牛顿所设想的要好。牛顿科学的每一步进展都为莱布尼茨的论点带来了新的证据：宇宙的动力或活力并没有减少，世界钟既不需要重上发条，也不需要修理。

因此，这位神圣的技师在这个世界上越来越无事可干了。他甚至无须维持它，因为这个世界越来越不需要这种服务了。

于是，牛顿那位依照自己的自由意志和决定来"运行"宇宙的威力无比、精力旺盛的上帝，很快就成了一种保守的力量、一个超乎尘世的理智、一个"无所事事的上帝"。

在牛顿之后一百年，拉普拉斯把新宇宙论发展成了最完美的形式。当拿破仑问他,上帝在他所著的《宇宙体系论》(*System of the World*)中扮演何种角色时,拉普拉斯回答说:"陛下,我不需要这个假设"。然而,不是拉普拉斯的体系,而是该体系所描述的世界不再需要上帝这个假设了。

新宇宙论的这个无限宇宙,在延续和广延上都是无限的。在这个宇宙中,永恒的物质根据永恒而必然的定律在永恒的空间中永不停息地、无目的地运动着。这个无限宇宙继承了神的一切本体论属性。不过也只是这些属性——所有其他属性都被上帝一道带走了。

人名译名对照表

(按条目中文拼音排序)

A

阿尔诺 Antoine Arnauld
阿里斯塔克 Aristarchus of Samos
埃尔皮诺 Elpino
埃克番图斯 Ecphantus
爱因斯坦 Albert Einstein
奥雷姆 Nicole Oresme

B

柏拉图 Plato
贝克莱 George Berkeley
本特利 Richard Bentley
毕达哥拉斯 Pythagoras
波义耳 Robert Boyle
布尔奇奥 Burchio
布鲁诺 Giordano Bruno
布鲁斯 Edward Bruce
布鲁图斯 Brutus

D

德梅朗 Dortous de Mairan
德梅特里奥斯 Demetrius
德梅佐 Des Maizeaux
德谟克利特 Democritus
邓斯·司各脱 Duns Scotus
迪格斯，伦纳德 Leonard Digges
迪格斯，托马斯 Thomas Digges
迪昂 Pierre Duhem
笛卡儿 René Descartes
第谷 Tycho Brahe
第欧根尼 Diogenes Laertius
多恩 John Donne

E

埃莱克特拉 Electra

F

菲洛劳斯 Philolaos

菲洛提奥 Philotheo
菲奇诺 Marsilio Ficino
弗拉卡斯托罗 Girolamo Fracastoro
伏尔泰 Francois Marie Aroute de Voltaire

G

盖里克 Otto von Guericke
哥白尼 Nicholas Copernicus
格兰维尔 Joseph Glanvill

H

赫尔墨斯 Hermes
赫拉克利德 Heraclides
赫舍尔 William Herschell
惠更斯 Christiaan Huygens
霍布斯 Thomas Hobbes

J

吉尔伯特 William Gilbert
伽利略 Galileo Galilei
伽桑狄 Pierre Gassendi

K

卡尔卡格尼尼 Celio Calcagnini

卡罗琳娜 Wilhelmine Caroline
开普勒 Johannes Kepler
凯尔 Keill
康德 Immanuel Kant
柯瓦雷 Alexandre Koyré
科茨 Roger Cotes
克拉克 Samuel Clarke
克里斯蒂娜 Christina
库萨的尼古拉 Nicholas of Cusa

L

拉夫乔伊 Arthur O. Lovejoy
拉弗森 Joseph Raphson
拉凯 Sanford V. Larkey
拉普拉斯 Pierre Simon Laplace
莱布尼茨 Gottfried Wilhelm Leibniz
勒菲弗尔 Lefèvre d'Etaples
雷蒂库斯 Georg Joachim Rheticus
雷利 Walter Raleigh
雷吉奥蒙塔努斯 Regiomontanus
利伯曼 Emanuel Libman
里乔利 Gianbattista Riccioli
里切蒂 Liceti
留基伯 Leucippus
卢克莱修 Lucretius

罗奥 Rohault
洛克 John Locke

M
马赫 Ernst Mach
马勒伯朗士 Nicolas Malebranche
马尼留斯 Marcus Manilius
麦考利 McColley
麦里梭 Melissos
曼佐利 Pier Angelo Manzoli
美第奇 Medici
梅特罗多洛斯 Metrodorus
门德尔松 Moses Mendelssohn
蒙田 Michel de Montaigne
摩尔 Henry More
摩西 Moses

N
拿破仑 Napoleon
牛顿 Isaac Newton

O
欧几里得 Euclid

P
帕林吉尼乌斯 Marcellus Stellatus Palingenius
帕斯卡 Blaise Pascal
帕特里齐 Pattrizzi
培根 Francis Bacon
皮科 Giovanni Francesco Pico
普鲁塔克 Plutarch

Q
切恩 George Cheyne

S
萨尔维阿蒂 Salviati
沙尼 Hector Pierre Chanut
圣保罗 St. Paul
圣雅各 St. Jacob
斯宾诺莎 Baruch Spinoza
斯宾塞 Edmund Spenser
斯卡利格 Julius Scaliger
索福克勒斯 Sophocles
索齐尼 Faustus Socinus

T
托勒密 Claudius Ptolemy

W

瓦克尔 Mattheus Wackher

瓦赫鲁斯 Wacherus

威特罗 Witello

X

希克塔斯 Hiketas

辛普里丘 Simplicius

Y

亚里士多德 Aristotle

野口英世 Hideyo Noguchi

伊壁鸠鲁 Epicurus

英格利 Ingoli

约翰逊 Johnson

索 引

（按条目中文拼音排序，索引页码为原书页码，即本书边码）

阿里斯塔克(Aristarchus of Samons) 28

阿尔诺(Arnauld, Antonie)对马勒伯朗士的态度 158—159

埃克番图斯(Ecphantus)28

爱因斯坦(Einstein, Albert)169

安瑟尔谟的概念(Anselmian concept)124

柏拉图(Plato) 3, 28, 54, 72, 123, 126, 140, 141 参见"新柏拉图主义的复兴"

贝克莱(Berkeley, George) Cloyne 的主教 207;对牛顿哲学的攻击以及牛顿的回应 221—228

本特利(Bentley, Richard)207, 223, 249, 295;对布鲁诺宇宙观的接受 180;追随牛顿的学说 179;对牛顿重力理论的误解 178—179;上帝影响宇宙的理论 182—189

比重(Gravity, specific)172

毕达哥拉斯(Pythagoras)28, 30, 59, 147

波义耳(Boyle, Robert)3, 215, 220, 278, 294

波义耳讲座(Boyle Lecture)本特利所作讲座 179;克拉克所作讲座 300

布鲁诺(Bruno, Giordano) 58, 73, 75, 78, 96, 99, 102, 105, 114, 118, 119, 171, 241, 290;主张从感官知觉到理智知觉的变化的论证 44—46;对无限空间的断言 46—49, 52, 53;对上帝创造力量的态

度 42,48—49,52,53;对卢克莱修宇宙论的态度 6;对宇宙中的运动的态度 39—40,41,44,49—51;对库萨的尼古拉的态度 6,14,18;生平简述 282—283;宇宙无限的概念 35,39—54,60—61,180,282;对其同时代人的影响 54—55;丰饶原则 42,44,52;充足理由律 44,46,52,283

布鲁斯(Bruce,Edward)73,287

布鲁图斯(Brutus)参见"布鲁斯"

斥力(Repulsion)牛顿的理论 213,214—215

充足理由律(Sufficient reason, principle of)参见"莱布尼茨"

处所(Locus)参见"位置"

磁力(Magnetism)参见"引力"

德梅朗(Dortous de Mairan)159

德梅特里奥斯(Demetrius)140

德梅佐(Des Maiseaux)301

德谟克利特(Democritus)3,44,73,101,112,114,126,140,141,182,238,239,278

邓斯·司各脱(Duns Scotus,John)124

迪格斯,伦纳德(Digges,Leonard)35

迪格斯,托马斯(Digges,Thomas)对宇宙无限概念的贡献 35—39;无限宇宙图 36—38;对吉尔伯特的影响 55

迪昂(Duhem,Pierre)169

笛卡儿(Descartes,René)1,52,139—177,190—191,197,210—218,225,231,237,252,254,264,267,272,290,294;物质与空间等同的概念 99,101—104;无定限宇宙以及无限上帝的概念 100,104—109,124,153—154;拒斥虚空 136,141—143,145,232;与摩尔的通信 110—124;对重力的解释 133;数学宇宙论的形式化原则 99;对摩尔哲学发展的影响 125,289;对库萨的尼古拉思想的阐释;广延理论 101—104,138,126—127,132,145—147,152,162;运用假说 230;与摩尔争论的观点,参见 Henry More

笛卡儿的哲学(Cartesian philosophy);参见"笛卡儿"

地球(Earth)同宇宙其余部分的比较 25,38,105;从宇宙中心的位置移开 3,29,30,32,33,43;对传统宇宙论所指定的卑下地位的拒斥 19—23;地球的运动 40,41,55—56

地狱(Hell)位置 281

第谷(Brahe,Tycho)3,56,92,284,286

第欧根尼(Diogenes Laertius)5,6

第一因(First Cause)参见"上帝"

电(Electricity)参见"引力"

多恩(Donne,John)引诗 29

菲洛劳斯(Philolaus)28

腓尼基(Phoenicia)208

菲奇诺(Ficino,Marsilio)125

丰饶(Plenitude)25,42,44,52,188,275

伏尔泰(Voltaire,Francois Marie Aroute de)274

盖里克(Guericke,Otto von)3

感官知觉(Sense-perception)解释宇宙时的价值问题 44—46,59,62,85,100,111—112,115,160—162;发明望远镜所带来的视野拓宽 89

哥白尼(Copernicus,Nicholas)3,15,56,59,61,92,95,96,97,99,105,281,284,285,286;宇宙观 29—34,36;受到谴责 98;替换后的宇宙的图景 36—38;没有受库萨的尼古拉的影响 8,18,280;灵感的来源 28

哥白尼以前的宇宙图(Pre-Copernican diagram of universe)

格兰维尔(Glanvill,Joseph)126

格里高利(Gregory,David)297—298

古代人(Ancients)宇宙观 5,14,16,17,24,60,112;对重力的解释 208,297—298;关于上帝可理解性的理论 198;参见"原子论"

惯性(Inertia)牛顿的原理 169,173,174,175,216,218,261,302

光(Light)和物质 132,207,212,297—298;哥白尼的观念 30,33;帕林吉尼乌斯 26—27

广延(Extension)参见"空间"

和谐整体宇宙(Cosmos)此观念受

到破坏 2,24,29,43,61
赫尔墨斯(Hermes)126
赫拉克拉德(Heraclides)28
赫舍尔(Herschell,Sir William)280
恒星(Fixed stars)12—13,19;跟宇宙其他部分的比较 21—22;哥白尼的观念 30—33;伽利略通过望远镜获得的发现 72—76,89—95;拒绝天球的存在 35,56—57,95—96;无限范围 36—39,40,41,48,49,51,53;拒绝无限 60—87;位置和大小 30,32,62—85,104,281;与开普勒的图解相关的世界 79
恒星(Stars)参见"宇宙"
黄道带(Zodiac)12
惠更斯(Huygens,Christian)3,31,169,176,230,299
霍布斯(Hobbes,Thomas)3,133,145,198,238

吉尔伯特(Gilbert,William)73,284—85;对宇宙无限观念的贡献 55—57,60—61;对恒星天球存在的否认 56—57;关于地球旋转的讨论 55—56;受到迪格斯的影响 55;磁力理论 131
伽利略(Galileo Galilei)40,54,55,83,84,175,176,231,277,278;对重力的态度,133;猎户座恒星图解 93;望远镜的发明及其影响 72—76,81,84,88—95;对于宇宙的无限性缺乏决断,95—99
伽利略的《星际讯息》(*Sidereus Nuncius of Galileo*)宣布望远镜的发明及其重要性 88,90
伽桑狄(Gassendi,Pierre)3,114,146,278,290,294
加速(Acceleration)169
假说(Hypotheses)对实验哲学的危害 204—205,208,228—234
经院哲学传统(Scholastic tradition)199,230,262,264,266,267,268
精神(Spirit)摩尔的观念 127—134
精神广延(Extension,spiritual)笛卡儿的拒斥 138;与空间的区别 132;和上帝的同一性 191—201;可入与不可入 195,200;17世纪的理论 130—31;摩尔的理论 111,112,116—123,126—127,132,138
静止(Rest)164,166

卡巴拉（犹太秘教哲学）(Cabala) 126

开普勒(Kepler, Johannes) 55, 95, 96, 97, 102, 107, 171; M 图 79; 发明望远镜的后果 72—76; 库萨的尼古拉的影响 6, 19; 亚里士多德的支持者, 60, 72, 86—87; 理论 58—87, 277

凯尔(Keill, John) 301

康德(Kant, Immanuel) 150, 180

科茨(Cotes, Roger) 230—232, 235—236, 274, 298—299

克拉克(Clarke, Dr. Samuel) 207, 301; 生平概略 300; 被牛顿选择作为代言人 301; 捍卫牛顿反击莱布尼茨 236—272, 273

空间(Space) 绝对的 160—166, 168—169, 221—228, 243—245, 247, 274; 上帝的属性 149—150, 155, 193—201, 247; 观念的变化 275, 277; 牛顿、摩尔共同的空间观 159, 160; 受到攻击和捍卫的牛顿的空间观 235, 237, 239, 243—245, 247, 248, 251—252, 254—257, 259, 260, 263—267, 269, 270—271; 与广延的区别 132, 264, 265; 与物质的区别 127, 135—141, 145—147, 152, 171—172, 194; 古人所认可的存在 140—141; 空间是一切存在的前提 137—138; 充满以太, 牛顿的理论 171—172, 207; 与上帝的同一 114, 148—153, 197, 244, 247, 271; 与物质的同一 99, 101—106, 110—112, 117—118, 124, 126—127, 155, 156, 191—192, 256—257, 269; 无定限 152, 无限性 46—49, 52, 53, 126, 140—141, 155—156, 194—202; 区别于物质的可理解性 156—158, 159; 可测量性 135—137, 139—140; 本性 135—141, 145—154, 193—198; 不可测量性 135—137; 摩尔所论证的空间的实在性 145—147; 相对性 16, 162—163, 245, 247, 249, 250—252, 254, 262—263。参见"广延"，"精神的"，"虚空"

库萨的尼古拉(Nicholas of Cusa) 6—24, 29, 35, 42, 43, 44, 47, 52, 54, 96, 99, 106, 118, 282; 相信宇

宙缺乏精确性 13,16—18;生平简述 278;宇宙各部分居民的比较 22—23;运动的概念 15,17,18,19;宇宙的概念 8—24;同时代人不以为然的观念 18;拒绝地球卑下的位置 19—23;哥白尼和开普勒的先驱 19,280;对帕林吉尼乌斯的影响 24;"有学识的无知"理论 6,8,9,10,17;拒斥中世纪的宇宙观 6;与布鲁诺思想的比较 41,43

拉夫乔伊(Lovejoy, A. O.) 25,34,39,42,44,52

拉弗森(Raphson, Joseph) 206,220,221—223,249,295,301;无限的概念 201—202;空间观 191—201;宇宙观 202—204;斯宾诺莎的影响 191;指出牛顿和摩尔在理论上的关联 190—191

拉凯(Larkey, Sanford) 35

拉普拉斯(Laplace, Marquis Pierre Simon de) 276

莱布尼茨(Leibniz, Gottfried Wilhelm von) 169,207,211,290 宇宙观 262—263,266,269,273;去世 273;动机与原因之间的区别 259;空间的可观察性原则 261—262;充足理由律 44,46,52,61—62,78,239—242,243—245,246,250,253,259,262,275,283;空间、运动和时间的相对理论 245,247—248,249,250—252,254,256,262—263;攻击牛顿的理论,克拉克进行捍卫 300—301;宇宙的原子结构 207,210—212,254,272,274;上帝观 232—272;上帝选择的自由 239—246,250,253,257,257,259,260,268—270,272,273;运动观 245,269,272;空间观 235,237,239,243—245,247,248,251—252,254—257,259,260,263—267;时间观 256—257,259,263,264—266,269;唯物论与数学哲学的对比 208,238,241,267,271,272;虚空的存在 239,241,250—251,254—255,260,264,272;宇宙间物质的重要性 237,239,250;宇宙的运动要求上帝介入 236,237—238,239—240,245,248—249,252,254,272,276;上帝的

"感觉中枢" 237,239,241,242。
参见"引力"
勒菲弗尔(d'Etaples, Lefevre)
雷蒂库斯(Rheticus)28
雷利(Raleigh, Sir Walter)34
离心力(Centrifugal force)与圆周运动的关系 167—171
里乔利(Riccioli, Gianbattista)31
猎户座(Orion)开普勒的讨论 63—64,65—66,81;剑和盾,通过望远镜发现的 93
留基伯(Leucippus)73,140
卢克莱修(Lucretius)46,54,101,112,114,190,210,278,290;宣称空间的无限性 35,282;《物性论》5,6,283;对宇宙论思想的影响 6
洛克(Locke, John)235

马赫(Mach, Ernst)169
马勒伯朗士(Malebranche, Father Nicolas)149,156—158,159,199
马尼留斯(Manilius, Marcus)66,287
麦考利(McColley, Grant)31
麦里梭(Melissos)73
曼佐利(Manzoli, Pier Angelo)参见

"帕林吉尼乌斯"
梅特罗多洛斯(Metrodorus)140
门德尔松(Mendelsohn, Moses)201
密实度(Spissitude)摩尔的理论 129
蒙田(Montaigne, Michel de)1
摩尔(More, Henry)109,156,161,163,164,165,173,176,190,195,197,201,220,248,251,252,264,274,290,291,302—303;空间观 126—127,132,137—140,145—147,152,155,159,160;精神与物质的概念 125,127—132;精神广延的概念 111,112,117—123,132,138,191—192;与笛卡儿的通信 110—124;哲学 125—126,289;与牛顿相关的理论 190;与笛卡儿的上帝观有冲突 111—124;否认原子存在 112—113;否认虚空 112,116,120,138,139—140,145,191—192;把物质、广延和空间等同 110—112,115,117—118,124,126—127,132;宇宙的无定限广延 114—115,117—122,124,152—154;精神与物质的对立 110—112,121,125;运动的相对性 142—145

摩尔对物体的定义（Body：definition by More）128—130

拿破仑（Napoleon Bonarparte）276
牛顿（Newton, Sir Issac）3,109,180,189,278,290,294,298；和本特利有关重力和行星运动的通信 178—189,223；发表"总释"，阐明宗教观 223—230,234；发表关于形而上学困难的"疑问" 206—207,296；牛顿哲学的成功 274；支持现象反对假说 205,208,228—234；与摩尔有关的理论 159,160,190；克服宇宙有限性的理论 274—275；世界观 207。参见"引力"；"惯性"；"莱布尼茨"，对牛顿理论的攻击；"数学哲学"；观念：上帝 207—220,223—228,232—272,274—276；光 207,212,297—298；物质 172—175,207—208,209—213,217—219,250,254,272,274,297—298；运动 160—171,213,215—218,221,224,236—240,245,248—249,252,254,256,269,272,276；稀薄以太 171—172,207；空间 160—166,168,169,171—172,207,221—228,256—257,259,263,264—266,269；虚空 239,241,250—251,254—255,260,264,272

帕林吉尼乌斯（Palingenius, Marcellus Stellatus）28,39；对希腊宇宙论者的态度 24；生平简述 280；宇宙观 24—27；受到库萨影响 24；对传言的怀疑 280
帕斯卡（Pascal, Blaise）3,43,277,283,291
帕特里齐（Pattrizzi）54
培根（Bacon, Francis）1,3,243
普鲁塔克（Plutarch）141
普罗提诺（Plotinus）290

切恩（Cheyne, Dr. George）206,274,297

人的思想（Thought, human）不完善 199—200

沙尼（Chanut）6
上帝（God）在空间中不在场 275；属

性 124,148—153,155—156,197；受到摩尔批评的笛卡儿的上帝观 111—124,138,147；牛顿的上帝观，受到莱布尼茨攻击，却得到克拉克的捍卫 235—272；只考虑无限的存在 52,100,106,107,108,109,192—193；宇宙的创造者 42,48—49,52,53,78,100,113,119,120,121,124,157,208—209,217—220,239—241,256—257,266,269,273,275；在宇宙间地位下降 276；选择的自由，牛顿的概念 239—246,250,253,257,259,260,268—270,272,273；上帝的观念，与空间观念的关系 135—136,137—139；与非物质广延的同一性 155—156,191—201；与空间的同一性 137,147,155,222—223,226；无限广延，区别于物质广延 156—158,159；无限性 52,100,106,107,108,109,113,116—124,140,153—154,192—193,297；需要上帝的介入来推动宇宙 183—189,216,224—225,236—240,245,248—249,252,254,272,276；参与重力的作用 134,179,207—220,234,298；否认虚空而能力受到限制 138,232；牛顿理论中时空与上帝的关系 161；牛顿的宗教观 223—228,232—234；讨论上帝的作品 208—209；有序呈现的世界 58,286 重力（Gravity）131,133—134；参见"引力"，牛顿的理论

上帝创世（Creation of universe by God）莱布尼茨的观念 266,269；牛顿和克拉克的观念 256—257,269；不必然通向无限宇宙 275

上帝的感觉中枢（Sensorium of God）牛顿的观念 237,239,241,242,301

上帝的属性（Attributes of God）124,148—153,155—156,197

圣保罗（St. Paul）227,270

时间（Time）绝对的 160—162,221,223,225—228；受到攻击和捍卫的牛顿的时间观 256—257,259,263,264—266,269；与延续的同一性 161—162；相对的 160—162,245,247—248,252,254,256,262—263

实体（Substances）属性所蕴含的

145—147

实验化(Experimentation)参见"牛顿"

世界(World)参见"宇宙"

视差(Parallaxes)开普勒对此的运用 66,68,287

数学哲学(Mathematical philosophy)19,99,205,208,215,228—234,238,241,267,271,272,278

斯宾诺莎(Spinoza, Benedict)149,159,197,201,239;广延的概念 155—156;上帝和宇宙的同一性 191,192—193;把空间和物质等同 155,156;对拉弗森的影响 191

斯宾塞(Spenser, Edmund)引诗 280—281

斯多亚(Stoa)126

斯多亚派(Stoics)140—141

斯卡利格(Scaliger, Julius)119

属性(Attributes)蕴含的实体 145—147

索齐尼教派(Socinianism)239,301—302

太阳(Sun)参见"宇宙"

太阳系(Solar system)参见"宇宙"

天国(Heavens)参见"恒星";"宇宙"

天球(Spheres)参见"宇宙"

调和论(Syncretism)摩尔的倾向 125—126

托勒密(Ptolemy)28,32,34,56,95,96

托里拆利(Torricelli, Evangelista)277

望远镜(Perspicillum)参见"望远镜"(telescope)

望远镜(Telescope)望远镜发明前的天文学 62,64;对开普勒思想的影响 72—76,81;伽利略的发明所作的贡献 88—95;应用 84

威尔士公主(Princess of Wales)235,259,263—264,300

位置(Place)绝对的,区别于相对位置 163—166;定义 140,163;与运动的关系 143—145 参见"空间"

涡旋(Vortices)笛卡儿的理论 115,118,119,290

无定限的宇宙(Indefinite universe)参见"宇宙"

无神论(Atheism)原因 138,198,

234；本特利的反驳 179—180，182—184，186—189

无所事事的上帝（"Dieu faineant"）

无限（Infinity）参见"上帝"；"宇宙"

无限的（Infinite）术语的定义 72，201

物体的弹性（Elasticity of bodies）牛顿理论 215，216—217

物体的性质（Bodies, qualities of）牛顿对此问题的探讨 173—175

物质（Matter）原子构成，牛顿理论 207，209—213，217—219，254，272，274；笛卡儿的观念 111—119，124；宇宙中的重要性 237，239；本性 101—102，130，172—175，193，194；非上帝的属性 193，201；可压缩性问题 128；密度问题 207—208；与光的关系 132，207，212，297—298。参见"引力"；"重力"；"空间"

希伯来人（Hebrews）无限的观念 195

希克塔斯（Hiketas）28

希腊（Greece）参见"古代人"；"原子论"

相对性（Relativity）参见"运动"；"空间"；"时间"

向心力（Centripetal force）参见"引力"

新柏拉图主义的复兴（Neoplatonic revival）24，113，161，277 参见"柏拉图"

行星（Planets）与恒星的比较 92；发明望远镜后的发现 73—76，89—90，92；行星运动 31，33，49—51，229；在宇宙中的位置 73 参见"宇宙"

虚空（Void）57，277，283；古代人的观念 141；被认为的宇宙中心 78，81，82，83；无际性 181—182；可测量性 139—140；位置 65，69，75；存在的问题 40—41，46—48，86，87，101—104，112，116，120，137—138，145，171，180，191—192，207—208，232，239，241，250—251，254—255，260，264，272，283；牛顿虚空观念的胜利 274

虚无主义者（Nullibists）笛卡儿派学者的绰号 138，201

选择的自由（Freedom of choice）参

见"上帝"

亚里士多德(Aristotle)28,30,35,56,59,100,101,126,149,261,290;作为第一因的上帝观念,225;宇宙观11,34,60,72,86—87,97,139,140;有争议的学说24,26,31—32,46—47,55,139,161,230,285;运动的相对性理论56,279

延续(Duration)参见"时间"

伊壁鸠鲁(Epicurus)44,112,140,178,180,238,239,278

以赛亚(Isaiah)201

以太(Ether)属性132,171—172,207—208

银河(Milky Way)69—70,83,89

引力(Attraction)牛顿的理论181,207,220,234,298;对此问题的讨论174—179,183—189,209—216;平方反比定律220,228,229,233,234,245—246,248,253,258,267—268,271—272;该理论的最终修正;参见"重力"

硬度(Hardness)一切物质的属性,牛顿理论207,210—212,217—218,254,272,274。参见"宇宙的原子结构";"原子论"

有限世界(Finite world)参见"宇宙"

"有学识的无知"(Learned ignorance")库萨的学说6,8,9,10,17

宇宙(Universe)各部分的比较20—23;古代人的概念5,14,16,17,24,60,112;哥白尼的宇宙观对其哲学的重要性29;库萨的宇宙观8—24;由同种物质所构成105;朽坏23;有限性24—27,30—34,58—87,140—141,153,157—158,159,192,202—204,249,256—257,260;被削弱的等级结构19—23,29;物质在其中的重要性237,239;无定限,笛卡儿的概念8,104—109,114—124,140;缺乏精确性13,16—18,19;中世纪概念5,6,16,24,34,281;到处有居民居住22—23,25;前哥白尼的图解7;上帝和宇宙的关系,摩尔的理论110—124;太阳系49—51。参见"宇宙的中心";"上帝";"运动";"无限性"2,3,5,24,34—35,188,275,276;概念:本特利180;布鲁诺39—54;克拉克 256—257；笛卡儿 104—109，114—124；迪格斯 35—39；伽利略 95—99；吉尔伯特 55—57；开普勒 58—87；莱布尼茨 260，262—263；摩尔 114—115，118—121，140，153；库萨的尼古拉 6，8，19；帕林吉尼乌斯 25—27

宇宙的圆周（Circumference of universe）概念 11，12，17，18

宇宙的原子结构（Atomic structure of universe）113，115，182，211，254，274，277；参见"硬度"

宇宙的中心（Center of universe）库萨的尼古拉所持的观念 11—21；从宇宙中心移开的地球 3，29—30，32—33，43；有争议的存在 40，41—42，63，64，65，67，69，96

宇宙的极点（Poles of universe）12，14，15，16—17，20；哥白尼的观念 30；布鲁诺对其存在的拒斥 41

原子论（Atomism）5，141，145，154，172，173，208，213，278，303

约翰逊（Johnson, Francis R.）35

运动（Motion）绝对的 163—171，256，272；圆周 18，167—171；无法与静止区分 166；地球的 15，20，39—40，55—56；宇宙的 15，19，30—33，41，44，49—51，56—57，183—189，216，224—225，236—240，245，248—249，252，254，269，272，276；行星的，连同物体下降的力 229；可观察性原则 261—262；上帝存在的证据 191—195，202—203，216—217，218；直线的 166，167—169；相对的 10—17，142—145，161—171，256，261，262，269，279；用于测量时间 161—162

真空（Vacuum）参见"虚空"

直线运动（Rectilinear motion）参见"运动"

中世纪的空间概念（Medieval concept of space）277

中世纪的宇宙概念（Medieval concept of universe）5，6，16，24，34，281

《总释》（*General Scholium*）由牛顿发表，提出了宗教观念 223—230，234

附录：柯瓦雷的生平与著作[*]

C.C.吉利斯皮 撰

刘胜利 译

张卜天 校

亚历山大·柯瓦雷（Alexandre Koyré）于1892年8月29日生于俄罗斯的塔甘罗格（Taganrog），1964年4月28日逝于法国巴黎，研究领域涉及科学史、哲学史和观念史。

柯瓦雷的工作包括三个方面：首先，他影响了整整一代科学史家的成长，尤其是美国科学史家；其次，在法国，他主要活跃在哲学圈内，他不仅最早推动了20世纪30年代黑格尔研究的复兴，而且还出版了关于其他纯粹哲学家的重要研究著作，其中最著名的是关于斯宾诺莎的研究[6][**]；最后，他关于俄罗斯思想和哲学倾向的论述是对其祖国思想史的重要贡献[4，11]。柯瓦雷

---

[*] 本文译自吉利斯皮主编的《科学家传记辞典》，原文为吉利斯皮亲自撰写，可参见：Charles C. Gillispie (Editor in chief)，*Dictionary of Scientific Biography*，New York：Charles Scribner's sons, vol. 7, pp.482—490. 北京大学哲学系孙永平老师帮助校定了文后的"柯瓦雷著作目录索引"，特此致谢。——译者注

[**] 方括号中所列序号为本文后附的"柯瓦雷著作目录索引"的序号，下同。——译者注

的所有著作都洋溢着一股强烈的哲学观念论气息,即使在涉及宗教问题时也不例外。这种观念论来源于"哲学推理的对象是实在"这个假定。在他研究雅各布·波墨(Jacob Boehme)的著作的序言中,柯瓦雷写下了一段评论,这段评论也许同样适用于他自己的所有著作:"我们认为……伟大哲学家的思想体系是无法穷尽的,它就像这个体系所要表达的实在本身一样无法穷尽,就像支配这个体系的最高直觉一样无法穷尽"①。

柯瓦雷一直是一位柏拉图主义者。事实上,正是他那篇优美的文章《发现柏拉图》(*Discovering Plato*)[9]最好地介绍了他的全部著作所共有的观点和价值。这篇文章最初是1940年法国战败后柯瓦雷在贝鲁特(Beirut)发表的讲演的讲稿,1945年它以法语和英语两种版本在纽约出版。不管欧洲文明在当时如何显示出类似希腊化时期的瓦解和衰退,柯瓦雷从未对它感到绝望。他在内心一直秉持的信念是:精神迟早总会获胜。他那思辨式的口吻亦庄亦谐,展现了纯正的柏拉图风格,消除了读者对说教式言辞的抗拒,并向读者揭示了哲学对于个人以及个人对于政治的内涵。正是这些主题为柏拉图的对话赋予了戏剧性的张力。

在上述文章中,柯瓦雷几乎很少提到科学发展过程中的柏拉图主义。但正是这篇文章所揭示的理智与性格、个人卓越与公民责任之间的关系解释了他对于柏拉图的影响所产生的共鸣。他在近代科学的创始者们(尤其是伽利略)的各种动机中发现了这种影响(在其它作品中他也许有些夸大了这种影响)。

---

① *La philosophie de Jacob Boehme*, p. ⅷ.

柯瓦雷在第弗利斯(Tiflis)*开始其中学教育，16岁时在顿河畔罗斯托夫(Rostov-on-Don)上完中学。他的父亲弗拉基米尔(Vladimir)既是从事殖民地产品贸易的一名富裕进口商，也是巴库油田(Baku oil fields)的一名成功投资者。胡塞尔是柯瓦雷中学时代的偶像，于是他于1908年前往哥廷根求学。在那里，柯瓦雷除了追随胡塞尔这位现象学导师之外，还遇到了希尔伯特，并且听了他的高等数学课程。1911年，他移居巴黎，并转入巴黎大学(Sorbonne)学习。他在那里听过柏格森(Bergson)、德尔博斯(Victor Delbos)、拉朗德(André Lalande)以及布兰舒维克(Léon Brunschvicg)的课程。尽管柯瓦雷与他在巴黎的老师们的关系并不像他与胡塞尔及其家人相处时那样亲近（胡塞尔夫人有时甚至把他当自己的孩子看待），但在这种更为冷静的法兰西文明的氛围中，他感到轻松自在。

在战前，柯瓦雷就已在皮卡韦(François Picavet)的指导下开始撰写一篇关于圣安瑟尔谟(Saint Anselm)的论文，随后在巴黎高等研究实践学院(École Pratique des Hautes Études)任教。1914年，尽管柯瓦雷还不是法国公民，但他仍然应征入伍，并为法兰西战斗了两年。接着，当他获悉祖国招募志愿兵时，遂转入一支俄国军团服役，他也因此而回到了俄国，并在西南前线继续战斗直至1917年俄国战败。在随后的内战中，柯瓦雷发现自己正置身于反对组织当中，这些反对组织就好像是一些抵抗力量，他们同时与红军和白军开战。过了一段时间，他决定要从这种混战

---

* 即今天的格鲁吉亚首都第比利斯(Tbilisi)，Tiflis为其旧称。——译者注

中摆脱出来。这时战争已结束，他就回到了巴黎。在那里，他与来自一个敖德萨（Odessa）家庭的女儿，多拉·雷贝尔曼（Dora Rèybermann）喜结连理。雷贝尔曼的姐姐也嫁给了柯瓦雷的哥哥。在巴黎，柯瓦雷重新开始了研究哲学的学术生涯，此时他才惊讶地发现，在整个战争期间，他学生时代曾租住的那家旅馆的老板一直忠诚地保存着他关于安瑟尔谟的论文手稿。

柯瓦雷一直认为自己的职业是一名哲学家。他的职业生涯始于宗教思想研究，尽管他后来最深刻的工作是在科学史领域中做出的。他早期发表的都是关于神学的著作，这些著作包括：《论笛卡儿的上帝观念及其关于上帝存在的证明》（*Essai sur l'idée de Dieu et les preuves de son existence chez Descartes*，1922），《圣安瑟尔谟哲学中的上帝观念》（*L'idée de Dieu dans la philosophie de St. Anselme*，1923），《雅各布·波墨的哲学》（*La philosophie de Jacob Boehme*，1929）。第一篇论文使他获得了实践学院的毕业文凭和该学院的讲师职位（*chargé de conférence*）。终其一生，柯瓦雷都与实践学院保持着联系。他关于安瑟尔谟的工作虽然完成得更早，但直到后来才正式发表。这项工作使他获得了大学博士学位，这个学位由于波墨的论文而得以升格为"国家博士"（*doctorat d'État*）。

如果阅读柯瓦雷后期的科学史著作，我们可以从中辨认出柯瓦雷用以分析上述早期研究主题的典型动机和方法。柯瓦雷所感兴趣的神学传统是各种护教策略中最具思想性的那部分内容，即关于上帝存在的本体论证明。在各种版本的证明中（无论是这种证明的创始者安瑟尔谟，还是笛卡儿所给出的版本），使得主体所把握的人格存在与外部实在之间的联系得以建立的是精神而不是宗教体验。在以上情境中,这种精神的重要方面当然是"上帝",尽管当柯瓦雷的兴趣转向那些自然哲学家时,它也很容易被理解为是"自然"。他关于笛卡儿的核心观点是:近代哲学家在许多方面都得益于中世纪的先驱者。这个观点如今已毋庸置疑了。此外,柯瓦雷还明确肯定了经院推理的哲学价值,他从不认为"繁琐"(subtleties)是一个贬义词。

对于科学史家来说,以上讨论最有意思的特征是柯瓦雷所发现的笛卡儿对"完美"和"无限"这两个概念的运用。在研究"无限"概念的过程中,柯瓦雷揭示了作为数学家的笛卡儿如何支持着作为哲学家的笛卡儿,并为上述本体论证明赋予了一种安瑟尔谟的推理所无法企及的精致性。在柯瓦雷著作中偶然出现的一些旁白预示了他今后的发展方向,例如:"我们认为,作为数学家的笛卡儿的最令人瞩目的成就是他认识到了数的连续性。通过将分立的数对应于一些线或广延量,他将连续和无限引入了有限数的领域"[①]。然而在这本书中,柯瓦雷的注意力仍集中在《沉思集》(*Meditations*)以及作为神学家和形而上学家的笛卡儿。直到后来在那本优美流畅的《关于笛卡儿的对话》(*Entretiens sur Descartes* [8])中,柯瓦雷才转向《方法谈》(*Discourse on Method*)的研究,强调它是笛卡儿关于几何学、光学、气象学等各种论述的导言。此时,柯瓦雷已不会再赞成他自己年轻时的一个观点,这个观点的大意是:尽管笛卡儿改变了哲学史的整个进程,但对于科

---

① *L'idée de Dieu et les preuves de son existence chez Descartes*, p.128.

学史来说,即便笛卡儿从未生存过,科学史也几乎不会有什么不同。①

事实上,通过对比柯瓦雷关于笛卡儿的两部主要作品的笔调,我们就可以发现他本人的偏好。《关于笛卡儿的对话》是一部热情洋溢的著作,对待笛卡儿的态度是同情甚至热爱。但他的毕业论文则并非如此,不仅它的行文略嫌拘谨,而且作者处理论文主题时也显得并非那么得心应手。尤其是在论述笛卡儿不够坦白的那些段落里,上述局促感更是暴露无遗,但给读者留下的更一般的感受则是:从神学角度论述笛卡儿的这项研究本身就比较牵强。由于当时柯瓦雷已成为实践学院第五部(一个研究"宗教科学"的部门)的教职候选人,也许这件事很自然地影响到了他对于研究主题的选择。然而令人惊讶的是,尽管柯瓦雷将他毕生的大部分时间都献给了科学史研究,而且巴黎的学术架构也没有为科学史这一学科提供适当的资源,但实践学院的上述部门却在柯瓦雷生前一直为他保留着职位。这种情形既显示了法国首都各种公共机构的僵化,也显示了这些机构的管理者的灵活与弹性。尽管有管理者的宽宏大量,柯瓦雷晚年在履行工作职责方面还是感到有些困难。

安瑟尔谟的信仰的质朴和宁静并没有被文本的含混所遮蔽。尽管柯瓦雷论述这位关于上帝存在的本体论证明的创始者的专著在研究主题上并未像他关于笛卡儿的论文那样暗示了他后期的研究旨趣,但在研究方式上却更贴近他的后期旨趣,特别是在

---

① *La philosophie de Jacob Boehme*, p. Ⅵ.

同情的理解、透过文本来洞察其作者等方面。

作为一名学者来说,也许柯瓦雷最独特的天赋(这也是他的个人品质在学术上的体现)在于他有能力进入他所研究的人物的世界之中,并为读者再现后者在其世界中看到各种事物的方式:比如,安瑟尔谟在某种精神和理智的实在中幸福而又逻辑地把握到了上帝的必然存在;再比如,亚里士多德的物理对象世界是通过常识来把握,并被整理成一种条理分明的哲学;波墨关于各种印记以及人和自然之间的各种对应关系之网;导致哥白尼的诸天球不停自转和公转的简单而又充分的理由是"它们都是圆的";开普勒对于数的形式与毕达哥拉斯的正立体形的看法;伽利略的由可量化物体所构成的抽象实在,这些物体在几何空间中发生运动学上的联系;最后还有牛顿的开放宇宙,在其中意识已不再位于古希腊哲学的宇宙(cosmos)之中,而是位于无限空间之中。

然而,正是通过对重要文本的细致分析(而不是通过一般的概括和意译),柯瓦雷才能够从他所研究的人物的思想构造中发掘出丰富而广泛的内涵。他喜欢大段大段地引述文本来配合自己的分析,以使读者有可能弄明白他正在做什么。事实上,他的作品将"文本阐释"(*explication de texte*)的法国教学技巧应用于学术研究的最高目的。他后期的大部分著作都源自他在法国、埃及和美国等地的许多机构讲授的课程(通常源自个人讲座),他在这些机构定期授课或仅仅是到那里访学。在那些不太自信的年轻学者看来,柯瓦雷的学识有时会使他显得有些严厉,但其实这并非是他有意造成的。从根本上说,柯瓦雷是一位极富人情味的知识分子,他只是在分析问题时要求严格,但在待人处事方面却极为宽厚。他总是希望去揭示他所研究的人物的价值,而不是去展示他们可能有的浅陋与错误。他也从不会被那些容易达成的目标所诱惑。这样一来,柯瓦雷的自信就与他最真诚的谦逊相得益彰,因为他已将他的天赋用于彰显那些伟人的卓越之处,这些伟人用他们的精神、勇气、想象和品位为拓展我们的文化做出了贡献,并因此而激起了他的钦佩之情。

这种容易与前人心灵相通的倾向促使柯瓦雷对黑格尔哲学以及十九世纪俄罗斯的思想文化做出了重要的研究。尽管这些研究都没有对科学史产生直接影响,但也许还是应该提一下。他对黑格尔的了解源自他年轻时对于胡塞尔现象学的浸淫。在二十世纪三十年代早期,他想将黑格尔哲学的意义传播到他在巴黎的哲学朋友圈(圈中绝大多数朋友都是柯瓦雷在巴黎高师结识的)。黑格尔哲学对于这个圈子来说,即便不是未知领域,也在很大程度上是相当陌生的。这些论文引起了不错的反响[1],有些研究主题相似的读者也许会发现他那篇"关于黑格尔的语言和术语的注记"(Note sur la langue et la terminologie hégéliennes)[2]尤其具有启发性。类似地,柯瓦雷在两部关于俄罗斯思想史的著作中所发表的论文为法国学者群体引出了一个话题(对此柯瓦雷尤其具有发言权):俄罗斯作家在对待欧洲文化上陷入了进退两难的困境,一方面,如果他们的国家想要发展文明,就必须认同欧洲

---

[1] Jean Wahl, "Le rôle de A. Koyré dans le développement des études hégéliennes en France", in *Archives de philosophie*, 28 (July-Sept. 1965), 323—336.

[2] *Études d'histoire da la pensée philosophique*; 该文最先发表在:*Revue philosophique*, 112 (1931), 409—439.

文化；另一方面，如果俄罗斯想要确立自己的国家认同感，就必须抵制欧洲文化[4，11]。欣赏柯瓦雷科学史著作的读者们最好也读一读这些研究中写得最长的那篇论文，那是一篇关于恰阿达耶夫(Tchaadaev)的专论①。尽管这篇论文与读者的研究主题毫无关系，但它却是柯瓦雷所写论文中最精致、最富同情、最发人深思的作品之一。

相比之下，柯瓦雷关于德国神秘主义的研究工作确实影响了他的科学编史学，尽管这种影响有点令人难以捉摸。因为，尽管他竭力去帮助读者理解这一难解的传统，但他本人对德国神秘主义做出的反应却是从那些神学研究主题转回到了他在哥廷根学生时代的科学兴趣。他那篇重要的博士论文一直是关于波墨的最详尽和最可靠的研究，这篇论文清晰地阐述了波墨这位晦涩作者的思想。此外，柯瓦雷还将论述施温克菲尔德(Schwenkfeld)、弗兰克(Sebastian Franck)、帕拉塞尔苏斯(Paracelsus)、魏格尔(Valentin Weigel)的四篇短论集结成一本小书，书中论及的上述四人都是波墨最重要的思想来源。这本小书于1971年再版时正巧碰上了神秘学的复兴，而这种神秘学却是柯瓦雷本来想强烈反对的。的确，也许有人会认为，波墨也对自然世界感兴趣，甚至与伽利略、笛卡儿和开普勒等同时代人同样感兴趣。然而，以上任何相似之处都是表面的，因为波墨对自然的理解完全是象征性的，对于他来说，各种现象背后的实在性就在于它们拥有神的印记。的确，柯瓦雷完全认识到在近代科学摧毁这些象征性的意义

---

① *Études sur l'histoire des idées philosophiques*, pp. 19—102.

之前,世界如何影响着意识,而且这样的认识也使得他后期关于科学革命的著作变得更加敏锐。但他逐渐感觉到探究神秘主义者各种体验的工作从某种意义上来说是徒劳无益的,因为根据定义,上述体验只有拥有这些体验的人才能了解。也正因此,波墨一直在试图解读人与世界之间的对应关系,而这些对应关系又来自他通常所称的"自我之书"(the book of himself);而柯瓦雷在《伽利略研究》(*Études galiléennes*)开篇就评论说,只有科学史才能为"进步"这一观念赋予意义,因为它记录了人类心灵在把握实在的道路上所赢得的各种胜利。[1]

无论如何,贯穿柯瓦雷科学史研究的主题是运动问题。他在一篇名为"关于芝诺悖论的评注"(*Bemerkungen zu den Zenonischen Paradoxen*)的哲学论文中首先界定了这一主题。这篇论文发表于1922年,早于前文所述的神学作品[2],这也是柯瓦雷的第一篇实际发表的作品[3]。在其中柯瓦雷论证说,为了理解芝诺悖论,我们不仅需要分析运动,还要分析运动借助时空参量概念化时涉及"无限"和"连续"观念的方式。在回顾了布罗沙尔(Brochard)、诺埃尔(Noël)、埃弗兰(Evelyn)和柏格森研究芝诺悖论的贡献之后,柯瓦雷(无疑是回想起了自己跟随希尔伯特所做的研究)援引了波尔查诺(Bolzano)和康托尔(Cantor)关于无限和极限

---

[1] *Études galiléennes*, p.6.

[2] *Jahrbuch für Philosophie und phänomenologische Forschung*, 5 (1922), 603—628;该论文的法文版已收入[17a]。

[3] 在第一次世界大战之前,柯瓦雷曾经发表过一则短评:"关于伯特兰·罗素的数的评注",参见:"Remarques sur les nombres de M. B. Russell", in *Revue de metaphysique et de morale*, 20 (1912), 722—724。

本性的研究成果,并区分了以下两种运动:一种是作为过程的运动,这个过程在其本性上就包含着物体;另一种是作为关系的运动,物体本身与这种作为关系的运动无关。曾经有一个脚注预示了柯瓦雷毕生的工作:"古代物理学和近代物理学之间的所有分歧都可被归结为这样一点:对于亚里士多德来说,运动必然是一种活动,或者更确切地说,是一种现实化(潜能作为潜能的现实化[*actus entis in potentia in quantum est in potentia*]),而对于伽利略和笛卡儿来说,运动变成了一种状态"。① 在他生命最后的日子里,柯瓦雷经常被问到他怎么会从神学转向科学,有一次他回答说:"我回到了我的初恋"②。

柯瓦雷的学术生涯充满了跌宕起伏。最初他曾为巴黎大学斯拉夫研究院(*Institut d'Études Slaves*)的一门课程准备过一些有关俄罗斯思想史的资料。1929年,即在《雅各布·波墨的哲学》出版的那一年,柯瓦雷在蒙彼利埃大学文学院谋得一席教职,并从1930年9月起在那里任教直至1931年12月。其间柯瓦雷一直颇为享受法国南部的气候与生活品质,但也常常为无法利用巴黎的各大图书馆而感到遗憾。1932年1月,他被选为实践学院的研究主任(*directeur d'études*),并回到了巴黎,开始在学院讲授关于16世纪科学与信仰的课程。为了准备这门课,柯瓦雷阅读了哥白尼的著作,他发现哥白尼划时代的成就几乎完全不被人所

---

① *Études d'histoire da la pensée philosophique*, p.30, n.1.
② 在他的论文中,柯瓦雷留下了一份1951年的求职履历,这份履历阐述了柯瓦雷自己对他的研究工作(包括已完成的工作和其后打算进行的工作)的内在关联性的理解;参见 *Études d'histoire da la pensée scientifique*, pp.1—5.

知。于是他着手翻译了《天球运行论》(De revolutionibus)的第 I 卷,即该书理论性和宇宙论的部分,并为之撰写了一则关于历史背景的阐释性的导言。这是他对科学史本身的第一项贡献。在上述导言中,哥白尼代表着一位研究宇宙的思想家,一位既迂腐保守而又革命激进的思想家,而不再仅仅是一位摆弄各种本轮的学者。说他迂腐保守,是因为哥白尼还沉溺于柏拉图的正圆美学,并将它变成了一种宇宙运动学;说他革命激进,是因为哥白尼坚信几何形式必须与物理实在相符合,只要一种假说能将两者结合起来,那么不管这种假说可能会给传统和常识带来什么后果,它都不致因为太过冒险而不值得采纳。通过这样一种蕴涵,形式本身变成几何的而不是实体的,近代科学就在这条道路的前方。

当1934年柯瓦雷出版其关于哥白尼的著作时,他正以访问学者的身份在开罗大学教课。由于柯瓦雷发现自己与那里的同事与学生非常投缘,故他于1936—37学年和1937—38学年两度回到那里讲课。他为那里的听众所准备的讲稿后来发展成了《关于笛卡儿的对话》这部著作。当时柯瓦雷的研究兴趣已经从哥白尼转向了伽利略,他将一套由法瓦罗(Favaro)编辑的出色的伽利略著作全集带到了埃及,并在开罗安顿下来之后潜心研究。也正是在那里,柯瓦雷撰写了他的名著《伽利略研究》[①]。这本名著的标题页上显示的出版年份是1939年,但实际上它直到1940年4

[①] 柯瓦雷此前已发表的两篇论文包含了这项工作的部分内容,分别是:"伽利略与比萨实验",参见:"Galilée et l'expérience de Pise", in *Annales de l'Université de Paris*, 12 (1937), 441—453; "伽利略与笛卡儿",参见:"Galilée et Descartes", in *Travaux du IXe Congrès international de Philosophie*, 2 (1937), 41—47。

月,即在德国入侵前才出现在巴黎。当时柯瓦雷和他的妻子又一次待在开罗。但他想在国难当头时为国家出点力,于是他们又匆匆回到了法国,抵达巴黎时恰逢巴黎已经投降。他们掉转头先到蒙彼利埃,然后再取道贝鲁特返回开罗。当戴高乐将军来到开罗时,柯瓦雷已经决定加入"自由法国"组织并为戴高乐效力。由于柯瓦雷持有美国签证,戴高乐认为,如果能有这样一位学识卓越之士留在美国,而且能够在这个其政策有利于贝当政府(Pétain)*的国家阐释戴高乐的观点,那么"自由法国"事业或许会从中受益。于是,柯瓦雷夫妇设法转道印度,横渡太平洋,取道旧金山并最终来到纽约。他在纽约加入了一个由法国和比利时科学家与学者组成的团体,并参与了这个团体创建"高等研究自由学院"(École Libre des Hautes Études)的工作。在整个二战期间,他一直在那里以及"新社会研究学院"(New School for Social Research)任教,只在 1942 年去过一次伦敦向戴高乐汇报工作。在纽约,柯瓦雷逐渐熟悉并融入了美国的生活,这自然使得他愿意在美国度过其晚年的学术生涯,这几乎占了他全部职业生涯的一半时间。

　　由于战争移开了人们关注学术的视线,《伽利略研究》在战争期间并没有产生多大影响。但在战争刚刚结束的那几年,这本名著却在美国受到了极为广泛和热情的关注。这真是"书逢其时,

---

* 贝当(Henri Philippe Pétain,1856—1951),法国元帅,维希(Vichy)政府元首。二战期间法国沦陷后,德法停战协议将法国一分为二,其中一半(含首都巴黎)由德国占领,另一半由投降的贝当元帅组建傀儡政府进行统治,史称"维希政府"或"贝当政府"。——译者注

一举成名"。那时恰逢新一代的科学史家们在日益扩展的美国大学体系中寻找契机，这代人最早以完全职业化的方式来构想科学史这一学科，而且无论当时的大学体系在学术精湛程度和哲学深度方面如何缺憾，它对于科学的热忱和灵活度也足以弥补它的缺点。正当科学史家们通过参考文献苦苦寻找题材时，他们就像发现某种启示那样发现了《伽利略研究》，因为这本著作揭示了他们初创的学科可能会具有怎样激动人心的思想意义。此外，这本著作既不是关于各种科学发现和过时术语的枯燥堆积，也不是对于科学精神所创造的各种奇迹的煽情吹捧，更不是对某种哲学体系的掩饰（尽管作者本人支持柏拉图主义），就像实证主义观点谈及科学和马克思主义观点谈及历史时所做的那样。

相反，他们在《伽利略研究》中发现了一段分析细致入微、但却极其激动人心的思想战斗史，这场战斗由伽利略、笛卡儿等伟大的倡导者发起，目的是力图获得经典物理学的那些最基本的概念和公式。这些概念和公式后来显得如此简单，甚至连中学生也能轻而易举地掌握它们。这场战斗所针对的既不是宗教，也不是迷信或无知（关于科学的流俗观点往往会有这样的误解），而是习惯和常识，是那些最伟大的心灵在面对他们自己所执着的信念的逼迫时容易犯错的倾向。事实上，柯瓦雷曾经评论说，关于错误的历史和关于正确理论的历史同样富有教益，而且在某种程度上前者甚至更具有启发意义。因为，尽管错误本身并没有什么歌颂的价值（柯瓦雷并不是非理性主义者），但它们确实展示出了某些限制因素的力量和本质，而理智的欲求必须努力突破这些限制才能创造出知识（在一篇名为《说谎者厄庇墨尼德》[*Epiménide le* menteur]的隽永的反讽性文章中,柯瓦雷在古典语境下深入探讨了关于"错误"的更严格意义上的哲学问题)。

柯瓦雷研究问题的技巧既注重精雕细琢,又不失宏观概括。就问题本身而言,它注重精雕细琢;就其始终意识到这些问题的广泛意义来说,又不失宏观概括。《伽利略研究》包含独立成卷的三篇论文,第一篇题为"经典科学的黎明"(À l'aube de la science classique),这里的经典科学是指经典物理学。贯穿三篇论文的统一主题是:经典物理学(没有它,近代科学的其它内容都是不可思议的)如何起源于表述落体定律和惯性定律的努力,它们分别是《伽利略研究》第二、第三篇论文所要处理的问题。第一篇论文的副标题是"伽利略的青年时代",它意味着伽利略的早期学习和最初研究将会重溯物理学从其古代以来所经历的主要历史阶段。柯瓦雷关于亚里士多德物理学的同情式概括既强调了亚里士多德赋予抛射体运动的原因的反常性,又解释了博纳米科和贝内代蒂的推理。贝内代蒂将十四世纪的冲力理论发展成了一整套解释抛射体飞行和重物下落的思想方案,从他那里,伽利略学到了冲力物理学。然而,只有当伽利略抛弃了作为原因的冲力(causal impetus)的观念之后,他才开始率先将一种关于质的物理学引向一种关于量的物理学。在他青年时期留下的手稿《论运动》(De motu)的分析中,他首先尝试迈出这一步。在上述手稿中,他用阿基米德的方法替代了亚里士多德的方法,并使用"相对密度"等术语论述了物体与其周围介质的相互关系。

在柯瓦雷看来,科学革命的关键问题是如何将亚里士多德意义上的物理量几何化。《伽利略研究》所展现的思想戏剧(在书中经常是由各种阴差阳错构成的喜剧)在伽利略和笛卡儿之间进行了某种对比,两者都力图将落体定律和惯性定律(这两个定律分别是近代动力学最早和最一般的定律)从普通物体的日常表现的遮蔽中提炼出来。最后,伽利略得到了落体定律,而笛卡儿则得到了惯性概念。1604年,伽利略在其私人书信中最先对落体定律的进行了正确表述(即物体从静止开始自由下落所通过的距离正比于它所经历的时间的平方),但同时又把上述定律归之于一个错误的原理(即物体在下落的任一点所获得的速度增量正比于已下落的距离)。

事实上,在匀加速运动中,速度的增加与时间成正比。出人意料的是,15年以后,笛卡儿在与毕克曼的通信中独立重复了同样的混淆。正是这种惊人的巧合揭示了上述错误的深刻之处。表述落体定律的独特困难在于数学与动力学的相互隔阂。无论伽利略多么清楚地意识到需要用数学语言来表述落体定律,他能够用于将运动数学化的工具唯有算术与几何。尽管他的思维是分析性的,他也不得不用比例来表示函数依赖的关系,而时间的流逝能自然地用几何量来表达,这一点一开始对伽利略来说并非那么直观清楚。但伽利略的直觉显然是一位物理学家的直觉,他最终突破了这一点,并且修正了自己的错误。《两门新科学》包含了从匀加速原理出发对落体定律进行的一个完整的数学推导,并在随后用著名的斜面实验来证实这个定律(由于柯瓦雷本人过度怀疑早期物理学的实验成分,他仅仅视斜面实验为一种思想实验)。

在落体问题上,笛卡儿不如伽利略那样幸运。由于笛卡儿执意将物理学等同于几何学,他从未真正觉察到他关于下落的表述与对落体现象的物理描述不一致。但是,如果说是这种"彻底几何化"(géometrisation à outrance)的倾向对笛卡儿隐藏了物理问题的基本原理,那么,在另一方面,正是这种数学激进主义将他引向了惯性定律,使他可以不必关心"运动会在哪里停止?"、"如果物体倾向于沿直线运动到无限远处,那么还有什么东西能将整个世界聚合在一起?"等问题。在这些物理问题面前,伽利略最终退回到了传统的运动观念,认为天界仍沿着圆周运动,并留待笛卡儿来明确阐述这个更一般、更普遍的运动定律。将惯性定律归于笛卡儿当然是柯瓦雷在《伽利略研究》中最原创、最惊人的发现之一,也是柯瓦雷论证的核心。由于惯性原理的出现,一个以人为中心、其秩序符合人的目的的有限宇宙(cosmos)的古代观念消逝在令人不安的无限空间之中。在柯瓦雷看来,科学革命包含着人类对自己在世界中生存的意识的某种嬗变,这种嬗变比从古希腊人类文明的开端以来的任何思想事件都更具决定性意义。而这种嬗变之所以会发生,其原因就在于:为了解决那些关于运动的基本问题,人类构想这些问题的广泛界限和参量的方式必须发生转变。

在战后的岁月里,柯瓦雷一方面在巴黎重拾教职,另一方面不时在哈佛、耶鲁、约翰·霍普金斯、芝加哥和威斯康星等大学发表演讲。1964年,西储大学授予柯瓦雷"古典文学博士"的荣誉学位。1955年,柯瓦雷进入普林斯顿高等研究院,次年获得研究院的终身成员资格。从那时起一直到1962年他开始身体欠佳,每年他都会有六个月待在普林斯顿,并在每个春季回到巴黎实践学院讲授他的年度课程。普林斯顿高等研究院的宁静氛围，尤其是那里关于科学史初版著作的罗森瓦尔德藏书（Rosenwald collection），对于柯瓦雷完成其后续著作来说至关重要。在此期间，同事哈罗德·谢尼斯（Harold Cherniss）、埃文·帕诺夫斯基（Erwin Panofsky）的友谊，以及研究院院长罗伯特·奥本海默（Robert Oppenheimer）的敏锐和批评都给了柯瓦雷极大的激励和鼓舞。在上述同事的鼓励和陪伴下，柯瓦雷成为研究院中思想上泰然自若、感觉上从容自在的极少数学者之一。

柯瓦雷的后期著作进一步延续着他在研究科学革命及其历史与哲学方面时发现的那些主题。《天文学革命》（*La révolution astronomique*）是他生前留下的最后一部已完成著作，这部著作的主体是一篇关于开普勒的天文学变革的内容十分翔实的论文，在这篇论文之前是柯瓦雷关于哥白尼的早期论述的一篇概要，之后是一篇关于博雷利（Borelli）的天体力学的论文。最后一篇论文是柯瓦雷对于科学史研究的最原创的贡献之一，因为尽管博雷利早已因其机械论的生理学而为学者们所熟知，但近代以来极少有研究者论及他的宇宙机器的错综复杂的理性结构。至于《天文学革命》的主要部分，开普勒一直是他最欣赏的人物之一。柯瓦雷欣赏开普勒的勇气，欣赏他的想象力，欣赏他的柏拉图主义以及他的精确。柯瓦雷为开普勒勾勒的形象不同于哥白尼，他将开普勒刻画成一位为行星运动寻求物理解释的天体物理学家，在寻求过程中他提出了那些数学定律。柯瓦雷一点也不贬低开普勒思想的那些异想天开的方面和毕达哥拉斯主义的要素所发挥的重要作用。事实上，也许我们可以说，一直到他关于开普勒的研究，柯瓦雷早年关于德国神秘主义的兴趣才在科学中找到了用武之地。然而，最终说来，开普勒留下的影响之所以如此深远，是因为他对物理事实的忠诚始终支配着他的想象力，并因此而取得了丰硕的成果。

柯瓦雷所感兴趣的那些主题在牛顿综合中到达了它们的结局，他论述牛顿综合的意义的那篇论文也是他最清晰、透彻和全面的作品之一。这篇论文也成为柯瓦雷身后出版的《牛顿研究》(*Newtonian Studies*)的开篇。或许有些令人遗憾，柯瓦雷并没有把"从开普勒到牛顿关于落体问题的文献史"(A Documentary History of the Problem of Fall From Kepler to Newton)这篇论文收入《牛顿研究》，因为这篇一丝不苟的专论最好地展示了他在学术研究方面的天才，即他特别善于从细节和总体两个方面处理某个问题在许多分析性的头脑中所呈现的方方面面。与《伽利略研究》相比，柯瓦雷还没来得及在他关于牛顿的各项研究之间建立同等程度的融贯性。在他生命的最后几年，柯瓦雷一直在与科恩(I. Bernard Cohen)合作筹备一个牛顿《原理》(*Principia*)的集注版，这个集注版目前已经付印。在《牛顿研究》中，柯瓦雷那篇论述"牛顿的假说与实验"的论文将牛顿的名言"我不杜撰假说"(hypotheses non fingo)翻译成了"杜撰"(feign)而不是"构造"(frame)，对人们将一种实证主义哲学归于牛顿本人的做法提出了异议。《牛顿研究》中篇幅最长的论文比较了牛顿和笛卡儿的空间学说，细致地探究了两种学说之间差异的神学涵义，这个主题在柯瓦雷的另一本著作《从封闭世界到无限宇宙》(*From the Closed World to the Infinite Universe*)中得到了更为充分的探讨。

《从封闭世界到无限宇宙》早于《牛顿研究》完成，它重溯了书名所体现的形而上学转变过程，这段过程始于库萨的尼古拉（Nicolas of Cusa）的宇宙论，终于牛顿关于无限空间的绝对性和一位与自然相区别的人格上帝的全能性的断言。从神学角度看，贯穿于整个过程的关键问题是上帝和世界的关系。笛卡儿的科学似乎只有通过陷入泛神论才能避开无神论，这个结论尤其适用于亨利·摩尔（Henry More）。对读者来说，柯瓦雷关于这些问题的讨论似乎有点令人摸不着头脑，因为他们的感受力还未能很好地适应旧本体论的形而上学与神学涵义。然而，如果从心理学角度而不是从形而上学角度来理解上述问题，那么这些问题就会变得生动起来。这种解读与柯瓦雷本人对梅耶松（Émile Meyerson）著作的推崇是一致的，他曾将他的《伽利略研究》题献给梅耶松。[①] 这种解读也使《从封闭世界到无限宇宙》成为《伽利略研究》的更哲学化的补充篇或姐妹篇，前者关注的是柯瓦雷所称的"世界感"（world-feelings）[②]，而后者所关注的则是"世界观"（world views）。

《从封闭世界到无限宇宙》的核心主题是异化，即意识通过创造出科学将自身从自然中异化出来。如果用这样的术语来表达，那么在现代人眼中，关于上帝和世界的各种形而上学焦虑就会显

[①] 参见柯瓦雷的以下两篇论文："Die Philosophie Émile Meyersons", in *Deutsch-Französische Rundschau*, 4 (1931), 197—217; 以及 "Les essais d'Émile Meyerson", in *Journal de psychologie normale et pathologique* (1946), 124—128。

[②] *From the Closed World to the Infinite Universe*, p.43.

得非常实在,而这正是希腊宇宙(cosmos)的解体所蕴涵的后果:

> 一个作为有序的有限整体、空间结构体现着完美等级与价值等级的世界,被一个无定限的(indefinite)甚或无限的(infinite)宇宙所取代,将这个宇宙统一在一起的不再是自然的从属关系,而仅仅是其最终的基本组分和定律的同一性;空间的几何化是指,亚里士多德的空间观(世界内部的一系列处处有别的处所)被欧几里得几何的空间观(本质上无限的同质广延)所取代,从那时起,后者被等同于宇宙的真实空间。①

然而,尽管柯瓦雷的上述强调可能会助长将科学斥之为反人性的流行思潮,但他的论述却丝毫无助于反科学主义的鼓吹者。值得注意的是,在17世纪所有伟大的天才中,除培根外,柯瓦雷唯一不太同情的就是帕斯卡。因为他一直认为,理智的创造是精神与混乱长期艰苦搏斗之后获得的成就,而不是需要哀惋叹惜的负担。

---

① *From the Closed World to the Infinite Universe*, p. Ⅷ.

附：参考文献目录

I. 柯瓦雷著作的目录索引

在柯瓦雷七十岁生日之际，有人组织编撰了一个两卷本的纪念文集，题为《柯瓦雷文集》(*Mélanges Alexandre Koyré*, 2 vols, Paris, 1964)。该文集第二卷的卷首列出了柯瓦雷主要出版物的清单，包括大约 75 个条目的作品。本文仅限于列出柯瓦雷的各种著作，以及在前文脚注中提到过，或下文[17]、[18]、[19]三本论文集所收录的那些较重要的论文。在其晚年及逝世之后，柯瓦雷的同事和出版商们认为有必要将这些作品收集在一起，并以书籍的形式重新发表。这也证明人们对柯瓦雷的专业研究保有持续的兴趣。了解一下这些论文集的内容，对读者来说是很有帮助的。

[1]《论笛卡儿的上帝观念及其关于上帝存在的证明》(*L'idée de Dieu et les preuves de son existence chez Descartes*, Paris, 1922; German trans., Bonn, 1923)

[2]《圣安瑟尔谟哲学中的上帝观念》(*L'idée de Dieu dans la philosophie de S. Anselme*, Paris, 1923)

［3］《雅各布·波墨的哲学：关于德国形而上学起源的研究》(La philosophie de Jacob Boehme; Étude sur les origines de la métaphysique allemande, Paris, 1929)

［4］《十九世纪初俄罗斯的哲学及民族运动》(La philosophie et le mouvement national en Russie au début du XIXe siècle, Paris, 1936)

［5］《哥白尼的〈天球运行论〉第一卷：导言、译文及注释》(Des Révolutions des orbes célestes, liv. 1, introduction, traduction et notes, Paris, 1934; repub. 1970)

［6］《斯宾诺莎的〈理智改进论〉：导言、文本、译文及注释》(Spinoza: De Intellectus Emendatione, introduction, texte, traduction, notes, Paris, 1936)

［7］《伽利略研究》：第 I 部分，"经典科学的黎明"；第 II 部分，"惯性定律：笛卡儿与伽利略"；第 III 部分，"伽利略与惯性定律"。(Études galiléennes, Paris, 1939: I, À l'aube de la science classique; II, La loi de la chute des corps, Descartes et Galilée; III, Galilée et la loi d'inertie.)

［8］《关于笛卡儿的对话》(Entretiens sur Descartes, New York, 1944; repub. with ［9］, Paris, 1962)

［9］《柏拉图对话导论》（法），《发现柏拉图》（英）(Introduction à la lecture de Platon, New York, 1945; English trans., Discovering Plato, New York, 1945; Spanish trans., Mexico City, 1946; Italian trans., Florence, 1956; repub. in combination with ［8］, Paris, 1962)

[10]《说谎者厄庇墨尼德》(*Epiménide le menteur*, Paris, 1947)

[11]《俄罗斯哲学观念史研究》(*Études sur l'histoire des idées philosophiques en Russie*, Paris, 1950)

[12]《十六世纪德国的神秘主义者、唯灵论者与炼金术士:施温克菲尔德、弗兰克、魏格尔、帕拉塞尔苏斯》(*Mystiques, spirituels, alchimistes du XVIe siècle allemand: Schwenkfeld, Seb. Franck, Weigel, Paracelse*, Paris, 1955; repub. 1971)

[13]"从开普勒到牛顿关于落体问题的文献史:在地动假设下的重物自然下落运动"(*A Documentary History of the Problem of Fall From Kepler to Newton: De motu gravium naturaliter cadentium in hypothesi terrae motae*),发表在 *Transactions of the American Philosophical Society*, 45, pt. 4 (1955), 329—395. 法语译文由 Vrin 出版社出版,书名为:《从开普勒到牛顿的地球运动与物体下落:该问题的历史与文献》(*Chute des corps et mouvement da la terre de Kepler à Newton: Histoire et documents du problème*)

[14]《从封闭世界到无限宇宙》(*From the Closed World to the Infinite Universe*, Baltimore, 1957; repub. New York, 1958; French trans., Paris, 1961)

[15]《天文学革命:哥白尼,开普勒与博雷利》(*La révolution astronomique: Copernic, Kepler, Borelli*, Paris, 1961)

[16]《牛顿研究》(*Newtonian Studies*, Cambridge, Mass., 1965; French trans., Paris, 1966)

[17]《哲学思想史研究》(*Études d'histoire da la pensée philosophique*, Paris, 1961),收入以下12篇论文:

(a)"关于芝诺悖论的评注"(Remarques sur les paradoxes de Zénon, 1922)

(b)"十四世纪的虚空与无限空间"(Le vide et l'espace infini au XIVe siècle, 1949)

(c)"星座之犬和吠叫之犬"(Le chien, constellation céleste, et le chien, animal aboyant, 1950)

(d)"孔多塞"(Condorcet, 1948)

(e)"路易·德·伯纳尔"(Louis de Bonald, 1946)

(f)"耶拿时期的黑格尔"(Hegel à Iena, 1934)

(g)"关于黑格尔的语言和术语的注记"(Note sur la langue et la terminologie hégéliennes, 1934)

(h)"关于法国黑格尔研究状况的报告"(Rapport sur l'état des études hégéliennes en France, 1930)

(i)"论科学观念对科学理论演变的影响"(De l'influenece des conceptions scientifiques sur l'évolution des théories scientifique, 1955)

(j)"马丁·海德格尔的哲学演变"(L'évolution philosophiique de Martin Heidegger, 1946)

(k)"哲学家与机器"(Les philosophes et la machine, 1948)

(l)"从近似世界到精确宇宙"(Du monde de l' 'à-peu-près' à l'univers de précision, 1948)

[18]《科学思想史研究》(*Études d'histoire da la pensée sci-*

entifique, Paris，1966），收入以下 18 篇论文：

(a)"近代思想"(La pensée moderne，1930)

(b)"中世纪哲学中的亚里士多德主义与柏拉图主义"(Aristotélisme et platonisme dans la philosophie du Moyen Age，1944)

(c)"文艺复兴的科学意义"(L'apport scientifique de la Renaissance，1951)

(d)"近代科学的起源"(Les origines de la science moderne，1956)

(e)"科学宇宙论的诸阶段"(Les étapes de la cosmologie scientifique，1952)

(f)"五百年后的列奥纳多·达·芬奇"(Léonard de Vinci 500 ans après，1953)

(g)"尼科洛·塔尔塔里亚的动力学"(La dynamique de Nicolo Tartaglia，1960)

(h)"贝内代蒂：亚里士多德的批判者"(Jean-Baptiste Benedetti，critique d'Aristote，1959)

(i)"伽利略与柏拉图"(Galilée et Platon，1943)*

(j)"伽利略与十七世纪科学革命"(Galilée et la révolution scientifique du XVIIe siècle，1955)*

(k)"伽利略与比萨实验：关于一个传说"(Galilée et l'expérience de Pise：à propos d'une légende，1937)

(l)"伽利略的'论重物的运动'：论思想实验及其滥用"(Le 'De motu gravium' de Galilée：de l'expérience imaginaire et de son abus，1960)**

(m)"'翻译者，背叛者也':关于哥白尼与伽利略"("Traduttore-traditore"，à propos de Copernic et de Galilée，1943)

(n)"一个测量实验"(Une expérience de mesure，1953)*

(o)"伽桑狄及其时代的科学"(Gassendi et la science de son temps，1957)**

(p)"博纳文图拉·卡瓦列里及其关于连续的几何学"(Bonaventura Cavalieri et la géométrie des continus，1954)

(q)"学者帕斯卡"(Pascal Savant，1956)**

(r)"科学史面面观"(Perspectives sur l'histoire des sciences，1963)

其中：标*者原文是英语，重印于论文集[19]；

标**号者原文是法语，译成英语后收入[19]。

[19]《形而上学与测量》(*Metaphysics and Measurement*，London，1968)，收入了论文集[18]中(i)、(j)、(l)、(n)、(o)、(q)等六篇论文的英文版。

II. 二手文献

读者还可在以下文献中找到关于柯瓦雷及其工作的论述：

(1) Yvon Belaval，*Critique*，nos. 207—208 (1964)，675—704；

(2) Pierre Costabel and Charles C. Gillispie，*Archives internationales d'histoire des sciences*，no. 67 (1964)，149—156；

(3) Suzanne Delorme, Paul Vignaux, René Taton, and Pierre Costabel in *Revue d'histoire des sciences*, 18 (1965), 129—159;

(4) T. S. Kuhn, "Alexander Koyré and the History of Science", in *Encounter*, 34 (1970), 67—69;

(5) René Taton, *Revue de synthèse*, 88 (1967), 7—20.

译 后 记

本书是科学思想史上的一部经典名著。作者亚历山大·柯瓦雷(Alexandre Koyré，1892—1964)是所谓科学思想史学派或内史学派的领袖人物。他1892年出生于俄罗斯的塔甘罗格，曾师从胡塞尔学习现象学，师从希尔伯特学习数学，后又到巴黎随柏格森和布兰施维克(Léon Brunschvicg)学习哲学。第一次世界大战过后，他回到巴黎，以一篇论述笛卡儿的论文从实践学院(école Pratique)毕业，并在那里获得教职。后又以一篇论述安瑟尔谟的论文在索邦神学院获得博士学位。其早期的研究涉及笛卡儿和安瑟尔谟关于上帝存在的本体论论证以及德国神秘主义哲学家雅各布·波墨(Jacob Boehme，1575—1624)的哲学。1934年，他在实践学院执教时为哥白尼《天球运行论》关于宇宙论部分的第一卷作了翻译和评注，开始了他在科学史方面的研究工作。1939年，他出版了著名的《伽利略研究》，其主题是关于经典物理学是怎样从表述落体定律和惯性定律的艰苦努力中逐渐成形的。第二次世界大战期间，他被从开罗派到美国传播戴高乐派的观点，《伽利略研究》也随之受到了美国科学史界的高度关注。战后，他在实践学院和美国包括普林斯顿高等研究院在内的多所著名院校巡回讲学，1964年在巴黎去世。

与强调科学的社会、经济背景的外史学派相反，柯瓦雷认为科学本质上是对真理的理论探求，科学的进步体现在概念的演化上，它有着内在的和自主的发展逻辑。按照他的说法，思想如果成其为一个体系，就总蕴含着一种世界图像或观念。正是这种考虑把他引向了科学思想史的研究。他认为科学思想史旨在把握科学思想在其创造性活动的过程本身中的历程。为此，关键是要把所研究的著作置于其思想和精神氛围之中，并依据其作者的思维方式和好恶偏向去解释它们。此外，还要将科学思想始终纳入该思想理解自身以及它与先前思想和同时代思想之关系的方式。每位科学家或哲学家所提出的思想，都有其内在外在的融贯性，科学史家应该根据他所关注的问题和所处的时代背景来理解他的理论，解释其著作，而不是如实证主义者那样将其思想体系拆分，根据后世的科学标准进行取舍。根据这种思想史的编史纲领，柯瓦雷写出了一批对科学史产生极大影响的著作，《从封闭世界到无限宇宙》(1957年)是他最负盛名、影响最大的著作之一。他的其他代表作还有《伽利略研究》(1939年)、《从封闭世界到无限宇宙》(1957年)、《天文学革命》(1961年)、《形而上学与测量》(1968年)等等。

《从封闭世界到无限宇宙》源自柯瓦雷在约翰·霍普金斯大学所举行的一系列讲演，后经扩充而成此书。在这本书中，柯瓦雷主要关注的是16、17世纪的科学和哲学思想。他认为在这一时期，人类思想经历并完成了一场深刻的革命，这场革命改变了我们的思维框架和模式。他将其归结为两个基本而又密切相关的活动：和谐整体宇宙(cosmos)的解体和空间的几何化。从库萨的尼古拉开始，经过哥白尼、开普勒、伽利略、笛卡儿、摩尔、莱布尼茨等思想家的探讨和争论,一直到牛顿为止,希腊和中世纪的那个有限封闭的秩序井然的世界(cosmos),最终演变成了均一而无限的宇宙(universe)。在柯瓦雷看来,这一过程不仅千头万绪、错综复杂,而且英勇执着、动人心魄,其间充满了理智上的探险,体现了人类对真理的不懈追求。通过对翔实资料的分析和对这一过程的细致描述,柯瓦雷向我们充分展示了科学思想史研究的魅力和深度,说明了科学思想与哲学观念在那个时期是如何紧密结合在一起的,16、17世纪的形而上学思想,与当时科学问题的提出、概念的构建和解决的途径都有着密不可分的关系。这也能够帮助我们弄清楚,那个时代的哲学家们为什么会孜孜不倦地讨论一些不着边际的玄而又玄的概念和问题,从而为我们理解整个欧洲近代哲学史提供重要启发。

这部著作此前曾有一个旧译本(邬波涛、张华译,北京大学出版社,2003年),但由于种种原因,其中包含着不少翻译错误。鉴于该著作的重要性和学术地位,我不揣冒昧和浅陋重新译出,不过在有些地方仍然参考了原译本。此外,在翻译过程中,对于一些古诗文和拉丁文的翻译,还借鉴了台湾的译本(陈瑞麟、张乐霖译,商周出版,2005年),部分比较难译的词句,该译本有时会提供很好的启发,在此向台湾的两位译者表示真诚的感谢!

本书不是一本容易翻译的书,其难度大大超出了我的预想。此次商务印书馆再版,又做了不少改动。文中必定存在着不少错误或可以改进之处,恳请广大读者不吝指正!

张卜天
2015年5月4日

图书在版编目(CIP)数据

从封闭世界到无限宇宙 /(法)亚历山大·柯瓦雷著；张卜天译. —北京：商务印书馆，2021(2024.7重印)
(科学人文名著译丛)
ISBN 978-7-100-19644-4

Ⅰ.①从… Ⅱ.①亚… ②张… Ⅲ.①自然科学史—思想史—研究—世界—近代 Ⅳ.①N091

中国版本图书馆 CIP 数据核字(2021)第 038095 号

权利保留，侵权必究。

科学人文名著译丛
从封闭世界到无限宇宙

〔法〕亚历山大·柯瓦雷 著
张卜天 译

商 务 印 书 馆 出 版
(北京王府井大街36号 邮政编码100710)
商 务 印 书 馆 发 行
北京捷迅佳彩印刷有限公司印刷
ISBN 978-7-100-19644-4

2021年4月第1版　　开本 880×1230 1/32
2024年7月北京第3次印刷　印张 11¼ 插页 2
定价：75.00元